数 字 艺 术 精 品 课 程 培 训 教 材

中文版 Photoshop 2020 基础培训教程

数字艺术教育研究室 编著

人 民 邮 电 出 版 社
北 京

图书在版编目（CIP）数据

中文版Photoshop 2020基础培训教程 / 数字艺术教育研究室编著. -- 北京 : 人民邮电出版社，2022.4（2024.7重印）
ISBN 978-7-115-58206-5

Ⅰ. ①中… Ⅱ. ①数… Ⅲ. ①图像处理软件－教材 Ⅳ. ①TP391.413

中国版本图书馆CIP数据核字(2021)第270607号

内容提要

本书全面系统地介绍了 Photoshop 的基本操作方法和图形图像处理技巧，包括图像处理基础知识、Photoshop 的基本操作、绘制和编辑选区、绘制图像、修饰图像、编辑图像、绘制图形和路径、调整图像的色彩和色调、应用图层、应用文字、通道与蒙版、滤镜效果和商业案例实训等内容。

本书内容以课堂案例为主线，可以帮助读者快速上手，熟悉软件功能并掌握图像编辑技巧。书中的软件功能解析部分可以帮助读者深入学习软件功能；课堂练习和课后习题可以提高读者的实际应用能力，使读者掌握软件使用技巧；商业案例实训可以帮助读者快速了解平面设计和电商设计的设计理念与设计元素，使读者顺利达到实战水平。

本书适合作为院校和培训机构艺术专业课程的教材，也可作为 Photoshop 自学人士的参考用书。

◆ 编　　著　数字艺术教育研究室
　责任编辑　张丹丹
　责任印制　马振武

◆ 人民邮电出版社出版发行　　北京市丰台区成寿寺路 11 号
　邮编　100164　　电子邮件　315@ptpress.com.cn
　网址　https://www.ptpress.com.cn
　固安县铭成印刷有限公司印刷

◆ 开本：787×1092　1/16
　印张：15.5　　　　2022 年 4 月第 1 版
　字数：395 千字　　2024 年 7 月河北第 10 次印刷

定价：49.90 元

读者服务热线：(010)81055410　印装质量热线：(010)81055316
反盗版热线：(010)81055315
广告经营许可证：京东市监广登字 20170147 号

前 言

Preface

软件简介

Adobe Photoshop，简称PS，是一款专业的数字图像处理软件，深受创意设计人员和图像处理爱好者的喜爱。Photoshop拥有功能强大的绘图和编辑工具，可以对图像、图形、文字、视频等进行编辑。通过抠图、绘图、修图、调色、合成、文字、特效等核心功能，可以制作出精美的数字图像作品。

如何使用本书

01 精选基础知识，快速上手 Photoshop

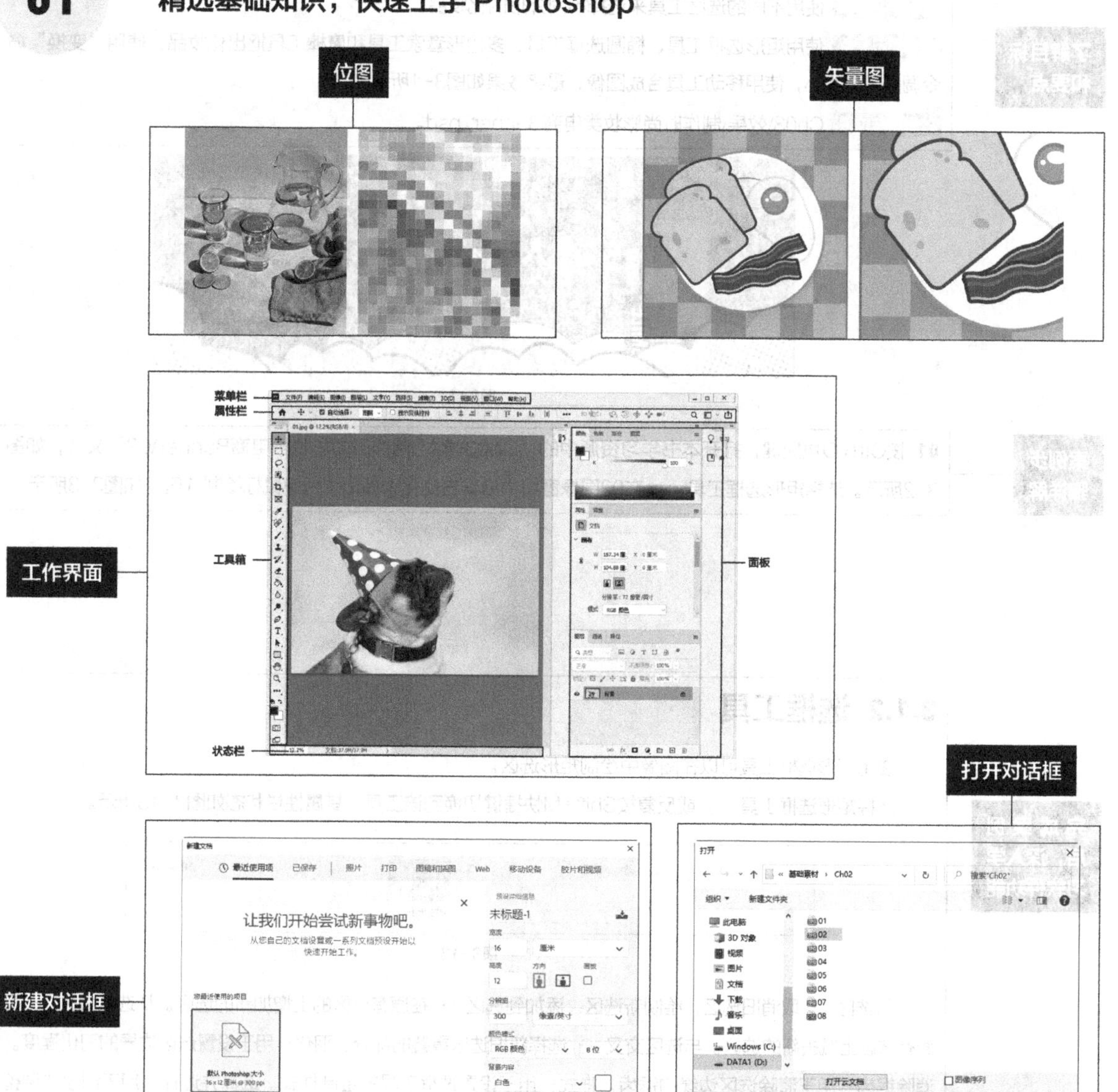

02 课堂案例 + 软件功能解析，边做边学，熟悉设计思路

详解抠图 + 绘图 + 修图 + 调色 + 合成 + 文字 + 特效 七大软件功能

3.1 选区的绘制

对图像进行编辑，首先要进行选择图像的操作。能够快捷、准确地选择图像是提高图像处理效率的关键。

精选典型商业案例

3.1.1 课堂案例——制作时尚彩妆类电商Banner

了解目标和要点

案例学习目标 使用不同的选区工具来选择不同外形的化妆品。

案例知识要点 使用矩形选框工具、椭圆选框工具、多边形套索工具和魔棒工具抠出化妆品，使用“变换”命令调整图像大小，使用移动工具合成图像，最终效果如图3-1所示。

效果所在位置 Ch03\效果\制作时尚彩妆类电商Banner. psd。

图3-1

案例步骤详解

01 按Ctrl+O快捷键，打开本书学习资源中的“Ch03\素材\制作时尚彩妆类电商Banner\02”文件，如图3-2所示。选择矩形选框工具 ，在02图像窗口中沿着右侧化妆品边缘拖曳鼠标绘制选区，如图3-3所示。

完成案例后，深入学习软件功能

3.1.2 选框工具

使用矩形选框工具可以在图像中绘制矩形选区。

选择矩形选框工具 ，或反复按Shift+M快捷键切换到该工具，其属性栏状态如图3-18所示。

图3-18

新选区 ：取消旧选区，绘制新选区。添加到选区 ：在原有选区的上增加新的选区。从选区减去 ：在原有选区上减去新的选区。与选区交叉 ：选择新旧选区重叠的部分。羽化：用于设置选区边界的羽化程度。消除锯齿：用于清除选区边缘的锯齿。样式：用于设置选框工具的绘制样式。选择并遮住：用于创建或调整选区。

更多商业案例

课堂练习——调整箱包网店详情页主图

练习知识要点 使用“色相/饱和度”命令调整照片的色调，最终效果如图8-89所示。

效果所在位置 Ch08\效果\调整箱包网店详情页主图.psd。

图8-89

巩固本章所学知识

课后习题——调整时尚娱乐App引导页图片

习题知识要点 使用“色阶”和“阴影/高光”命令调整曝光不足的照片，最终效果如图8-90所示。

效果所在位置 Ch08\效果\调整时尚娱乐App引导页图片.psd。

图8-90

04 商业案例实训，演示商业项目制作过程

App 界面设计

照片模板设计

网店设计

包装设计

海报设计

教学指导

本书的参考学时为64学时，其中讲授环节为30学时，实训环节为34学时，各章的参考学时可以参见下面的学时分配表。

章序	课程内容	学时分配	
		讲授	实训
第1章	图像处理基础知识	2	
第2章	初识 Photoshop	2	2
第3章	绘制和编辑选区	2	2
第4章	绘制图像	2	2
第5章	修饰图像	2	2
第6章	编辑图像	2	2
第7章	绘制图形和路径	2	2
第8章	调整图像的色彩和色调	2	2
第9章	应用图层	2	2
第10章	应用文字	2	2
第11章	通道与蒙版	2	2
第12章	滤镜效果	2	2
第13章	商业案例实训	6	12
学时总计		30	34

配套资源

●**学习资源**

案例素材文件　最终效果文件　在线教学视频　赠送扩展案例

●**教师资源**

教学大纲　授课计划　电子教案　PPT 课件

教学案例　实训项目　教学视频　教学题库

这些学习资源文件均可在线获取，扫描“资源获取”二维码，关注“数艺设”的微信公众号，即可得到资源文件获取方式，并且可以通过该方式获得在线教学视频的观看地址。如需资源获取技术支持，请致函szys@ptpress.com.cn。

资源获取

教辅资源表

素材类型	数量	素材类型	数量
教学大纲	1套	课堂案例	28个
电子教案	13单元	课堂练习	20个
PPT 课件	13个	课后习题	20个

与我们联系

我们的联系邮箱是szys@ptpress.com.cn。如果您对本书有任何疑问或建议，请您发邮件给我们，并请在邮件标题中注明本书书名及ISBN，以便我们更高效地做出反馈。

如果您有兴趣出版图书、录制教学课程，或者参与技术审校等工作，可以发邮件给我们。如果学校、培训机构或企业想批量购买本书或“数艺设”出版的其他图书，也可以发邮件给我们。

如果您在网上发现针对“数艺设”出品图书的各种形式的盗版行为，包括对图书全部或部分内容的非授权传播，请您将怀疑有侵权行为的链接通过邮件发给我们。您的这一举动是对作者权益的保护，也是我们持续为您提供有价值的内容的动力之源。

关于“数艺设”

人民邮电出版社有限公司旗下品牌“数艺设”，专注于专业艺术设计类图书出版，为艺术设计从业者提供专业的图书、视频电子书、课程等教育产品。出版领域涉及平面、三维、影视、摄影与后期等数字艺术门类，字体设计、品牌设计、色彩设计等设计理论与应用门类，UI设计、电商设计、新媒体设计、游戏设计、交互设计、原型设计等互联网设计门类，环艺设计手绘、插画设计手绘、工业设计手绘等设计手绘门类。更多服务请访问“数艺设”社区平台www.shuyishe.com。我们将提供及时、准确、专业的学习服务。

目 录

Contents

第1章 图像处理基础知识

第2章 初识Photoshop

第3章 绘制和编辑选区

第4章 绘制图像

第5章 修饰图像

第6章 编辑图像

第7章 绘制图形和路径

第8章 调整图像的色彩和色调

第9章 应用图层

第10章 应用文字

第11章 通道与蒙版

第12章 滤镜效果

第13章 商业案例实训

第 1 章

图像处理基础知识

本章介绍

本章主要介绍Photoshop图像处理的基础知识，包括位图与矢量图、分辨率、图像的色彩模式和常用的图像文件格式。认真学习本章内容，快速掌握这些基础知识，有助于更快、更准确地处理图像。

学习目标

●了解位图、矢量图和分辨率。

●熟悉图像的不同色彩模式。

●熟悉常用的文件格式。

技能目标

●掌握位图和矢量图的分辨方法。

●掌握图像色彩模式的转换方法。

1.1 位图和矢量图

计算机中的图像主要分为两大类：位图和矢量图。在绘图或处理图像的过程中，这两种类型的图像可以相互交叉使用。

1.1.1 位图

位图图像也叫点阵图像，是由许多单独的小方块组成的，这些小方块被称为像素，每个像素都有特定的位置和颜色值。位图图像的显示效果与像素是紧密联系在一起的，不同排列和着色的像素组合在一起构成了色彩丰富的图像。单位面积上像素越多，图像的分辨率越高，相应地，图像文件的数据量也越大。

位图图像的原始效果如图1-1所示，使用缩放工具放大后，可以清晰地看到小方块形状的像素，效果如图1-2所示。

图1-1

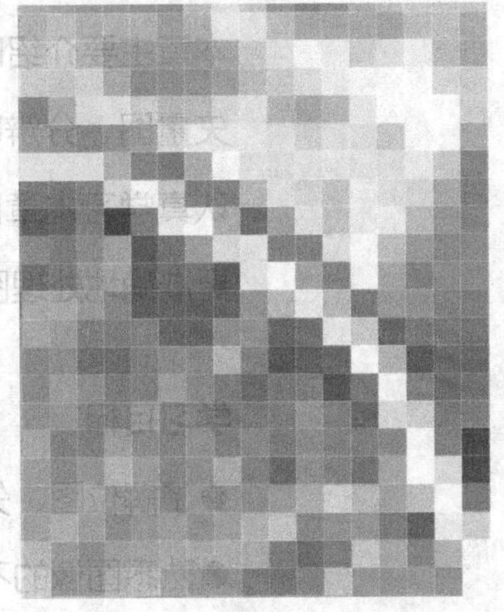

图1-2

位图与分辨率有关，如果以较大的倍数放大图像，或以低于创建时的分辨率打印图像，图像就会出现锯齿状的边缘，并且会丢失细节。

1.1.2 矢量图

矢量图也叫向量图，它是以数学的矢量方式来记录图像内容的。矢量图中的各种图形元素被称为对象，每个对象都是独立的个体，都具有大小、颜色、形状和轮廓等属性。

矢量图与分辨率无关，可以将它设置成任意大小，其清晰度不变，也不会出现锯齿状的边缘。在任何分辨率下显示或打印，矢量图都不会丢失细节。矢量图的原始效果如图1-3所示，使用缩放工具放大后，其清晰度不变，效果如图1-4所示。

矢量图所占的空间较小，但这种图形不易制作色调丰富的图像，而且无法像位图那样精确地描绘各种绚丽的景象。

图1-3

图1-4

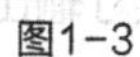

1.2 分辨率

分辨率是用来描述图像文件信息的术语，可分为图像分辨率、屏幕分辨率和输出分辨率。下面将分别进行讲解。

1.2.1 图像分辨率

在Photoshop中，图像的分辨率是指图像中每单位长度上的像素数目，其单位为像素/英寸或像素/厘米。

在相同尺寸的两幅图像中，高分辨率图像包含的像素比低分辨率图像包含的像素多。例如，尺寸为1英寸×1英寸的图像，其分辨率为72像素/英寸，包含5184（72×72=5184）像素。同样尺寸，分辨率为300像素/英寸的图像包含90 000像素。相同尺寸下，分辨率为72像素/英寸的图像效果如图1-5所示，分辨率为10像素/英寸的图像效果如图1-6所示。由此可见，在相同尺寸下，高分辨率的图像能更清晰地表现图像内容。（注：1英寸≈2.54厘米）

图1-5

图1-6

提示 如果图像所包含的像素数是固定的，那么增大图像尺寸后会降低图像的分辨率。

1.2.2 屏幕分辨率

屏幕分辨率是显示器每单位长度显示的像素数目，其取决于显示器大小及像素设置。显示器的分辨率一般为72像素/英寸或96像素/英寸。在Photoshop中，图像像素被直接转换成显示器像素，当图像分辨率高于显示器分辨率时，屏幕中显示的图像尺寸比实际尺寸大。

1.2.3 输出分辨率

输出分辨率是照排机或打印机等输出设备每英寸输出的油墨点数。打印机的分辨率为300 dpi时，可以使图像获得比较好的效果。

1.3 图像的色彩模式

Photoshop提供了多种色彩模式，这些色彩模式是作品能够在屏幕和印刷品上成功表现的重要保障。在这些色彩模式中，经常使用的有CMYK模式、RGB模式及灰度模式。另外，还有索引模式、Lab模式、HSB模式、位图模式、双色调模式和多通道模式等。这些模式都可以在“模式”菜单中选取，不同的色彩模式有不同的色域，各个模式之间可以相互转换。下面将介绍主要的色彩模式。

1.3.1 CMYK模式

CMYK代表了印刷上用的4种油墨颜色：C代表青色，M代表洋红色，Y代表黄色，K代表黑色。CMYK颜色控制面板如图1-7所示。

CMYK模式在印刷时应用了色彩学中的减法混合原理，即减色模式，是图片、插图和其他Photoshop作品中较常用的一种印刷模式。

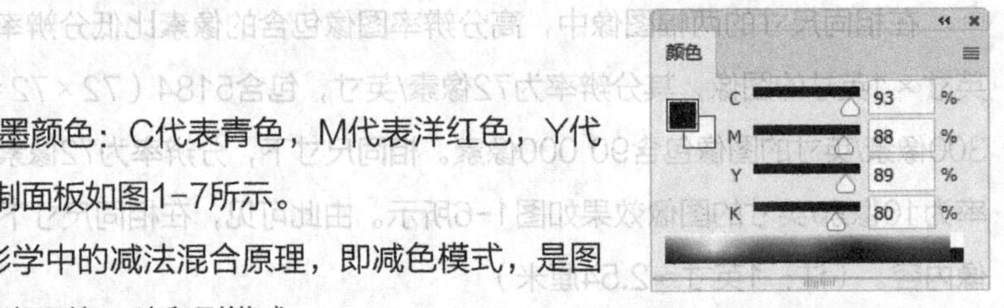

图1-7

1.3.2 RGB模式

与CMYK模式不同的是，RGB模式是一种加色模式，通过红、绿、蓝3种色光相叠加来形成更多的颜色。RGB是色光的色彩模式，一幅24bit的RGB图像有3个色彩信息的通道：红色（R）、绿色（G）和蓝色（B）。RGB颜色控制面板如图1-8所示。

每个通道都有8bit的色彩信息，即一个0～255的亮度值色域。也就是说，每一种色彩都有256个色阶。3种色彩相叠加，可以有256×256×256=16 777 216种可能的颜色。这么多种颜色足以表现出绚丽多彩的图像。

在Photoshop中编辑图像时，建议选择RGB模式。

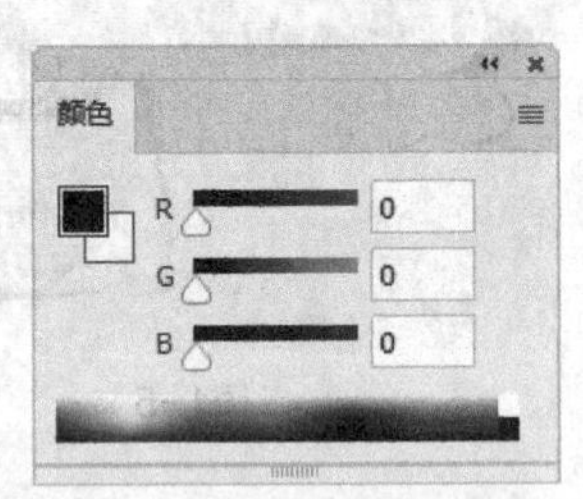

图1-8

1.3.3 灰度模式

灰度图又叫8bit深度图。每个像素用8个二进制位表示，能产生2^8（即256）级灰色调。当一个彩色文件被转换为灰度模式文件时，所有的颜色信息都将从文件中丢失。尽管Photoshop允许将一个灰度模式文件转换为彩色文件，但不可能将原来的颜色完全还原。所以，当要把图像转换为灰度模式时，应先做好图像的备份工作。

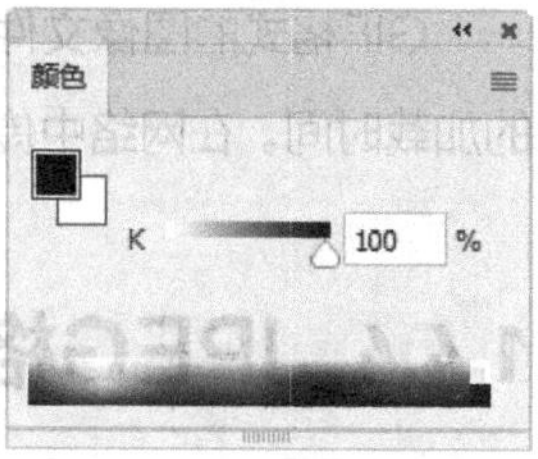

与黑白照片一样，一个灰度模式的图像只有明暗值，没有色相和饱和度这两种颜色信息，0%代表白色，100%代表黑色。灰度颜色控制面板如图1-9所示，其中的K值用于衡量黑色油墨用量。

图1-9

提示 将彩色模式转换为双色调模式或位图模式之前，必须先将其转换为灰度模式，然后由灰度模式转换为双色调模式或位图模式。

1.4 常用的图像文件格式

当用Photoshop制作或处理好图像后，需要进行存储。这时，选择一种合适的文件格式就显得十分重要。Photoshop支持20多种文件格式。在这些文件格式中，既有Photoshop的专用格式，也有用于应用程序交换的文件格式，还有一些比较特殊的格式。下面将介绍几种常用的文件格式。

1.4.1 PSD格式

PSD格式和PDD格式是Photoshop自身的专用文件格式，支持从线图到CMYK的所有图像类型，但由于在一些图形处理软件中不能被很好地支持，因此通用性不强。PSD格式和PDD格式能够保存图像数据的处理信息，如图层、蒙版、通道等。在没有最终决定图像存储的格式前，建议先以这两种格式存储。另外，Photoshop打开和存储这两种格式的文件比其他格式更快。但是这两种格式也有缺点，就是它们所存储的图像文件大，占用的磁盘空间较多。

1.4.2 TIFF格式

TIFF格式是标签图像格式。TIFF格式对于颜色通道图像来说是很有用的格式，具有很强的可移植性，可以用于Windows、macOS及UNIX工作站三大平台，是这三大平台上使用最广泛的绘图格式。

使用TIFF格式存储时应考虑文件的大小，因为TIFF格式的结构要比其他格式复杂。TIFF格式支持24个通道，能存储多于4个通道的文件格式；允许使用Photoshop中的复杂工具和滤镜特效。TIFF格式非常适合用于印刷和输出。

1.4.3 GIF格式

GIF格式的图像文件比较小，一般会形成一种压缩的8bit图像文件。通常用这种格式的文件来缩短图像的加载时间。在网络中传送图像文件时，传送GIF格式的图像文件要比传送其他格式的图像文件快得多。

1.4.4 JPEG格式

JPEG格式既是Photoshop支持的一种文件格式，也是一种压缩方案。JPEG格式是压缩格式中的“佼佼者”。与TIFF文件格式采用的LZW无损压缩算法相比，JPEG的压缩比例更大，但JPEG使用的有损压缩算法会使图像丢失部分数据。用户可以在存储前选择图像的品质，控制图像的损失程度。

1.4.5 EPS格式

EPS格式是Illustrator和Photoshop之间交换数据的文件格式。Illustrator软件制作出来的流动曲线、简单图形和专业图像一般都存储为EPS格式。Photoshop可以打开这种格式的文件。在Photoshop中，也可以把图形文件存储为EPS格式，并在排版类的InDesign和绘图类的Illustrator等软件中使用。

1.4.6 选择合适的图像文件存储格式

可以根据工作的需要选择合适的图像文件存储格式。下面根据图像的不同用途介绍应该选择的图像文件存储格式。

印刷：TIFF、EPS。

出版物：PDF。

Internet图像：GIF、JPEG、PNG。

Photoshop图像处理：PSD、PDD、TIFF。

第 2 章

初识Photoshop

本章介绍

本章对Photoshop的基本操作进行讲解。通过学习本章内容，读者可以对Photoshop的各项功能有一个初步的了解，有助于读者在制作图像的过程中快速找到相应功能。

学习目标

●熟悉软件的工作界面和基本操作。

●了解图像的显示方法。

●掌握辅助线和绘图颜色的设置方法。

●掌握图层的基本操作方法。

技能目标

●熟练掌握文件新建、打开、保存和关闭的方法。

●熟练掌握改变图像显示比例的操作方法。

●熟练掌握标尺、参考线和网格的应用。

●熟练掌握图像和画布尺寸的调整方法。

2.1 工作界面

熟悉工作界面是学习Photoshop的基础。熟练掌握工作界面的布局，有助于得心应手地驾驭Photoshop。Photoshop的工作界面主要由菜单栏、属性栏、工具箱、面板和状态栏组成，如图2-1所示。

图2-1

菜单栏：菜单栏中共包含11个菜单。利用菜单命令可以完成编辑图像、调整色彩和添加滤镜效果等操作。

属性栏：属性栏是工具箱中各个工具的功能设置区域。通过在属性栏中设置不同的选项，可以快速地完成多样化的操作。

工具箱：工具箱中包含多个工具。利用不同的工具可以完成对图像的绘制、观察和测量等操作。

面板：面板是Photoshop的重要组成部分。通过不同的控制面板，可以完成在图像中填充颜色、设置图层和添加样式等操作。

状态栏：状态栏可以显示当前文件的显示比例、文档大小、当前工具和暂存盘大小等提示信息。

2.2 文件操作

掌握文件的基本操作方法是设计和制作作品的前提。下面将具体介绍Photoshop软件中文件的基本操作方法。

2.2.1 新建图像

新建图像是使用Photoshop进行设计的第一步。如果要绘制图像，就要在Photoshop中新建一个图像文件。

选择“文件 > 新建”命令，或按Ctrl+N快捷键，弹出“新建文档”对话框，如图2-2所示。

在对话框中，根据需要单击上方的类别选项卡，选择需要的预设新建文档；或在右侧的选项中修改图像的名称、宽度、高度、分辨率、颜色模式等选项新建文档。单击图像名称右侧的按钮，可将当前设置保存为文档预设。设置完成后单击“创建”按钮，即可新建图像，如图2-3所示。

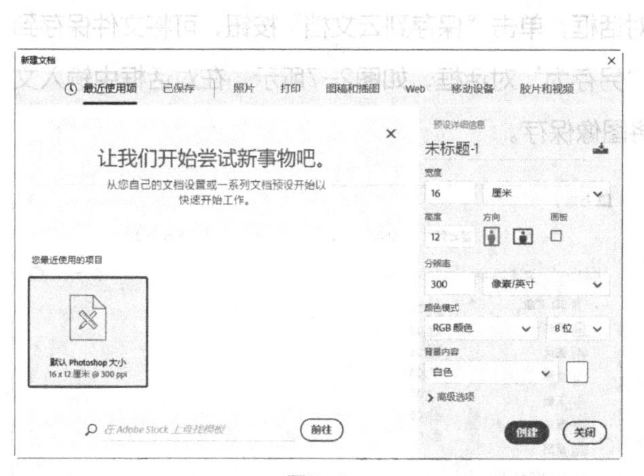

图2-2

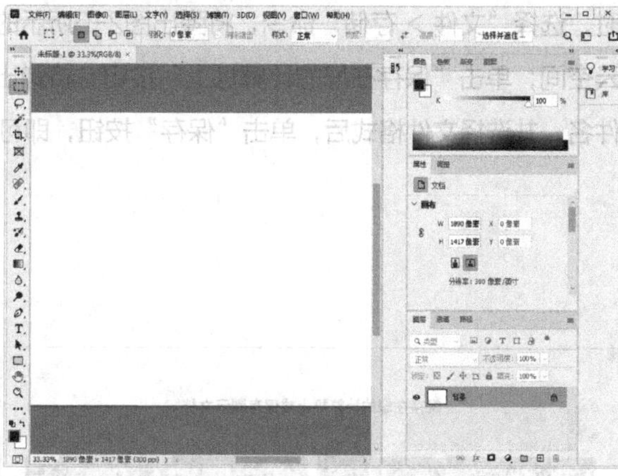

图2-3

2.2.2 打开图像

如果要对照片或图片进行修改和处理，就要在Photoshop中打开需要的图像。

选择“文件 > 打开”命令，或按Ctrl+O快捷键，弹出“打开”对话框，在对话框中定位路径，并选择文件，如图2-4所示，单击“打开”按钮，或直接双击文件，即可打开指定的图像文件，如图2-5所示。

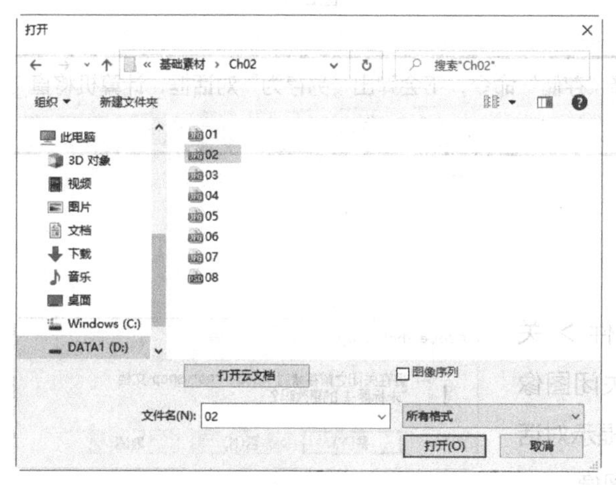

图2-4

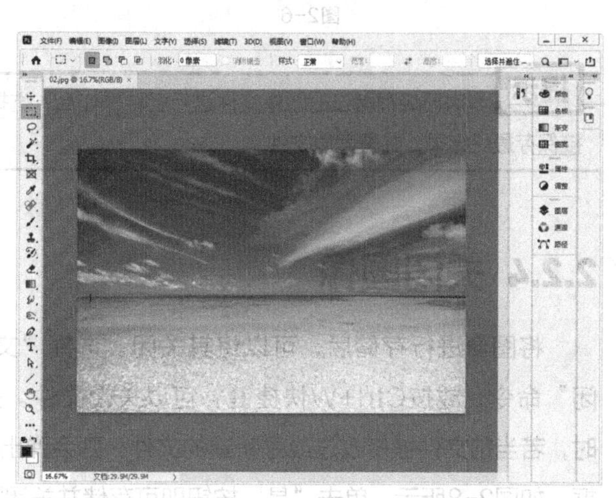

图2-5

提示 在“打开”对话框中，可以一次性打开多个文件，只要在文件列表中将所需的几个文件选中，并单击“打开”按钮即可。在“打开”对话框中选择文件时，按住Ctrl键的同时单击文件，可以选择不连续的多个文件；按住Shift键的同时单击文件，可以选择连续的多个文件。

2.2.3 保存图像

编辑和制作完图像后，需要将图像保存，以便于下次打开继续操作。

选择“文件 > 存储”命令，或按Ctrl+S快捷键，可以存储文件。当对设计好的作品进行第一次存储时，选择“文件 > 存储”命令，将弹出图2-6所示的对话框，单击“保存到云文档”按钮，可将文件保存到云空间；单击“保存在您的计算机上”按钮，将弹出“另存为”对话框，如图2-7所示。在对话框中输入文件名，并选择文件格式后，单击“保存”按钮，即可将图像保存。

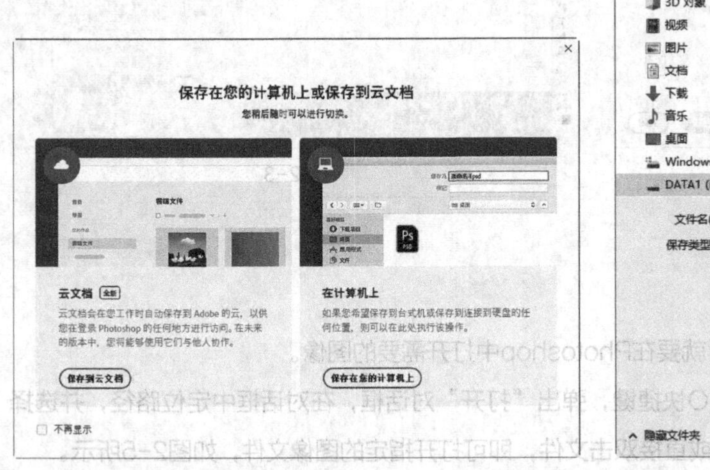

图2-6

图2-7

提示 当对已经存储过的图像文件进行各种操作后，选择“存储”命令，不会弹出“另存为”对话框，计算机将直接保存最终结果，并覆盖原文件。

2.2.4 关闭图像

将图像进行存储后，可以将其关闭。选择“文件 > 关闭”命令，或按Ctrl+W快捷键，可以关闭文件。关闭图像时，若当前文件被修改过或是新建的文件，则会弹出提示对话框，如图2-8所示，单击“是”按钮即可存储并关闭图像。

图2-8

2.3 图像的显示效果

使用Photoshop编辑和处理图像时，可以改变图像的显示比例，使工作更便捷、高效。

2.3.1 100%显示图像

双击“缩放”工具可以100%显示图像，如图2-9所示。

图2-9

2.3.2 放大显示图像

选择缩放工具，图像中鼠标指针变为放大形状，每单击一次，图像就会放大一级。当图像以100%的比例显示时，在图像窗口中单击，图像则以200%的比例显示，效果如图2-10所示。

图2-10

当要放大一个指定的区域时，在需要的区域按住鼠标左键不放，选中的区域会放大显示，当放大到需要的大小后松开鼠标左键即可。取消勾选“细微缩放”复选框，可以在图像上框选出矩形选区，如图2-11所示，松开鼠标，即可将选中的区域放大，效果如图2-12所示。

按Ctrl+ + 快捷键，可逐级放大图像。例如，从100%的显示比例放大到200%、300%或400%。

图2-11

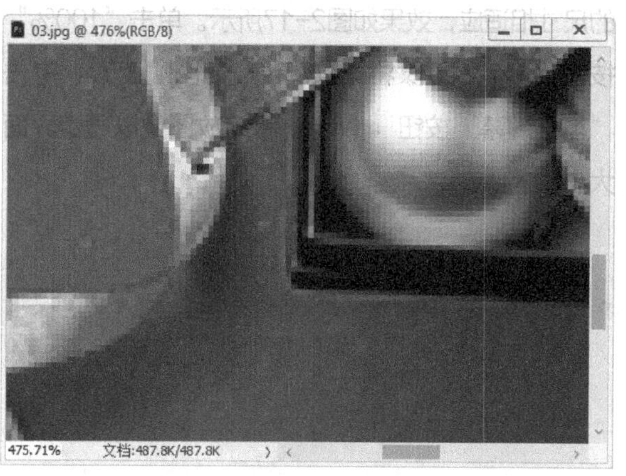

图2-12

2.3.3 缩小显示图像

缩小显示图像，一方面可以用有限的屏幕空间显示出更多的图像，另一方面可以看到一个较大图像的全貌。

选择缩放工具，在图像中鼠标指针变为放大形状，按住Alt键不放，或者在缩放工具属性栏中单击“缩小”按钮，如图2-13所示，指针变为缩小形状，如图2-14所示。每单击一次，图像将缩小显示一级，效果如图2-15所示。按Ctrl+－快捷键，可逐级缩小图像。

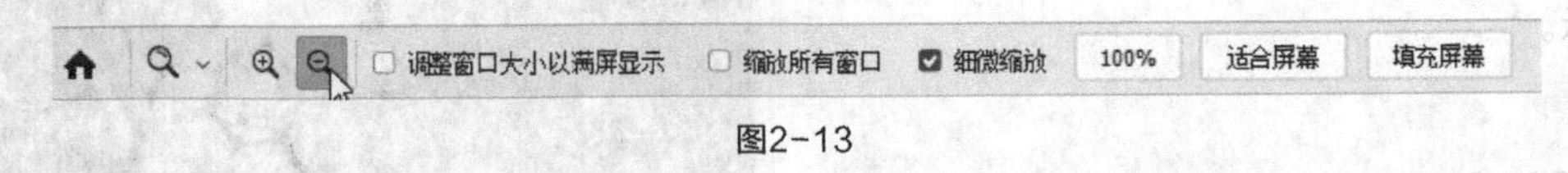

图2-13

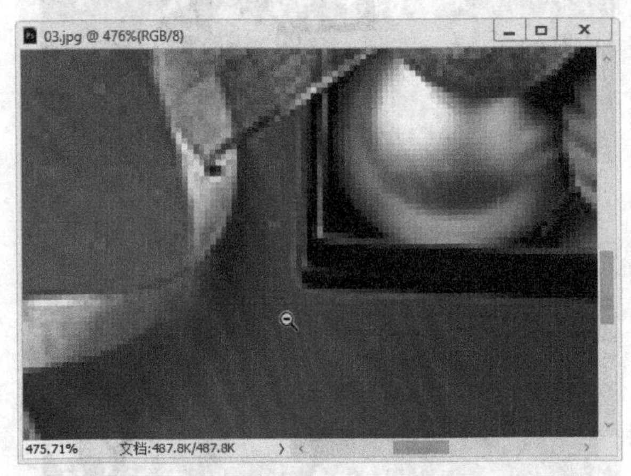

图2-14

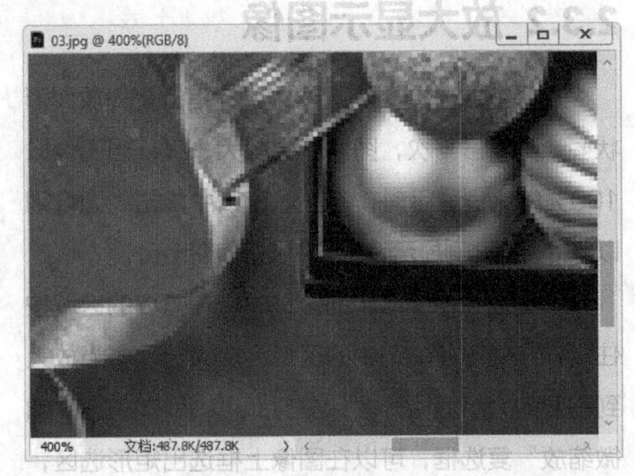

图2-15

2.3.4 全屏显示图像

若要使图像窗口在界面中最大化显示，可以在缩放工具的属性栏中单击“适合屏幕”按钮，如图2-16所示。这样在放大图像时，窗口就会和界面的尺寸相适应，效果如图2-17所示。单击“100%”按钮，图像将以实际像素比例显示。单击“填充屏幕”按钮，将缩放图像以适合界面大小。

图2-16

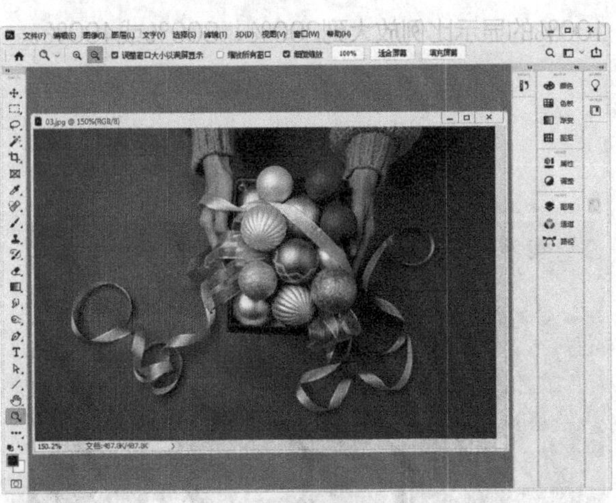

图2-17

2.3.5 图像窗口显示

当打开多个图像文件时，会出现多个图像文件窗口，这就需要对窗口进行布置。

同时打开多幅图像，如图2-18所示。按Tab键，隐藏操作界面中的工具箱和面板，如图2-19所示。

选择“窗口 > 排列 > 全部垂直拼贴”命令，图像的排列效果如图2-20所示。选择“窗口 > 排列 > 全部水平拼贴”命令，图像的排列效果如图2-21所示。用相同的方法可以显示其他排列方式。

图2-18

图2-19

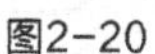

图2-20

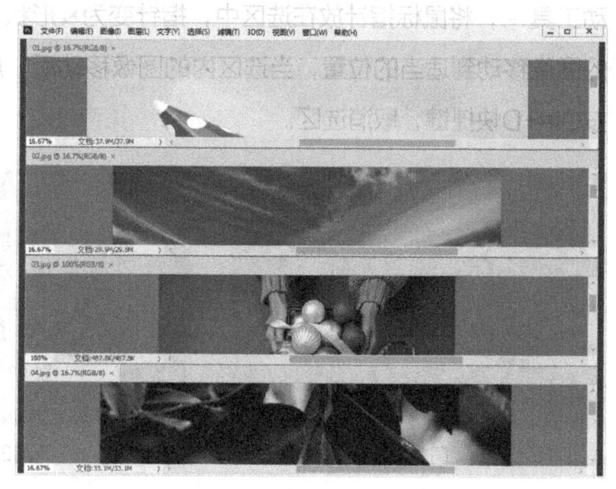

图2-21

2.3.6 观察放大图像

选择抓手工具，在图像中鼠标指针变为形状。按住鼠标左键拖曳图像，可以观察图像的每个部分，如图2-22所示；直接按住鼠标左键拖曳图像周围的垂直和水平滚动条，也可观察图像的每个部分，如图2-23所示。如果正在使用其他的工具进行工作，按住Space（空格）键，可以快速切换到抓手工具。

图2-22

图2-23

2.4 图像的移动、复制和删除

在Photoshop中，可以非常便捷地移动、复制和删除图像。

2.4.1 图像的移动

打开一张图片。选择椭圆选框工具，在图像窗口中要移动的区域绘制选区，如图2-24所示。选择移动工具，将鼠标指针放在选区中，指针变为形状，如图2-25所示。按住鼠标左键拖曳，即可将选区内的图像移动到适当的位置，当选区内的图像移动后，原来的选区位置被背景色填充，效果如图2-26所示。按Ctrl+D快捷键，取消选区。

图2-24

图2-25

图2-26

打开一张图片。将选区中的草莓图片拖曳到打开的图像中，鼠标指针变为形状，如图2-27所示；松开鼠标，选区中的草莓图片被移动到打开的图像窗口中，效果如图2-28所示。

图2-27

图2-28

2.4.2 图像的复制

打开一张图片。选择椭圆选框工具，在图像窗口中绘制需要复制的图像区域，如图2-29所示。选择移动工具，将鼠标指针放在选区中，指针变为形状，如图2-30所示。

图2-29

图2-30

按住Alt键，鼠标指针变为形状，如图2-31所示。按住鼠标左键拖曳选区中的图像到适当的位置，松开鼠标和Alt键，图像复制完成，效果如图2-32所示。

图2-31

图2-32

选择“编辑 > 拷贝”命令或按Ctrl+C快捷键，将选区中的图像复制。这时屏幕上的图像并没有变化，但系统已将拷贝的图像复制到剪贴板中。

选择“编辑 > 粘贴”命令或按Ctrl+V快捷键，将剪贴板中的图像粘贴在新图层中，复制的图像在原图像的上方。

提示 在复制图像前，要选择将要复制的图像区域。如果不选择图像区域，将不能复制图像。

2.4.3 图像的删除

在删除图像前，需要选择要删除的图像区域。如果不选择图像区域，将不能删除图像。

在要删除的图像上绘制选区，如图2-33所示。选择“编辑 > 清除”命令，可将选区中的图像删除，效果如图2-34所示。按Ctrl+D快捷键，取消选区。

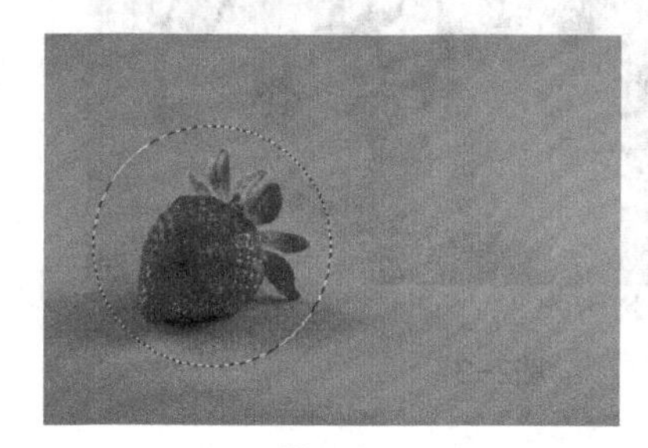

图2-33

图2-34

提示 在“背景”图层中，将选区中的图像删除后，原来的图像区域由背景色填充。如果图像在除“背景”图层外的图层中，删除后，将显示下面图层的图像。

2.5 标尺、参考线和网格

使用标尺、参考线和网格辅助处理图像，可以将图像处理得更加准确。实际设计任务中遇到的许多问题，都需要使用标尺、参考线和网格来解决。

2.5.1 标尺

在Photoshop中可以对标尺进行设置。选择“编辑 > 首选项 > 单位与标尺”命令，弹出相应的对话框，如图2-35所示。在该对话框中可以设置标尺的单位。

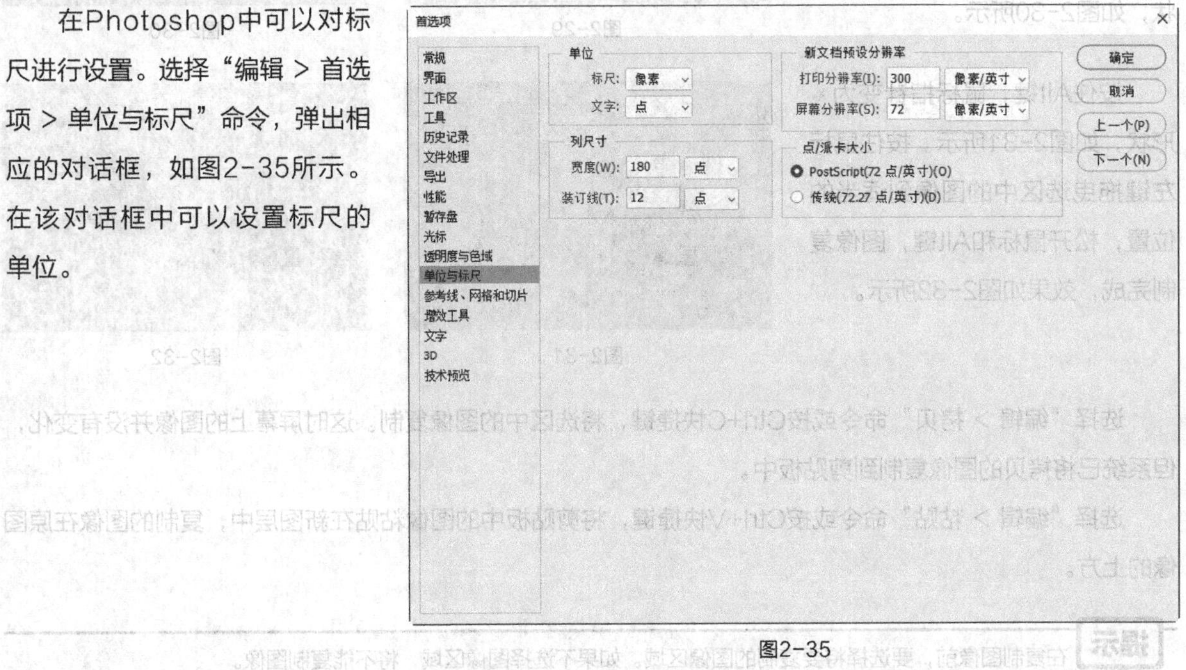

图2-35

选择“视图 > 标尺”命令或按Ctrl+R快捷键，可以将标尺显示或隐藏，如图2-36和图2-37所示。

图2-36

图2-37

将鼠标指针放在标尺的x轴和y轴的0点处，如图2-38所示，向右下方拖曳鼠标到适当的位置，如图2-39所示，松开鼠标，标尺的x轴和y轴的0点就变为此位置，如图2-40所示。

图2-38

图2-39

图2-40

2.5.2 参考线

创建参考线：将鼠标指针放在水平标尺上，按住鼠标左键，向下拖曳可创建水平参考线，如图2-41所示；将鼠标指针放在垂直标尺上，按住鼠标左键，向右拖曳可创建垂直参考线，如图2-42所示。

图2-41

图2-42

选择“视图 > 新建参考线”命令，弹出“新建参考线”对话框，如图2-43所示，设置方向和位置后单击“确定”按钮，图像中会出现新建的参考线。

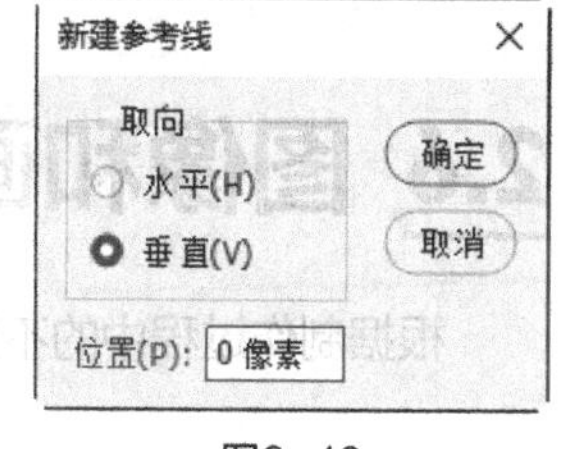

图2-43

显示或隐藏参考线：选择“视图 > 显示 > 参考线”命令或按Ctrl+;快捷键，可以显示或隐藏参考线。此命令只有在存在参考线的前提下才能使用。

移动参考线：选择移动工具，将鼠标指针放在参考线上，当指针变为形状时，按住鼠标左键拖曳，可以移动参考线。

锁定、清除、新建参考线：选择“视图 > 锁定参考线”命令或按Alt +Ctrl+;快捷键，可以将参考线锁定，参考线被锁定后将不能移动；选择“视图 > 清除参考线”命令，可以将参考线清除。

2.5.3 网格

选择“编辑 > 首选项 > 参考线、网格和切片”命令，弹出相应的对话框，如图2-44所示。

参考线：用于设置参考线的颜色和样式。网格：用于设置网格的颜色、样式、网格线间隔和子网格。切片：用于设置切片的颜色和显示切片编号。路径：用于设置路径的颜色和粗细。

选择“视图 > 显示 > 网格”命令或按Ctrl+’快捷键，可以显示或隐藏网格，如图2-45和图2-46所示。

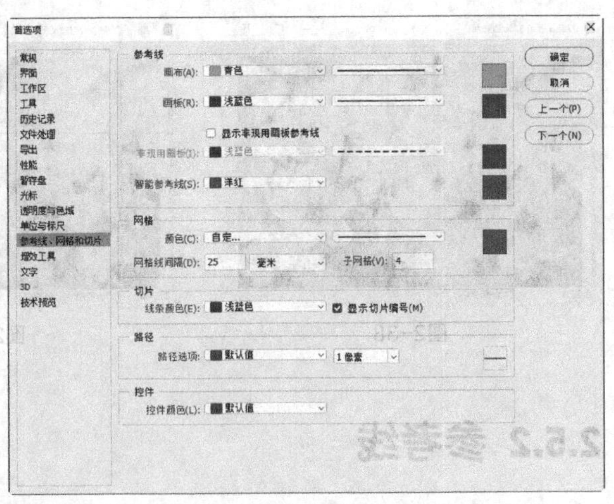

图2-44

图2-45

图2-46

提示 反复按Ctrl+R快捷键，可以将标尺显示或隐藏。反复按Ctrl+；快捷键，可以将参考线显示或隐藏。反复按Ctrl+’快捷键，可以将网格显示或隐藏。

2.6 图像和画布尺寸的调整

根据制作过程中的不同需求，可以随时调整图像与画布的尺寸。

2.6.1 图像尺寸的调整

打开一张图像，选择“图像 > 图像大小”命令或按Ctrl+Alt+I快捷键，弹出“图像大小”对话框，如图2-47所示。

图像大小：通过改变“宽度”“高度”“分辨率”选项的数值，可改变图像的大小。

缩放样式⚙：选择此选项后，在调整图像大小时可以自动缩放图层样式的大小。

尺寸：显示图像宽度和高度的像素数量。单击⌄按钮，可以改变尺寸单位。

调整为：可以选取预设或其他命令以调整图像大小。

约束比例🔗：按下该按钮，改变“宽度”或“高度”中的任意一项，另一项会成比例地同时改变。

分辨率：用于设置位图图像的精细度，计量单位是像素/英寸。每英寸的像素越多，分辨率越高。

重新采样：不勾选此复选框，图像的尺寸和总像素数量将不会改变，“宽度”“高度”“分辨率”选项的左侧将出现锁链标志🔗，改变其中一项数值时三项会同时改变，如图2-48所示。

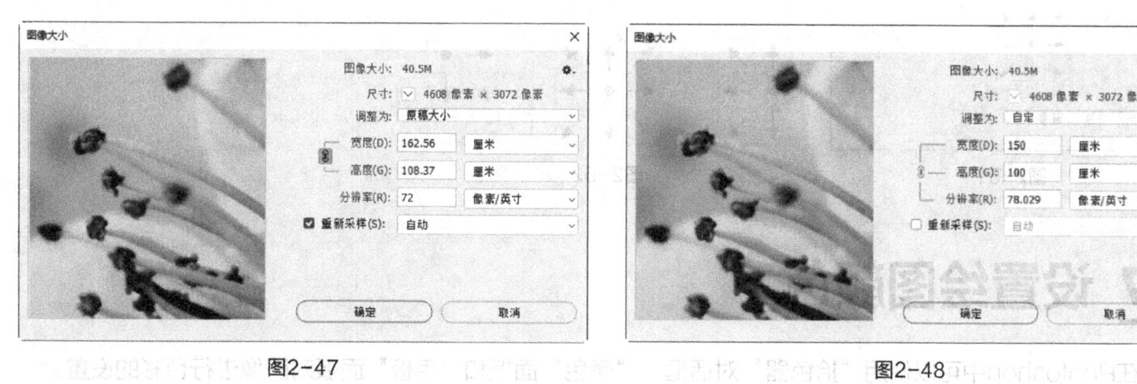

图2-47

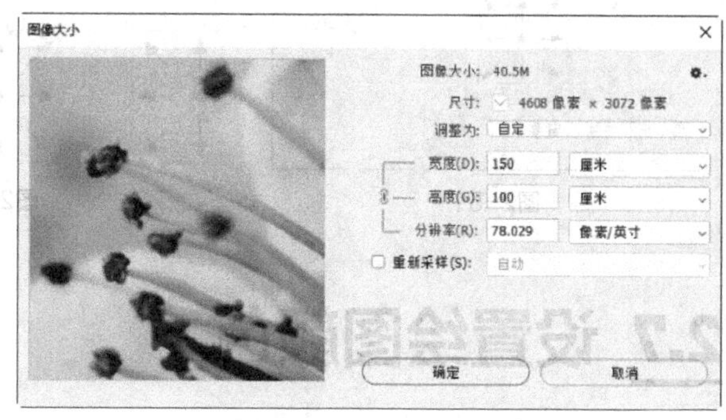

图2-48

在“图像大小”对话框中，如果要改变选项数值的计量单位，可在选项右侧的下拉列表中进行选择，如图2-49所示。单击“调整为”选项右侧的下拉按钮，在弹出的下拉列表中选择“自动分辨率”命令，弹出“自动分辨率”对话框，如图2-50所示，在该对话框中设置“挂网”和“品质”参数后，系统将自动调整图像的分辨率。

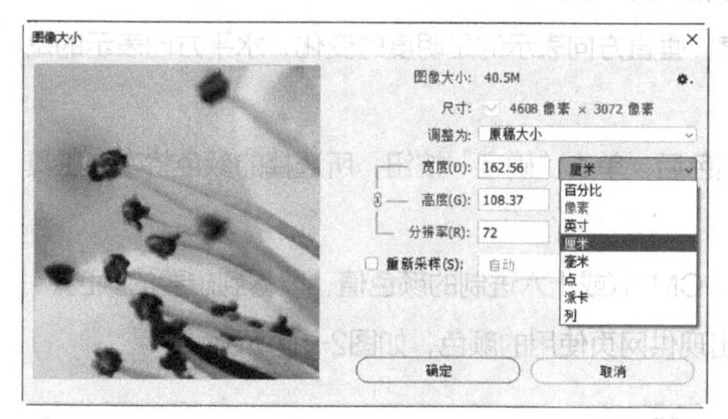

图2-49

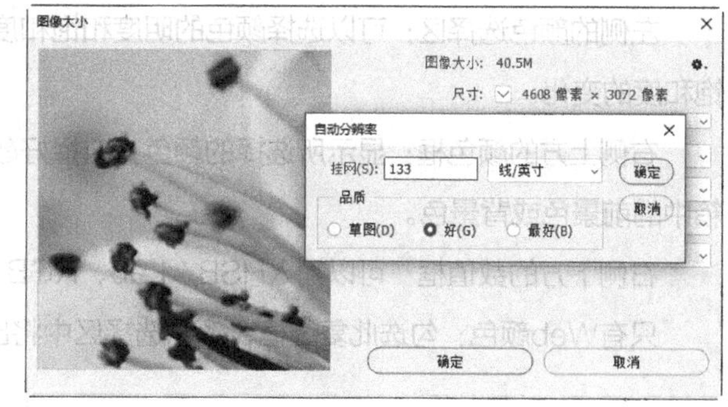

图2-50

2.6.2 画布尺寸的调整

选择“图像 > 画布大小”命令，弹出“画布大小”对话框，如图2-51所示。该命令可用于扩展或收缩画布的大小。

当前大小：显示的是当前文件的大小和尺寸。

新建大小：用于重新设置图像画布的大小。

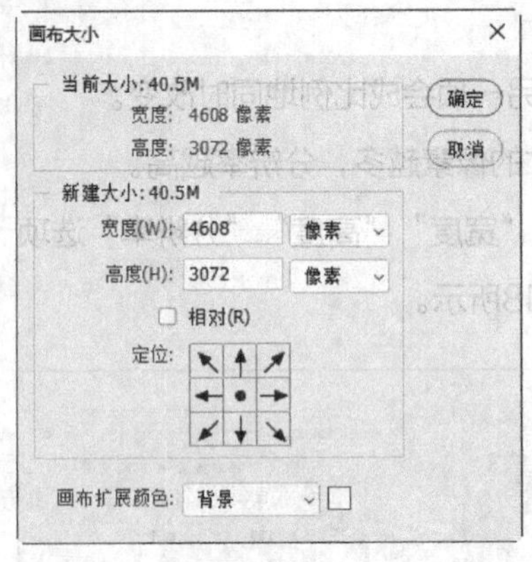

图2-51

定位：用于调整图像在新画布中的位置，可偏左、居中或在右上角等，如图2-52所示。

画布扩展颜色：在此下拉列表中可以选择画布扩展部分的填充颜色，可以选择前景色、背景色或黑、白、灰色，也可以自己选择颜色。

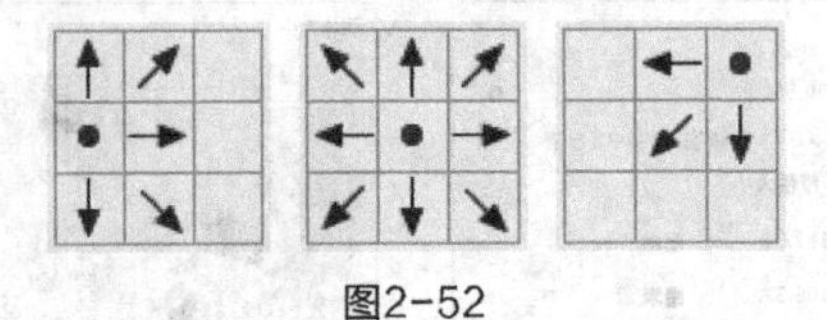

图2-52

2.7 设置绘图颜色

在Photoshop中可以使用“拾色器”对话框、“颜色”面板和“色板”面板对图像进行色彩的设置。

2.7.1 使用“拾色器”对话框设置颜色

单击工具箱中的“设置前景色/设置背景色”图标，弹出“拾色器”对话框，如图2-53所示。用鼠标在颜色色带上单击或拖曳两侧的三角形滑块，可以使颜色的色相产生变化。

左侧的颜色选择区：可以选择颜色的明度和饱和度，垂直方向表示的是明度的变化，水平方向表示的是饱和度的变化。

右侧上方的颜色框：显示所选择的颜色，选择好颜色后，单击“确定”按钮，所选择的颜色将变为工具箱中的前景色或背景色。

右侧下方的数值框：可以输入HSB、Lab、RGB、CMYK或十六进制的颜色值，以得到想要的颜色。

只有Web颜色：勾选此复选框，颜色选择区中将出现供网页使用的颜色，如图2-54所示。

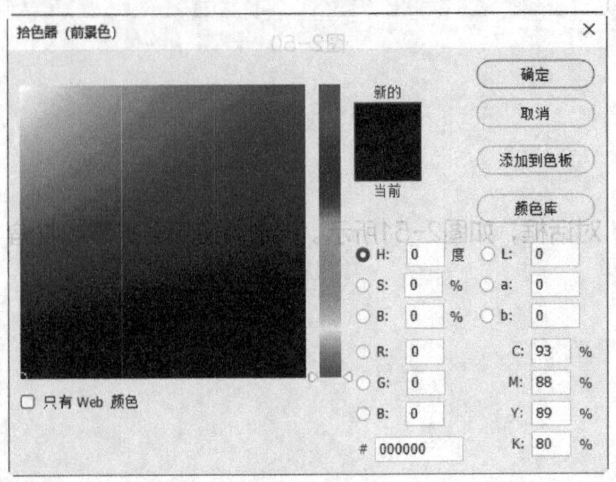

图2-53

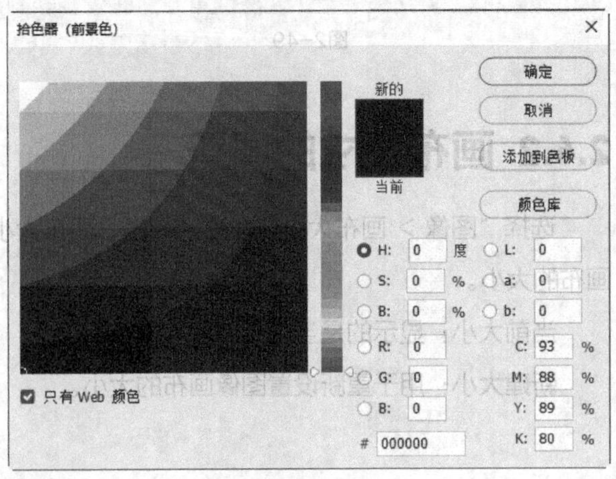

图2-54

在“拾色器”对话框中单击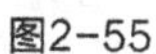按钮，会弹出“颜色库”对话框，如图2-55所示。该对话框的“色库”下拉列表中有一些常用的印刷颜色体系，如图2-56所示，其中“TRUMATCH”是可用于印刷设计的印刷颜色体系。

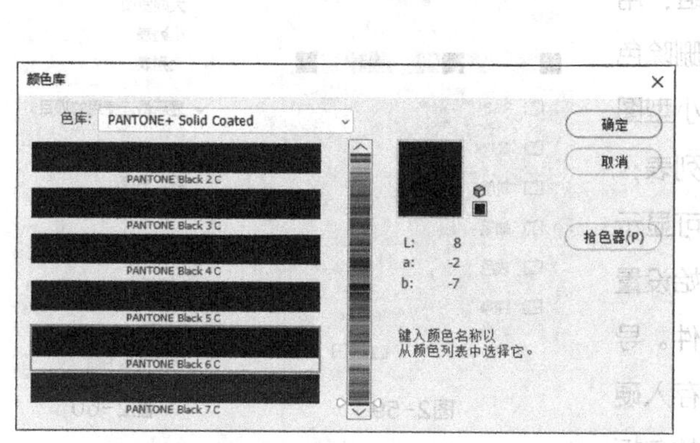

图2-55

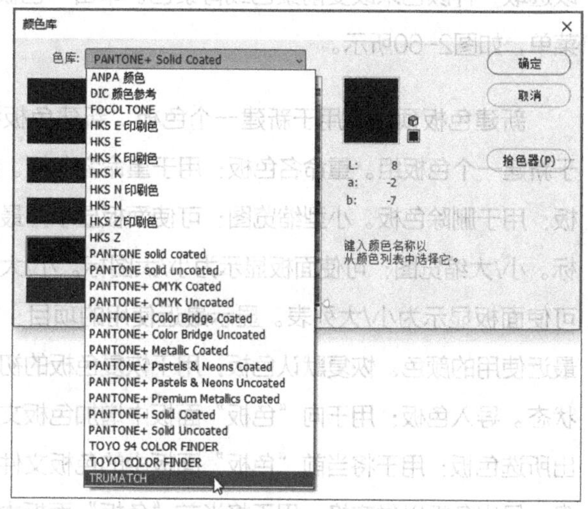

图2-56

在“颜色库”对话框中，单击颜色色带区域或拖曳其两侧的三角形滑块，可以使左侧颜色选择区的色相产生变化，在颜色选择区中选择带有编码的颜色，右侧上方的颜色框中会显示出所选择的颜色，右侧下方是所选择颜色的Lab值。

2.7.2 使用“颜色”面板设置颜色

选择“窗口 > 颜色”命令，打开“颜色”面板，如图2-57所示，在该面板中可以改变前景色和背景色。

单击面板左侧的设置前景色或设置背景色图标■，确定所调整的是前景色还是背景色，拖曳三角形滑块或在色带中选择所需的颜色，也可以直接在颜色的数值框中输入数值调整颜色。

单击“颜色”面板右上方的≡图标，弹出面板菜单，如图2-58所示。此菜单可以设置“颜色”面板中显示的颜色模式。

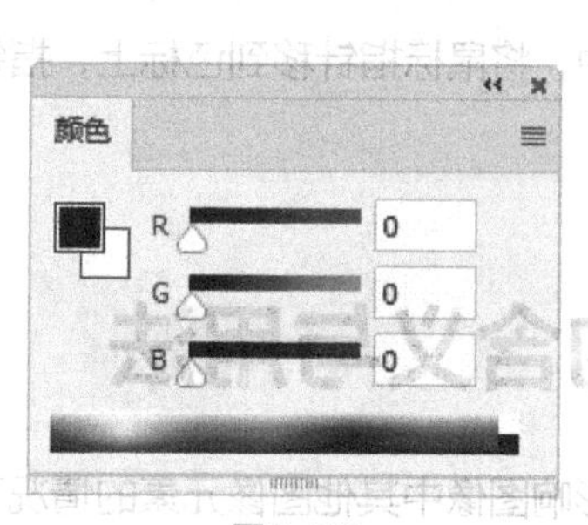

图2-57

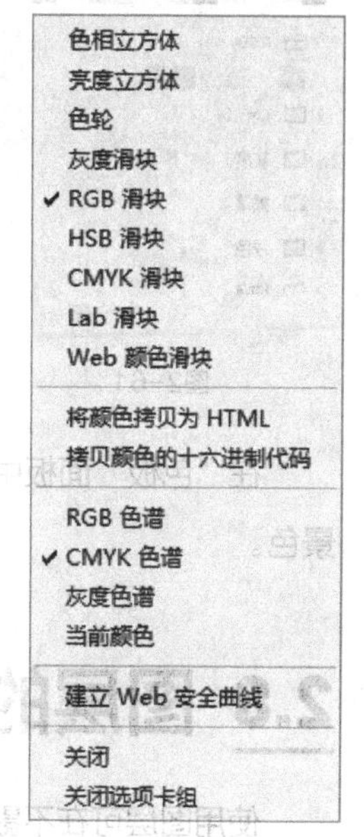

图2-58

2.7.3 使用“色板”面板设置颜色

选择“窗口 > 色板”命令，打开“色板”面板，如图2-59所示。在该面板中，可以选取一种颜色来改变前景色或背景色。单击“色板”面板右上方的≡图标，弹出面板菜单，如图2-60所示。

新建色板预设：用于新建一个色板。新建色板组：用于新建一个色板组。重命名色板：用于重命名色板。删除色板：用于删除色板。小型缩览图：可使面板显示为最小型图标。小/大缩览图：可使面板显示为小/大图标。小/大列表：可使面板显示为小/大列表。显示最近使用的项目：可显示最近使用的颜色。恢复默认色板：用于恢复色板的初始设置状态。导入色板：用于向“色板”面板中增加色板文件。导出所选色板：用于将当前“色板”面板中的色板文件存入硬盘。导出色板以供交换：用于将当前“色板”面板中的色板文件存入硬盘并供交换使用。旧版色板：用于添加旧版的色板。

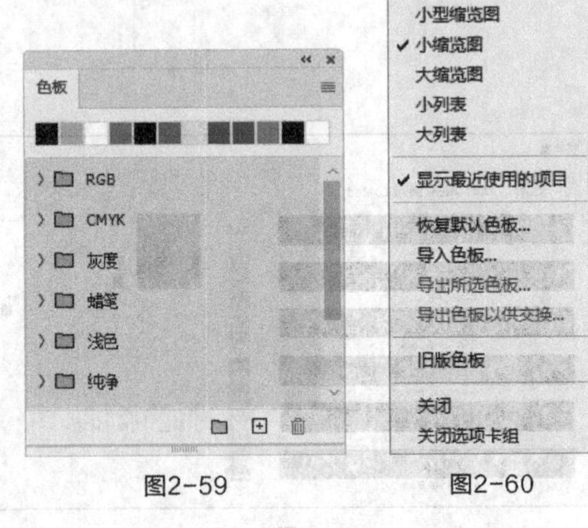

图2-59　图2-60

在“色板”面板中，单击“创建新色板”按钮⊞，如图2-61所示，弹出“色板名称”对话框，如图2-62所示，单击“确定”按钮，即可将当前的前景色添加到“色板”面板中，如图2-63所示。

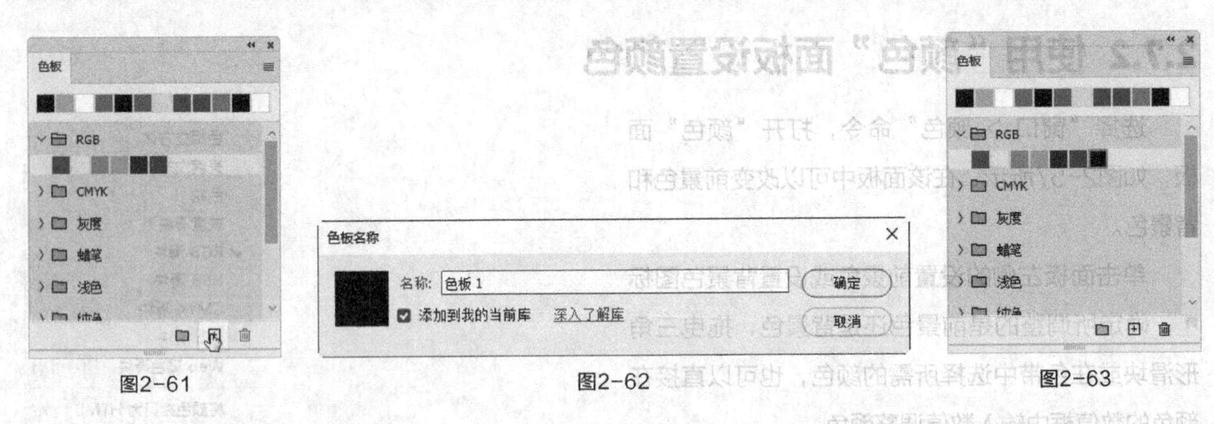

图2-61　图2-62　图2-63

在“色板”面板中，将鼠标指针移到色标上，指针变为吸管形状，此时单击，可设置吸取的颜色为前景色。

2.8 图层的含义与用法

使用图层可在不影响图像中其他图像元素的情况下处理某一图像元素。可以将图层想象成一张张叠起来的硫酸纸，透过图层的透明区域可以看到下面的图层，更改图层的顺序和属性可以改变图像的合成效果。图像效果如图2-64所示，其图层原理图如图2-65所示。

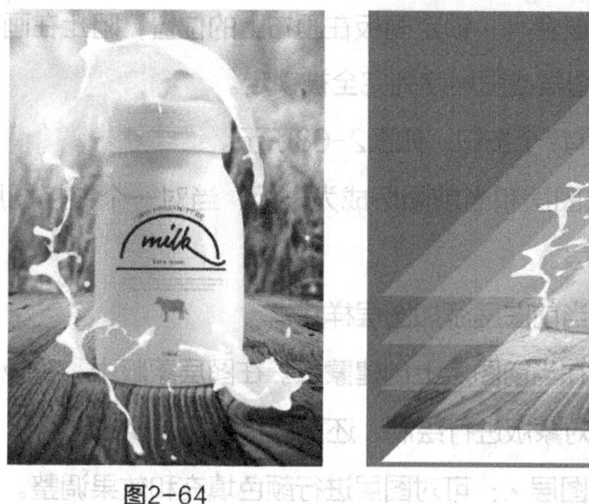

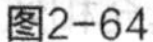

图2-64

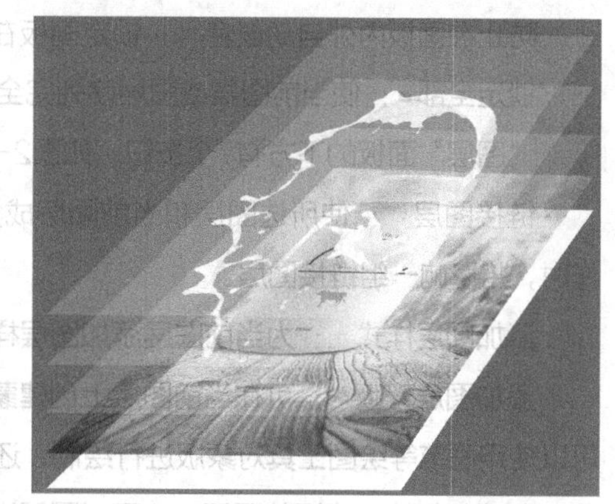

图2-65

2.8.1 “图层”面板

“图层”面板列出了图像中的所有图层、图层组和图层效果，如图2-66所示。可以使用“图层”面板搜索图层、显示和隐藏图层、创建新图层及处理图层组，还可以在“图层”面板的面板菜单中设置其他命令和选项。

图2-66

图层搜索功能：在 类型 框中可以选取9种不同的搜索方式。类型：可以通过单击“像素图层”按钮、“调整图层”按钮、“文字图层”按钮、“形状图层”按钮和“智能对象”按钮来搜索需要的图层类型。名称：可以在右侧的框中输入图层名称来搜索图层。效果：通过图层应用的图层样式来搜索图层。模式：通过图层设置的混合模式来搜索图层。属性：通过图层的可见性、锁定、链接、混合和蒙版等属性来搜索图层。颜色：通过不同的图层颜色来搜索图层。智能对象：通过图层中不同智能对象的链接方式来搜索图层。选定：用于搜索选定的图层。画板：通过画板来搜索图层。

图层的混合模式 正常 ：用于设置图层的混合模式，共包含27种。

不透明度：用于设置图层的不透明度。

填充：用于设置图层的填充百分比。

眼睛图标：用于打开或隐藏图层中的内容。

锁链图标：表示图层与图层之间的链接关系。

T图标：表示此图层为可编辑的文字图层。

fx图标：表示为图层添加了样式。

“图层”面板的上方有5个工具图标，如图2-67所示。

锁定：

图2-67

锁定透明像素：用于锁定当前图层中的透明区域，使透明区域不能被编辑。

锁定图像像素：使当前图层不能被编辑。

锁定位置：使当前图层不能被移动。

防止在画板内外自动嵌套：锁定画板在画布上的位置，阻止在画板内部或外部自动嵌套。

锁定全部：使当前图层或图层序列完全被锁定。

“图层”面板的下方有7个按钮，如图2-68所示。

图2-68

链接图层：使所选图层和当前图层成为一组，当对一个链接图层进行操作时，将影响一组链接图层。

添加图层样式：为当前图层添加图层样式。

添加图层蒙版：可在当前图层上创建蒙版。在图层蒙版中，黑色代表隐藏图像，白色代表显示图像。可以使用画笔等绘图工具对蒙版进行绘制，还可以将蒙版转换成选区。

创建新的填充或调整图层：可对图层进行颜色填充和效果调整。

创建新组：用于新建图层组，可在其中放入图层。

创建新图层：用于在当前图层的上方创建新图层。

删除图层：可以将不需要的图层拖曳到此处进行删除。

2.8.2 “图层”面板菜单

单击“图层”面板右上方的≡图标，弹出面板菜单，如图2-69所示。

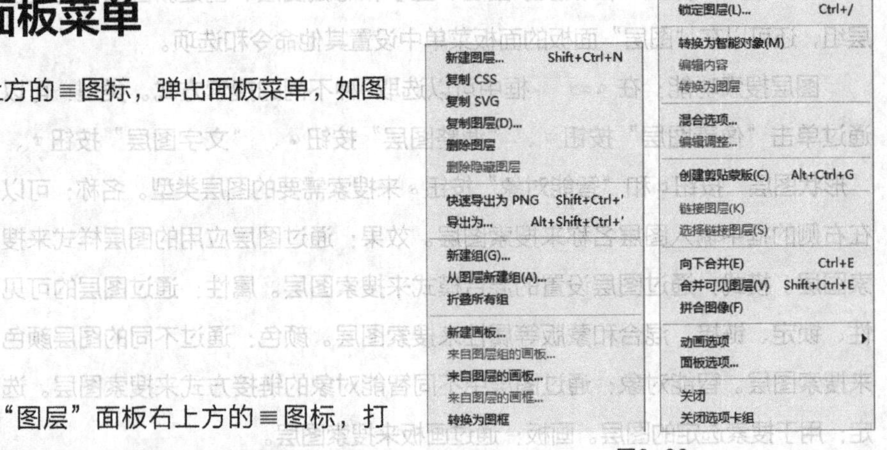

图2-69

2.8.3 新建图层

使用面板菜单：单击“图层”面板右上方的≡图标，打开面板菜单，选择“新建图层”命令，弹出“新建图层”对话框，如图2-70所示。

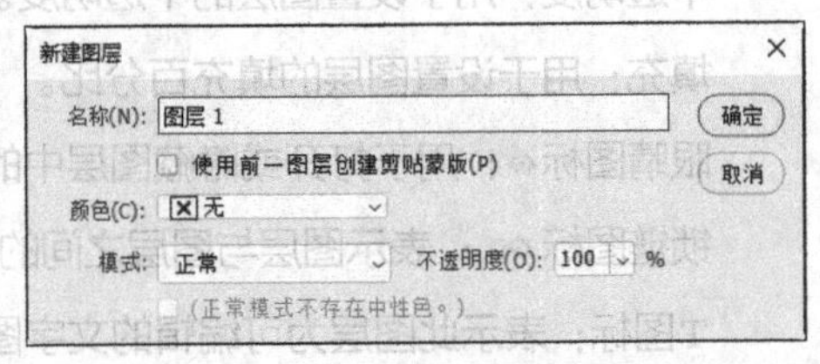

图2-70

名称：用于设置新图层的名称。使用前一图层创建剪贴蒙版：勾选此项，可以将当前图层与前一图层创建为一个剪贴蒙版组。颜色：用于设置新图层的颜色。模式：用于设置当前图层的混合模式。不透明度：用于设置当前图层的不透明度值。

使用面板按钮：单击“图层”面板下方的“创建新图层”按钮，可以创建一个新图层；按住Alt键的同时，单击“创建新图层”按钮，将弹出“新建图层”对话框。

使用“图层”菜单命令或快捷键：选择“图层 > 新建 > 图层”命令，或按Shift+Ctrl+N快捷键，可以打开“新建图层”对话框。

2.8.4 复制图层

使用面板菜单：单击“图层”面板右上方的≡图标，打开面板菜单，选择“复制图层”命令，弹出“复制图层”对话框，如图2-71所示。

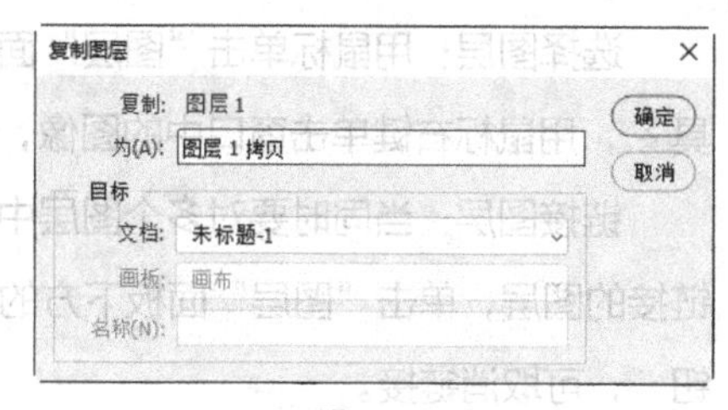

图2-71

为：用于设置复制图层的名称。文档：用于设置复制图层的文件来源。

使用面板按钮：将需要复制的图层拖曳到面板下方的“创建新图层”按钮 ⊞ 上，可以将所选的图层复制为一个新图层。

使用菜单命令：选择“图层 > 复制图层”命令，弹出“复制图层”对话框，单击“确定”按钮即可复制图层。

使用鼠标拖曳的方法复制不同图像之间的图层：打开目标图像和需要复制的图像，将需要复制的图像中的图层直接拖曳到目标图像图层中，图层复制完成。

2.8.5 删除图层

使用面板菜单：单击“图层”面板右上方的≡图标，打开面板菜单，选择“删除图层”命令，弹出提示对话框，如图2-72所示，单击“是”按钮，即可删除图层。

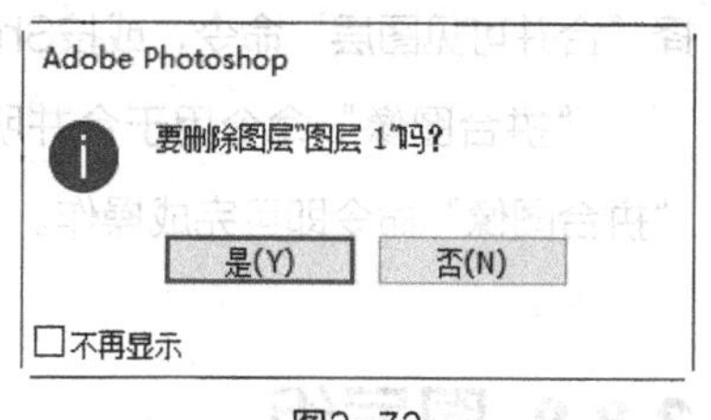

图2-72

使用面板按钮：选中要删除的图层，单击“图层”面板下方的“删除图层”按钮 🗑，即可删除图层。将需要删除的图层直接拖曳到“删除图层”按钮 🗑 上，也可以删除图层。

使用菜单命令：选择“图层 > 删除 > 图层”命令，即可删除图层。

2.8.6 图层的显示和隐藏

单击“图层”面板中任意图层左侧的眼睛图标 👁，可以隐藏或显示这个图层。

按住Alt键的同时，单击“图层”面板中任意图层左侧的眼睛图标 👁，此时，“图层”面板中将只显示这个图层，其他图层被隐藏。

2.8.7 图层的选择、链接和排列

选择图层：用鼠标单击“图层”面板中的任意一个图层，可以选择这个图层。此外，还可以选择移动工具，用鼠标右键单击窗口中的图像，在弹出的快捷菜单中选择所需要的图层。

链接图层：当同时要对多个图层中的图像进行操作时，可以将多个图层进行链接，以方便操作。选中要链接的图层，单击“图层”面板下方的“链接图层”按钮，选中的图层被链接，再次单击“链接图层”按钮，可取消链接。

排列图层：选择“图层”面板中的任意图层，拖曳鼠标可将其调整到其他图层的上方或下方。

提示 按Ctrl+ [快捷键，可以将当前图层向下移动一层；按Ctrl+] 快捷键，可以将当前图层向上移动一层；按Shift+Ctrl+ [快捷键，可以将当前图层移动到除了背景图层以外的所有图层下方；按Shift+Ctrl+] 快捷键，可以将当前图层移动到所有图层上方。背景图层不能随意移动，可以将其转换为普通图层后再移动。

2.8.8 合并图层

“向下合并”命令用于向下合并图层。单击“图层”面板右上方的≡图标，在弹出的菜单中选择“向下合并”命令，或按Ctrl+E快捷键即可完成操作。

“合并可见图层”命令用于合并所有可见图层。单击“图层”面板右上方的≡图标，在弹出的菜单中选择“合并可见图层”命令，或按Shift+Ctrl+E快捷键即可完成操作。

“拼合图像”命令用于合并所有的图层。单击“图层”面板右上方的≡图标，在弹出的菜单中选择“拼合图像”命令即可完成操作。

2.8.9 图层组

当编辑多图层图像时，为了方便操作，可以将多个图层建立在一个图层组中。单击“图层”面板右上方的≡图标，在弹出的菜单中选择“新建组”命令，弹出“新建组”对话框，单击“确定”按钮，即可新建一个图层组。将选中的多个图层拖曳到图层组中，则表示选中的图层被放置在图层组中了。

提示 单击“图层”面板下方的“创建新组”按钮，或选择“图层 > 新建 > 组”命令，可以新建图层组。还可选中要放置在图层组中的所有图层，并按Ctrl+G快捷键，自动生成新的图层组。

2.9 恢复操作的应用

在绘制和编辑图像的过程中，经常会错误地执行一个步骤或对制作的一系列效果不满意。当希望恢复到前一步或原来的图像效果时，可以使用恢复操作命令。

2.9.1 恢复到上一步的操作

在编辑图像的过程中，可以随时将操作返回上一步，也可以将图像还原到恢复前的效果。选择“编辑 > 还原”命令，或按Ctrl+Z快捷键，可以还原一步或多步操作；选择“编辑 > 重做”命令，或按Shift+Ctrl+Z快捷键，可以依次恢复图像被撤销的操作；选择“文件 > 恢复”命令，可以直接将图像恢复到最后一次保存时的状态。

2.9.2 中断操作

如果想中断Photoshop正在进行的图像处理，可以按Esc键。

2.9.3 恢复到操作过程的任意步骤

“历史记录”面板可以将进行过多次操作的图像恢复到其中的任意一步，即所谓的“多次恢复功能”。选择“窗口 > 历史记录”命令，弹出“历史记录”面板，如图2-73所示。

面板下方的按钮从左至右依次为“从当前状态创建新文档”按钮、“创建新快照”按钮和“删除当前状态”按钮。

单击面板右上方的≡图标，弹出面板菜单，如图2-74所示。

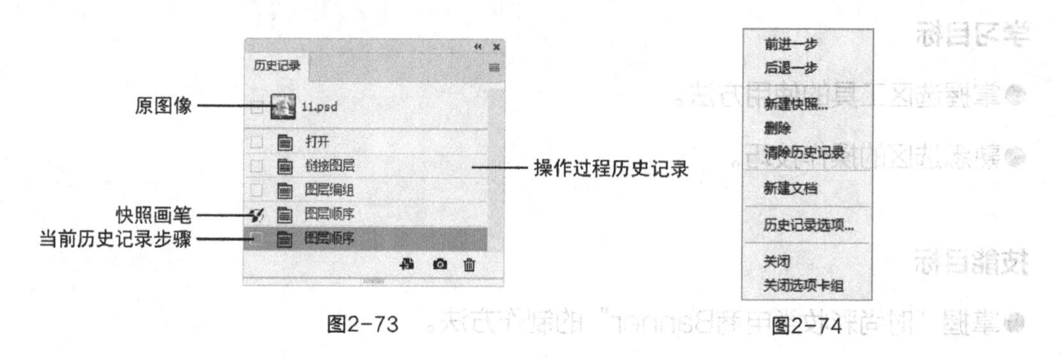

图2-73　　图2-74

前进一步：用于将操作记录向下移动一位。

后退一步：用于将操作记录向上移动一位。

新建快照：用于根据当前的操作记录建立新的快照。

删除：用于删除面板中的操作记录。

清除历史记录：用于清除面板中除最后一条记录外的所有记录。

新建文档：用于由当前状态或者快照建立新的文件。

历史记录选项：用于设置“历史记录”面板。

“关闭”和“关闭选项卡组”：用于关闭“历史记录”面板和面板所在的选项卡组。

第 3 章

绘制和编辑选区

本章介绍

本章将主要介绍Photoshop绘制选区的方法及编辑选区的技巧。通过学习本章内容，读者可以学会绘制规则与不规则选区的方法，并对选区进行移动、反选、羽化等调整操作。

学习目标

●掌握选区工具的使用方法。

●熟悉选区的操作技巧。

技能目标

●掌握“时尚彩妆类电商Banner”的制作方法。

●掌握“旅游出行公众号首图”的制作方法。

3.1 选区的绘制

对图像进行编辑，首先要进行选择图像的操作。能够快捷、准确地选择图像是提高图像处理效率的关键。

3.1.1 课堂案例——制作时尚彩妆类电商Banner

案例学习目标 使用不同的选区工具来选择不同外形的化妆品。

案例知识要点 使用矩形选框工具、椭圆选框工具、多边形套索工具和魔棒工具抠出化妆品，使用“变换”命令调整图像大小，使用移动工具合成图像，最终效果如图3-1所示。

效果所在位置 Ch03\效果\制作时尚彩妆类电商Banner. psd。

图3-1

01 按Ctrl+O快捷键，打开本书学习资源中的“Ch03\素材\制作时尚彩妆类电商Banner\02”文件，如图3-2所示。选择矩形选框工具，在02图像窗口中沿着右侧化妆品边缘拖曳鼠标绘制选区，如图3-3所示。

图3-2

图3-3

02 按Ctrl+O快捷键，打开本书学习资源中的“Ch03\素材\制作时尚彩妆类电商Banner\01”文件，如图3-4所示。选择移动工具，将02图像选区中的化妆品拖曳到01图像窗口中适当的位置，如图3-5所示，“图层”面板中会生成新的图层，将其命名为“化妆品1”。

图3-4

图3-5

03 按Ctrl+T快捷键，图像周围出现变换框，将指针放在变换框任意一角的外侧，指针变为旋转↷形状，拖曳鼠标将图像旋转到适当的角度，按Enter键确认操作，效果如图3-6所示。

图3-6

04 选择椭圆选框工具◯，在02图像窗口中沿着中间化妆品边缘拖曳鼠标绘制选区，如图3-7所示。选择移动工具✥，将选区中的图像拖曳到01图像窗口中适当的位置，如图3-8所示，“图层”面板中会生成新的图层，将其命名为“化妆品2”。

图3-7

图3-8

05 选择多边形套索工具⊻，在02图像窗口中沿着左侧化妆品边缘绘制选区，如图3-9所示。选择移动工具✥，将选区中的图像拖曳到01图像窗口中适当的位置，如图3-10所示，“图层”面板中会生成新的图层，将其命名为“化妆品3”。

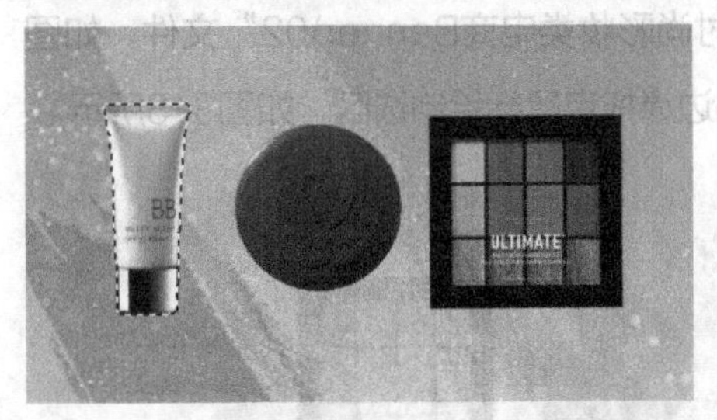

图3-9

图3-10

06 按Ctrl+O快捷键，打开本书学习资源中的“Ch03\素材\制作时尚彩妆类电商Banner\03”文件。选择魔棒工具✎，在图像窗口中的背景区域单击，图像周围生成选区，如图3-11所示。按Shift+Ctrl+I快捷键，反选选区，如图3-12所示。

图3-11

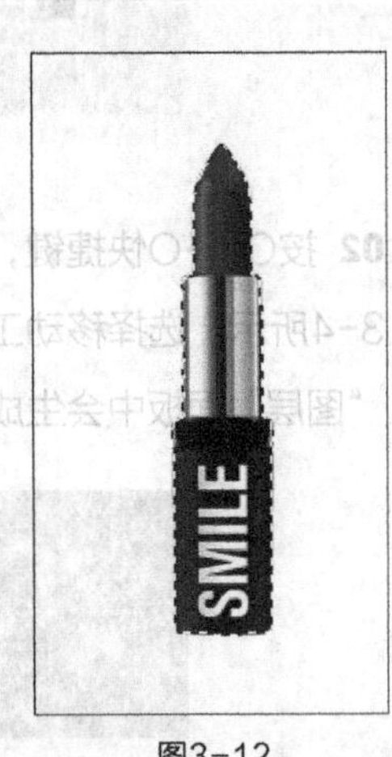

图3-12

07 选择移动工具，将选区中的图像拖曳到01图像窗口中适当的位置，如图3-13所示，“图层”面板中会生成新的图层，将其命名为“化妆品4”。

08 按Ctrl＋O快捷键，打开本书学习资源中的“Ch03\素材\制作时尚彩妆类电商Banner\ 04、05”文件。选择移动工具，将图像分别拖曳到01图像窗口中适当的位置，效果如图3-14所示，“图层”面板中分别会生成新的图层，将其命名为“云1”和“云2”。

图3-13

图3-14

09 选中“云1”图层，如图3-15所示，将其拖曳到“化妆品1”图层的下方，如图3-16所示，图像窗口效果如图3-17所示。时尚彩妆类电商Banner制作完成。

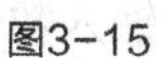
图3-15

图3-16

图3-17

3.1.2 选框工具

使用矩形选框工具可以在图像中绘制矩形选区。

选择矩形选框工具，或反复按Shift+M快捷键切换到该工具，其属性栏状态如图3-18所示。

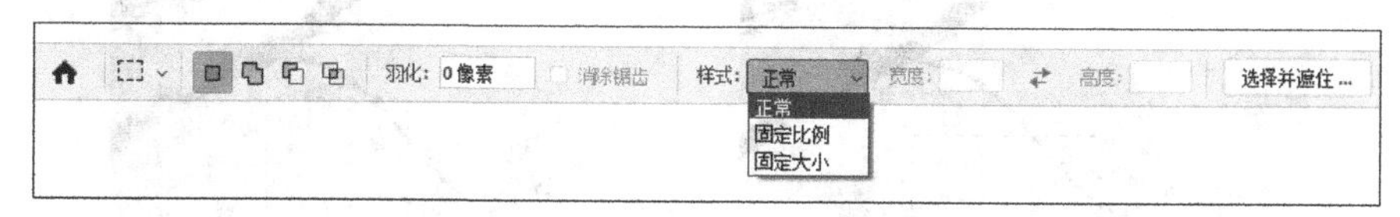

图3-18

新选区：取消旧选区，绘制新选区。添加到选区：在原有选区的上增加新的选区。从选区减去：在原有选区上减去新的选区。与选区交叉：选择新旧选区重叠的部分。羽化：用于设置选区边界的羽化程度。消除锯齿：用于清除选区边缘的锯齿。样式：用于设置选框工具的绘制样式。选择并遮住：用于创建或调整选区。

选择矩形选框工具，在图像窗口中适当的位置拖曳鼠标绘制选区，松开鼠标，矩形选区绘制完成，如图3-19所示。按住Shift键的同时，在图像窗口中拖曳鼠标可以绘制出正方形选区，如图3-20所示。

图3-19

图3-20

在属性栏中选择“样式”下拉列表中的“固定比例”，将“宽度”选项设为1，“高度”选项设为3，如图3-21所示。在图像中绘制固定比例的选区，效果如图3-22所示。单击“高度和宽度互换”按钮，可以快速地将“宽度”和“高度”选项的数值互换。互换后绘制的选区效果如图3-23所示。

图3-21

图3-22

图3-23

在属性栏中选择“样式”下拉列表中的“固定大小”，在“宽度”和“高度”选项中输入数值，如图3-24所示。绘制固定大小的选区，效果如图3-25所示。单击“高度和宽度互换”按钮，可以快速地将“宽度”和“高度”选项的数值互换。互换后绘制的选区效果如图3-26所示。

图3-24

图3-25

图3-26

因椭圆选框工具的应用方法与矩形选框工具基本相同，这里不再赘述。

3.1.3 套索工具

使用套索工具可以在图像中绘制不规则形状的选区，从而选取不规则形状的图像。

选择套索工具，或反复按Shift+L快捷键切换到该工具，其属性栏状态如图3-27所示。

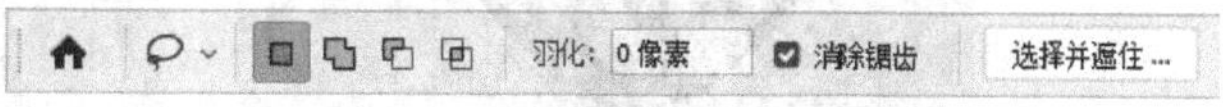
羽化: 0 像素
消除锯齿
选择并遮住 ...

图3-27

选择套索工具，在图像窗口中适当的位置拖曳鼠标进行绘制，如图3-28所示，松开鼠标，选择区域自动闭合，生成选区，效果如图3-29所示。

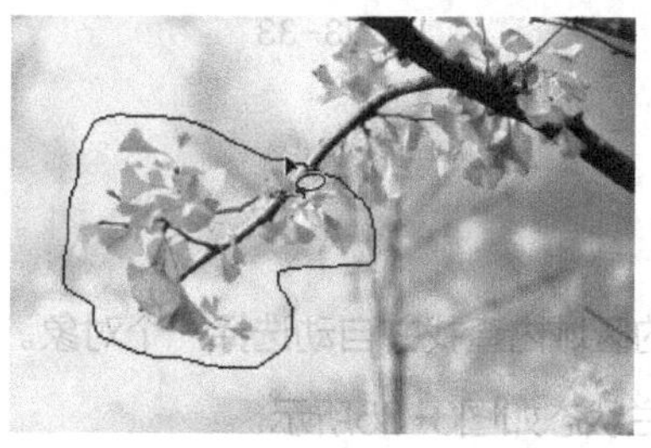

图3-28

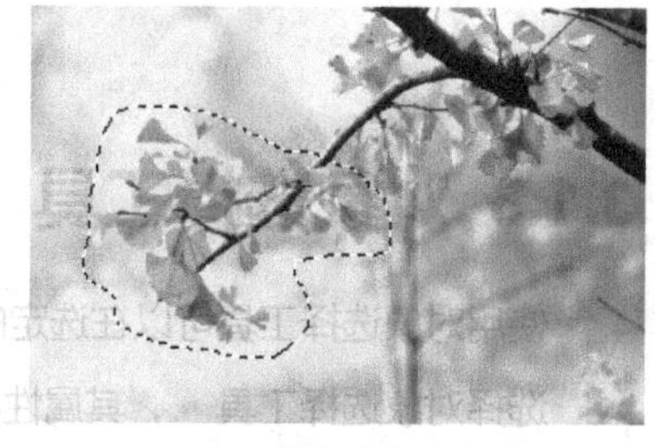

图3-29

3.1.4 魔棒工具

使用魔棒工具可以用来选取颜色相同或相近的区域。

选择魔棒工具，或反复按Shift+W快捷键切换到该工具，其属性栏状态如图3-30所示。

取样大小: 取样点
容差: 32
消除锯齿
连续
对所有图层取样
选择主体
选择并遮住 ...

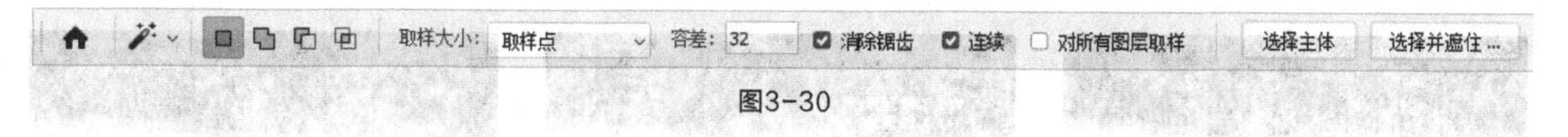

图3-30

取样大小：用于设置取样范围的大小。容差：用于设置可选色彩的范围，数值越大，可选择的颜色范围越大。连续：用于对连续像素取样。对所有图层取样：用于设置是否对所有可见图层取样。选择主体：自动为图像中最突出的对象创建选区。

选择魔棒工具，在图像中单击需要选择的颜色区域，即可得到需要的选区，如图3-31所示。将“容差”选项调大至100，再次单击需要选择的区域，即可生成一个较大范围的选区，效果如图3-32所示。

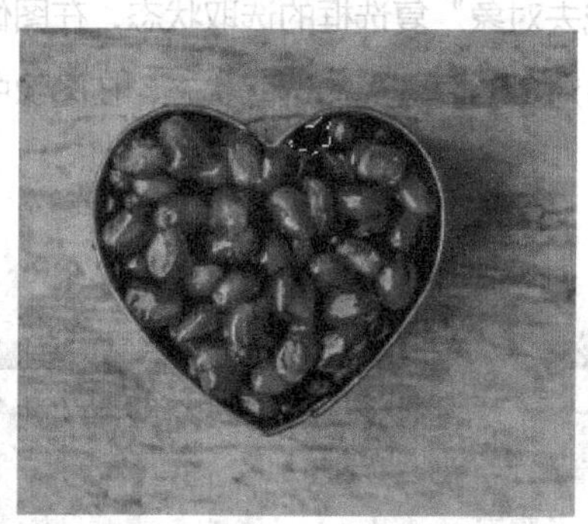

图3-31

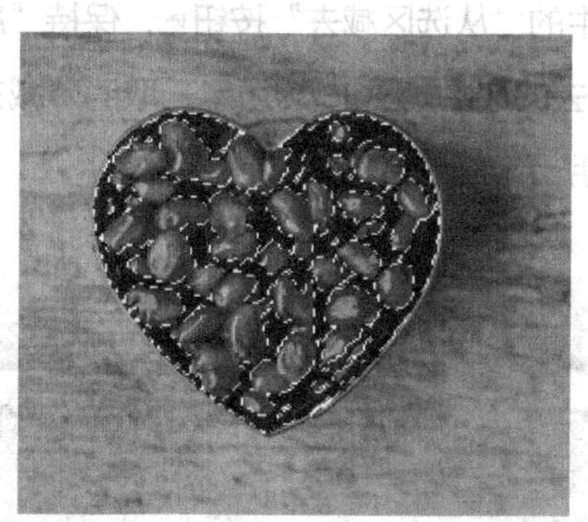

图3-32

打开一张图片，如图3-33所示。选择魔棒工具，单击属性栏中的 选择主体 按钮，即可在主体周围生成选区，效果如图3-34所示。

图3-33

图3-34

3.1.5 对象选择工具

使用对象选择工具可以在选定的区域内查找并自动选择一个对象。

选择对象选择工具，其属性栏状态如图3-35所示。

模式：矩形 ☐对所有图层取样 ☐自动增强 ☑减去对象 选择主体 选择并遮住...

图3-35

模式：用于选择“矩形”或“套索”选取模式。减去对象：用于在选定的区域内查找并自动减去对象。

打开一张图片，如图3-36所示。在主体周围绘制选区，如图3-37所示，主体图像周围生成选区，如图3-38所示。

图3-36

图3-37

图3-38

选中属性栏中的“从选区减去”按钮，保持“减去对象”复选框的选取状态，在图像中绘制选区，如图3-39所示，减去的选区如图3-40所示；取消“减去对象”复选框的选取状态，在图像中绘制选区，减去的选区如图3-41所示。

图3-39

图3-40

图3-41

提示 对象选择工具 不适合选取边界不清或带有毛发的复杂图像。

3.1.6 “色彩范围”命令

使用“色彩范围”命令可以根据选区内或整个图像中的颜色差异更加准确地创建不规则选区。

打开一张图片，如图3-42所示。选择“选择 > 色彩范围”命令，弹出“色彩范围”对话框，如图3-43所示。

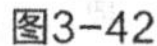

图3-42

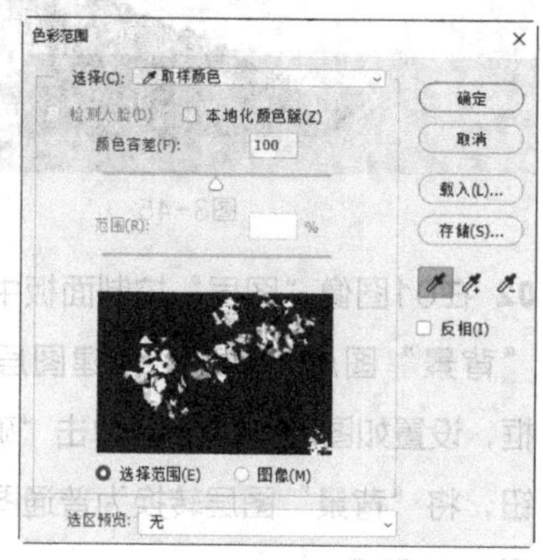

图3-43

选择：选择选区的取样颜色。检测人脸：选择该选项时，可以更准确地选择肤色。本地化颜色簇：启用后可以进行连续选择。颜色容差：调整选定颜色的范围。拖曳滑块可以调整取样范围。选区预览框：包含“选择范围”和“图像”两个单选项。选区预览：选择图像窗口中选区的预览方式。

3.2 选区的操作

在建立选区后，可以对选区进行一系列的操作，如移动选区、调整选区、羽化选区等。

3.2.1 课堂案例——制作旅游出行公众号首图

案例学习目标 使用魔棒工具和选区调整命令制作公众号首图。

案例知识要点 使用魔棒工具和移动工具更换背景，使用矩形选框工具、“填充”命令和“图层”面板制作装饰矩形，使用“收缩选区”命令和“描边”命令制作装饰框，使用移动工具添加文字素材，最终效果如图3-44所示。

效果所在位置 Ch03\效果\制作旅游出行公众号首图.psd。

图3-44

01 按Ctrl＋O快捷键，打开本书学习资源中的“Ch03\素材\制作旅游出行公众号首图\01、02”文件，如图3-45和图3-46所示。

图3-45

图3-46

02 在01图像“图层”控制面板中，双击“背景”图层，弹出“新建图层”对话框，设置如图3-47所示，单击“确定”按钮，将“背景”图层转换为普通图层，如图3-48所示。

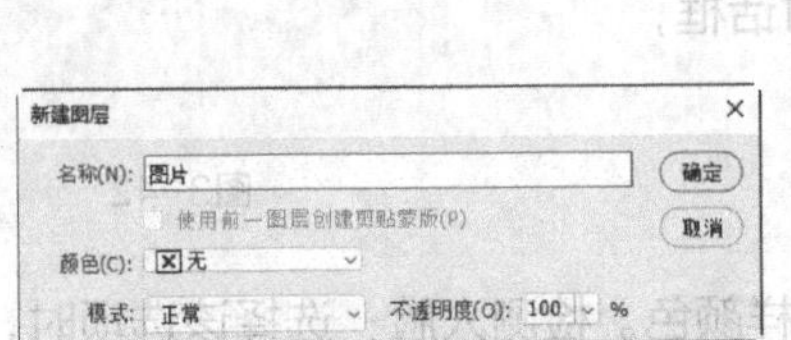

图3-47

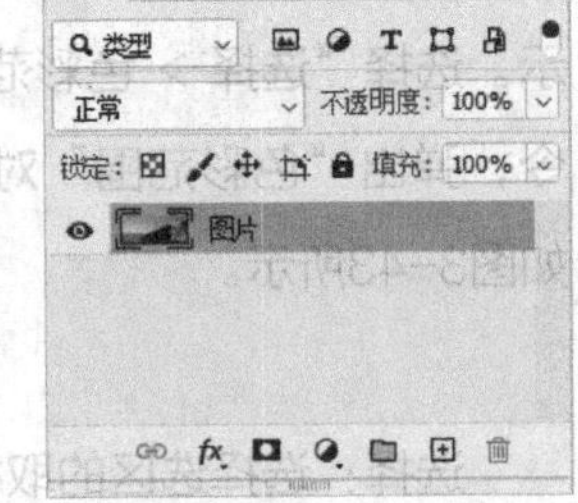

图3-48

03 选择魔棒工具，在属性栏中将“容差”选项设为30像素，单击“添加到选区”按钮，并在01图像窗口中的天空区域多次单击，选区效果如图3-49所示。按Delete键，将选区中的图像删除。按Ctrl+D快捷键，取消选区，效果如图3-50所示。

图3-49

图3-50

04 选择移动工具，将02图像拖曳到01图像窗口中适当的位置，“图层”面板中会生成新的图层，将其命名为“天空”，如图3-51所示。将“天空”图层拖曳到“图片”图层的下方，如图3-52所示，图像效果如图3-53所示。

图3-51

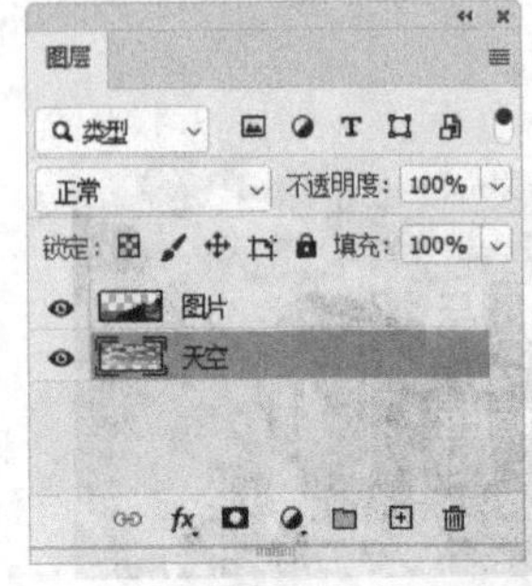

图3-52

图3-53

05 选中“图片”图层，单击“图层”面板下方的“创建新图层”按钮，生成新的图层并将其命名为“矩形”。将前景色设为黑色。选择矩形选框工具，在图像窗口中拖曳鼠标绘制矩形选区。按Alt+Delete快捷键，用前景色填充选区，效果如图3-54所示。在“图层”面板上方，将“矩形”图层的“不透明度”选项设为25%，如图3-55所示，按Enter键确认操作，图像效果如图3-56所示。

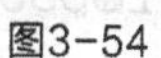

图3-54

图3-55

图3-56

06 选择“选择 > 修改 > 收缩”命令，在弹出的对话框中进行设置，如图3-57所示，单击“确定”按钮，效果如图3-58所示。

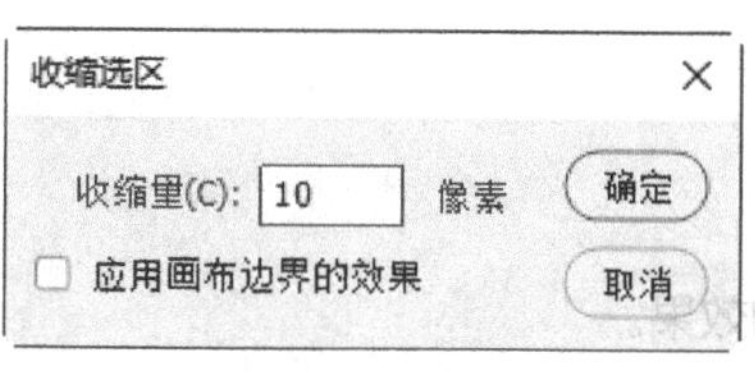

图3-57

图3-58

07 单击“图层”面板下方的“创建新图层”按钮，生成新的图层并将其命名为“边框”。选择“编辑 > 描边”命令，弹出“描边”对话框，将“宽度”选项设为1像素，“颜色”选项设为白色，其他选项的设置如图3-59所示，单击“确定”按钮，为选区添加描边。按Ctrl+D快捷键，取消选区，效果如图3-60所示。

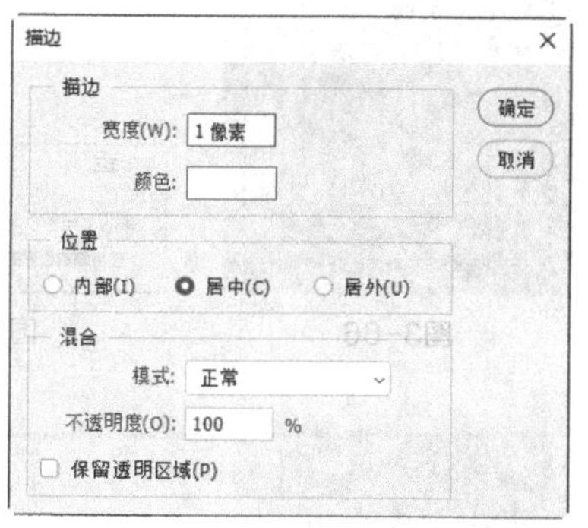

图3-59

图3-60

08 按Ctrl+O快捷键，打开本书学习资源中的“Ch03\素材\制作旅游出行公众号首图\03”文件。选择移动工具，将03图像拖曳到01图像窗口中适当的位置，效果如图3-61所示，“图层”面板中会生成新的图层，将其命名为“文字”。旅游出行公众号首图制作完成，效果如图3-62所示。

图3-61

图3-62

3.2.2 移动选区

选择矩形选框工具⬚，在图像窗口中绘制选区，将鼠标指针放在选区中，指针变为▹⬚形状，如图3-63所示。按住鼠标左键并进行拖曳，指针变为▶形状，将选区拖曳到其他位置，如图3-64所示。松开鼠标左键，即可完成选区的移动，效果如图3-65所示。

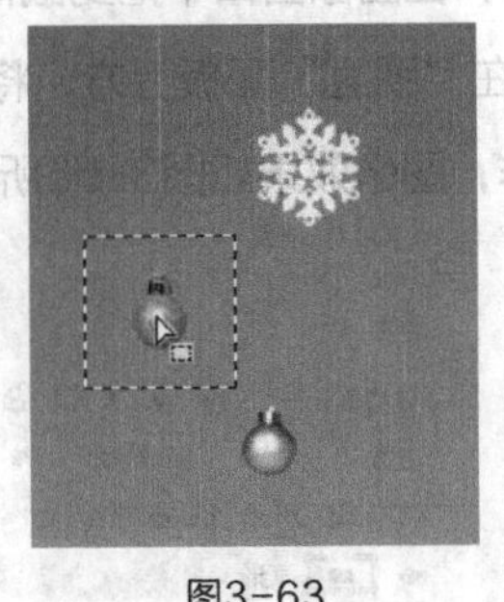

图3-63

图3-64

图3-65

当使用矩形选框工具和椭圆选框工具绘制选区时，不要松开鼠标左键，按住Space（空格）键的同时拖曳鼠标，即可移动选区。使用键盘中的方向键移动选区时，每按一次可移动1个像素；使用Shift+方向组合键移动选区时，每按一次可移动10个像素。

3.2.3 羽化选区

羽化选区可以使图像产生柔和的效果。

选择矩形选框工具⬚，在图像窗口中绘制选区，如图3-66所示。选择"选择 > 修改 > 羽化"命令，弹出"羽化选区"对话框，设置羽化半径的数值，如图3-67所示，单击"确定"按钮，选区被羽化，如图3-68所示。

图3-66

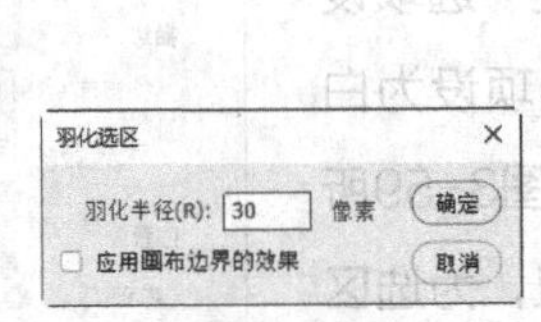

图3-67

图3-68

按Shift+Ctrl+I快捷键，将选区反选，并填充颜色，取消选区，效果如图3-69所示。还可以在绘制选区前在属性栏中直接输入羽化的数值，如图3-70所示，此时绘制的选区将自动成为带有羽化边缘的选区。

图3-69

图3-70

3.2.4 创建和取消选区

选择"选择 > 取消选择"命令，或按Ctrl+D快捷键，可以取消选区。

3.2.5 全选和反选选区

选择“选择 > 全部”命令，或按Ctrl+A快捷键，可以选取全部图像，效果如图3-71所示。

选择“选择 > 反向”命令，或按Shift+Ctrl+I快捷键，可以对当前的选区进行反向选取，反向选取前后的效果如图3-72和图3-73所示。

图3-71

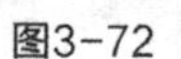
图3-72

图3-73

课堂练习——制作沙发详情页主图

练习知识要点 使用矩形选框工具、“变换选区”命令和“羽化”命令制作沙发投影，使用移动工具添加装饰图片和文字素材，最终效果如图3-74所示。

效果所在位置 Ch03\效果\制作沙发详情页主图.psd。

图3-74

课后习题——制作果汁海报

习题知识要点 使用魔棒工具抠出背景喷溅的果汁、水果和文字，使用磁性套索工具抠出果汁瓶，使用多边形套索工具、“载入选区”命令、“收缩选区”命令和“羽化选区”命令制作投影，使用移动工具添加图片和文字素材，最终效果如图3-75所示。

效果所在位置 Ch03\效果\制作果汁海报.psd。

图3-75

第 4 章

绘制图像

本章介绍

本章主要介绍Photoshop画笔工具和填充工具的使用方法。通过学习本章内容，读者可以用画笔工具绘制出丰富多彩的图像效果，用填充工具制作出多样的填充效果。

学习目标

●掌握绘图工具的使用方法。

●了解历史记录画笔工具和历史记录艺术画笔工具的应用。

●掌握渐变工具、吸管工具和油漆桶工具的操作。

●熟练掌握“填充”命令、“定义图案”命令和“描边”命令的使用方法。

技能目标

●掌握“绚丽耀斑效果”的制作方法。

●掌握“应用商店类UI图标”的制作方法。

●掌握“女装活动页H5首页”的制作方法。

4.1 绘图工具的使用

绘图工具的使用是绘画和编辑图像的基础。使用画笔工具可以绘制出各种绘画效果，使用铅笔工具可以绘制出各种硬边效果的图像。

4.1.1 课堂案例——制作绚丽耀斑效果

案例学习目标 使用“定义画笔预设”命令自制画笔，并应用画笔工具及橡皮擦工具绘制一幅装饰图像。

案例知识要点 使用“定义画笔预设”命令自定义画笔，使用画笔工具和“画笔设置”面板制作装饰点，使用橡皮擦工具擦除多余的装饰点，使用高斯模糊和动感模糊滤镜为装饰点添加模糊效果，最终效果如图4-1所示。

效果所在位置 Ch04\效果\制作绚丽耀斑效果.psd。

图4-1

01 按Ctrl+O快捷键，打开本书学习资源中的“Ch04\素材\制作绚丽耀斑效果\01、02”文件，01图像窗口如图4-2所示。在02图像窗口中，按Ctrl+A快捷键，全选选区，图像效果如图4-3所示。

图4-2

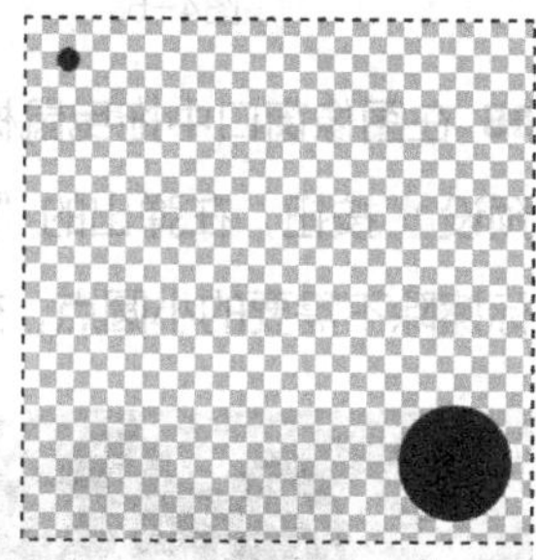

图4-3

02 选择“编辑 > 定义画笔预设”命令，弹出“画笔名称”对话框，在“名称”文本框中输入“点”，如图4-4所示，单击“确定”按钮，将点图像定义为画笔。

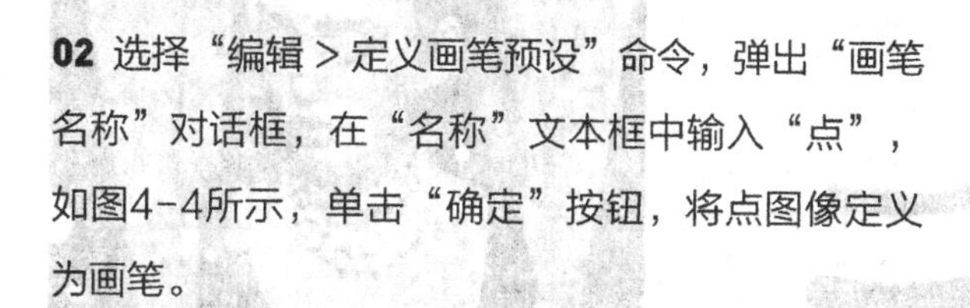

图4-4

03 单击“图层”面板下方的“创建新图层”按钮，生成新的图层并将其命名为“装饰点1”。将前景色设为白色。选择画笔工具，在属性栏中单击画笔预设按钮，在弹出的“画笔预设”选取器中选择定义好的点形状画笔，如图4-5所示。

图4-5

04 在属性栏中单击“切换‘画笔设置’面板”按钮，弹出“画笔设置”面板。选择“形状动态”选项，设置如图4-6所示；选择“散布”选项，设置如图4-7所示；选择“传递”选项，设置如图4-8所示。

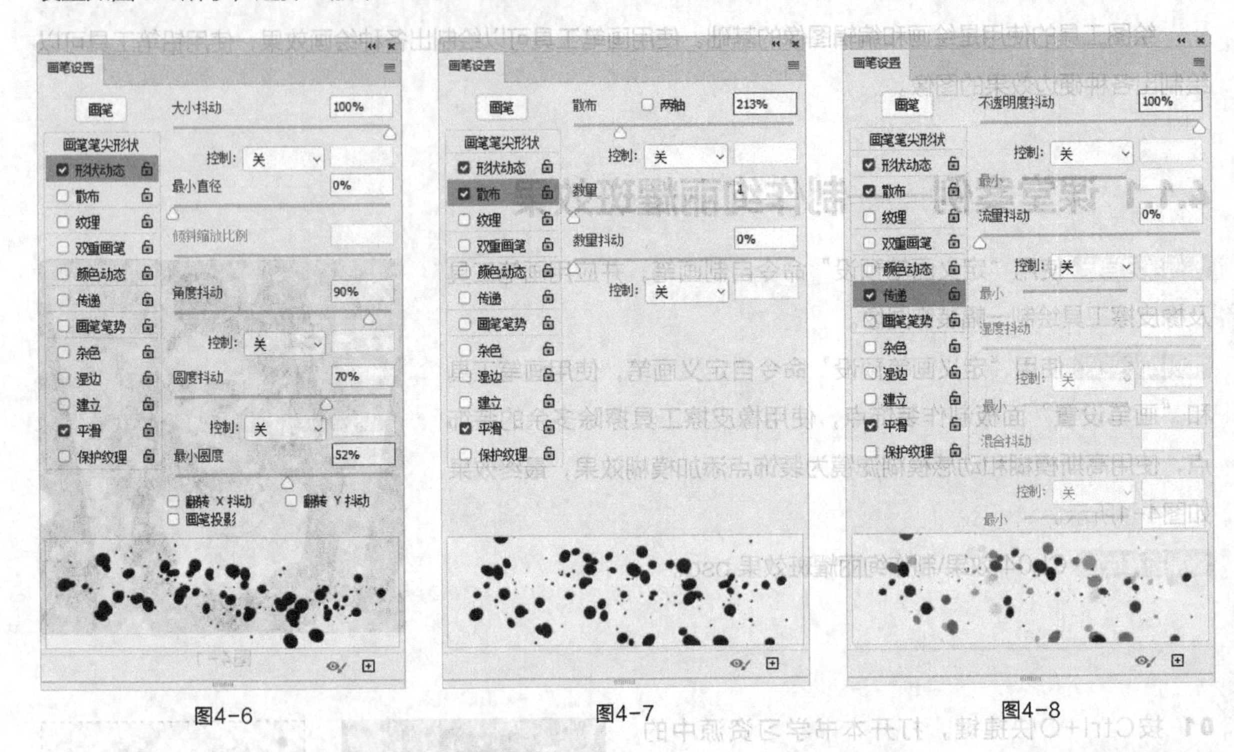

图4-6　图4-7　图4-8

05 在图像窗口中拖曳鼠标绘制装饰点图形，效果如图4-9所示。选择橡皮擦工具，在属性栏中单击画笔预设按钮，在弹出的“画笔预设”选取器中选择需要的画笔形状，如图4-10所示。在图像窗口中拖曳鼠标擦除不需要的小圆点，效果如图4-11所示。

图4-9

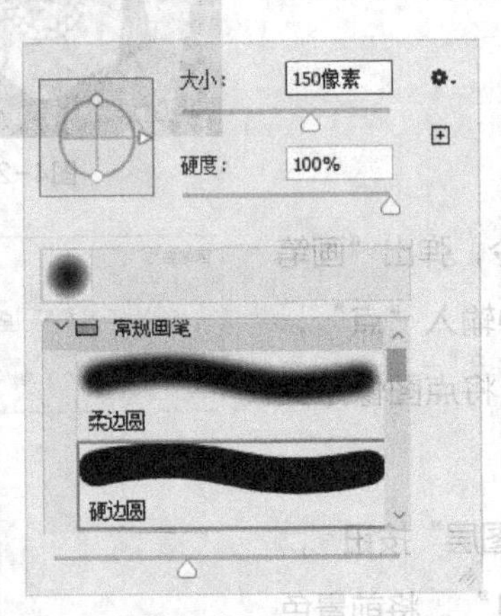

图4-10

图4-11

06 选择“滤镜 > 模糊 > 高斯模糊”命令，在弹出的对话框中进行设置，如图4-12所示，单击“确定”按钮，效果如图4-13所示。用相同的方法绘制其他装饰点，效果如图4-14所示。绚丽耀斑效果制作完成。

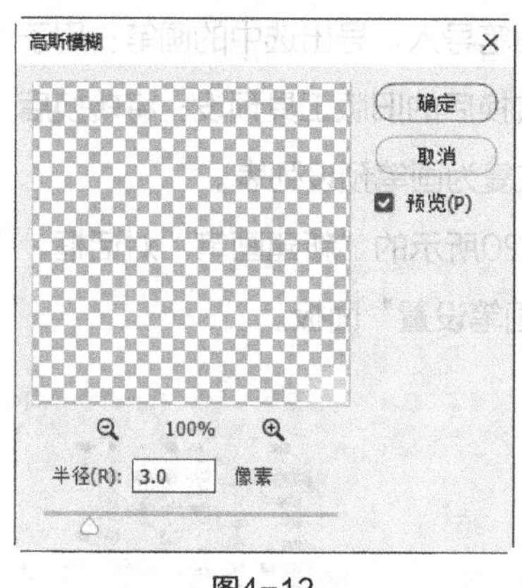

图4-12

图4-13

图4-14

4.1.2 画笔工具

选择画笔工具，或反复按Shift+B快捷键切换到该工具，其属性栏状态如图4-15所示。

图4-15

：用于选择和设置预设的画笔。模式：用于设置绘画颜色与其下方像素的混合模式。不透明度：可以设置画笔颜色的不透明度。：可以对不透明度使用压力。流量：用于设置喷笔压力，压力越大，喷色越浓。：可以启用喷枪模式进行绘制。平滑：设置画笔边缘的平滑度。：设置其他平滑度选项。：设置画笔的角度。：使用压感笔压力，可以覆盖属性栏中的“不透明度”和“画笔预设”选取器中“大小”的设置。：可以选择和设置绘画的对称选项。

选择画笔工具，在属性栏中设置画笔，如图4-16所示，在图像窗口中拖曳鼠标可以绘制出图4-17所示的文字效果。

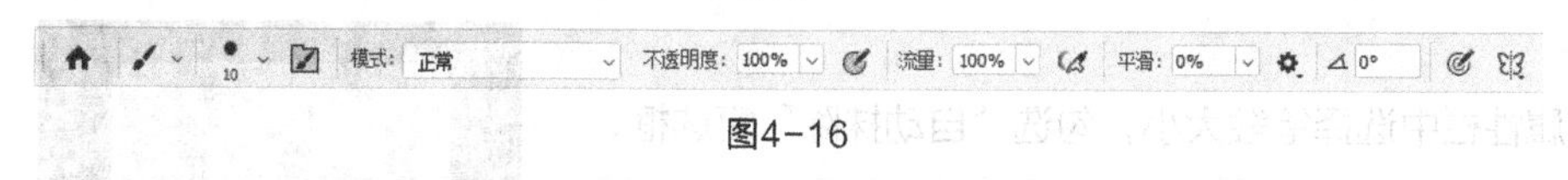

图4-16

图4-17

单击“画笔预设”按钮，弹出图4-18所示的“画笔预设”选取器，可以选择画笔形状。拖曳“大小”选项下方的滑块或直接输入数值，可以设置画笔的大小。如果选择的画笔是基于样本的，将显示“恢复到原始大小”按钮，单击此按钮，可以使画笔的大小恢复到初始的大小。

单击“画笔预设”选取器右上方的按钮，弹出的菜单如图4-19所示。

新建画笔预设：用于创建新画笔。新建画笔组：用于创建新的画笔组。重命名画笔：用于重新命名画笔。删除画笔：用于删除当前选中的画笔。画笔名称：在“画笔预设”选取器中显示画笔名称。画笔描边：在“画笔预设”选取器中显示画笔描边。画笔笔尖：在“画笔预设”选取器中显示画笔笔尖。显示其他预设信息：在“画笔预设”选取器中显示其他预设信息。显示近期画笔：在“画笔预设”选取器中显示近期使用过的画笔。恢复默认画笔：用于恢复画笔的默认状态。导入画笔：用于将画笔导入。导出选中的画笔：用于将当前选取的画笔导出。获取更多画笔：用于在官网上获取更多的画笔。转换后的旧版工具预设：将转换后的旧版工具预设画笔集恢复为画笔预设列表。旧版画笔：将旧版的画笔集恢复为画笔预设列表。

在画笔选择面板中单击“从此画笔创建新的预设”按钮，弹出图4-20所示的“新建画笔”对话框。单击属性栏中的“切换‘画笔设置’面板”按钮，弹出图4-21所示的“画笔设置”面板。

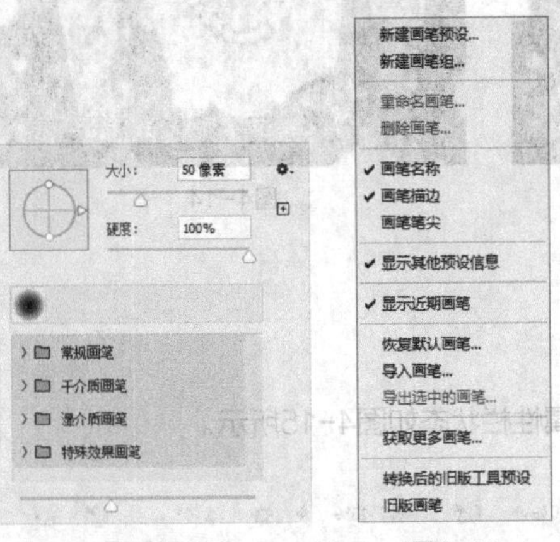

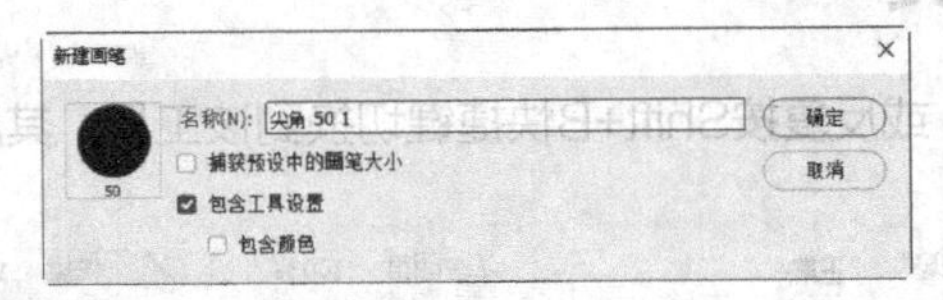

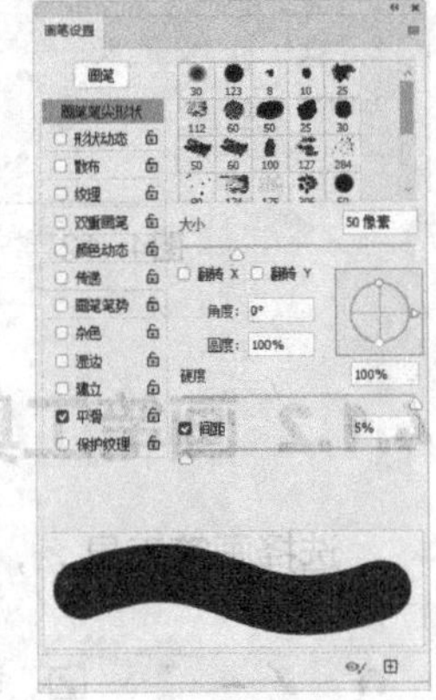

图4-18　　图4-19　　图4-20　　图4-21

4.1.3 铅笔工具

选择铅笔工具，或反复按Shift+B快捷键切换到该工具，其属性栏状态如图4-22所示。

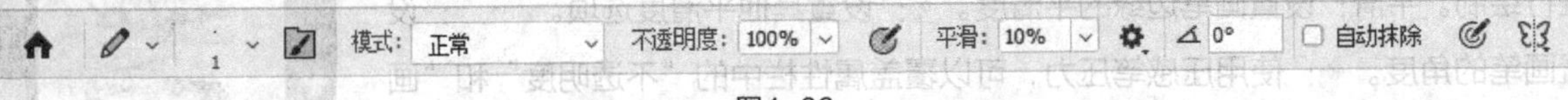

图4-22

自动抹除：勾选后，该选项可用于自动判断绘画时的起始点颜色，如果起始点颜色为背景色，则铅笔工具将以前景色绘制；如果起始点颜色为前景色，则铅笔工具以背景色绘制。

选择铅笔工具，在属性栏中选择笔触大小，勾选“自动抹除”复选框，如图4-23所示。此时绘制效果与起始点颜色有关。当起始点颜色与前景色相同时，铅笔工具将行使橡皮擦工具的功能，以背景色绘图；如果起始点颜色不是前景色，绘图时会保持以前景色绘制。

将前景色和背景色分别设置为黄色和紫色，在图像窗口中单击，画出一个黄色图形，在黄色图形上单击绘制下一个图形，用相同的方法继续绘制，效果如图4-24所示。

图4-23

图4-24

4.2 应用历史记录画笔和历史记录艺术画笔工具

历史记录画笔工具和历史记录艺术画笔工具主要用于将图像恢复到某一历史状态，以形成特殊的图像效果。

4.2.1 历史记录画笔工具

历史记录画笔工具需要与“历史记录”面板结合起来使用，可以用于将图像的部分区域恢复到某一历史状态，以形成特殊的图像效果。

打开一张图片，如图4-25所示。为图片添加滤镜效果，如图4-26所示。“历史记录”面板如图4-27所示。

图4-25

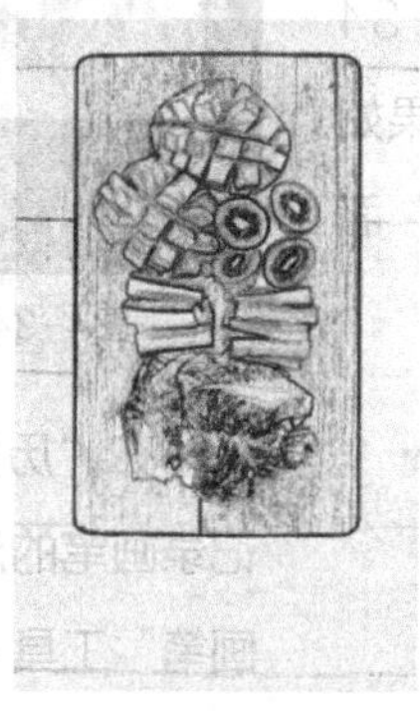

图4-26

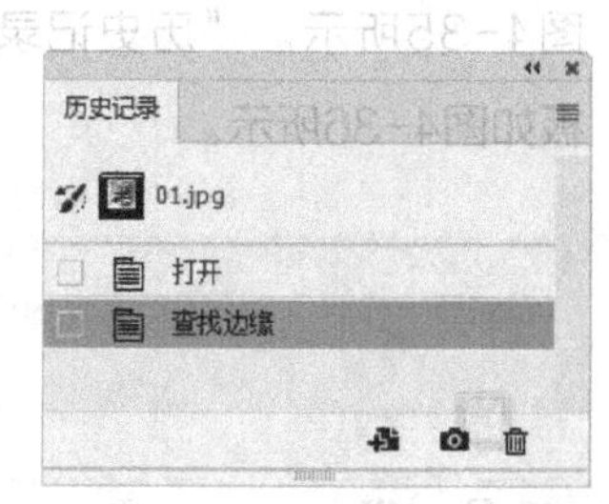

图4-27

选择椭圆选框工具，在属性栏中将“羽化”选项设为50像素，在图像上绘制椭圆选区，如图4-28所示。选择历史记录画笔工具，在“历史记录”面板中单击“打开”步骤左侧的方框，设置历史记录画笔的源，显示出图标，如图4-29所示。

用历史记录画笔工具在选区中涂抹，如图4-30所示；取消选区后，效果如图4-31所示。“历史记录”面板如图4-32所示。

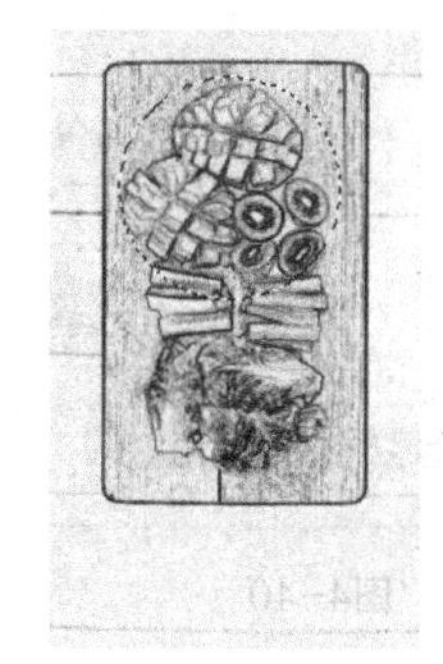

图4-28

图4-29

图4-30

图4-31

图4-32

4.2.2 历史记录艺术画笔工具

历史记录艺术画笔工具和历史记录画笔工具的用法基本相同。区别在于使用历史记录艺术画笔工具绘图时可以产生艺术效果。

选择历史记录艺术画笔工具，其属性栏状态如图4-33所示。

图4-33

样式：用于选择一种艺术笔触。区域：用于设置画笔绘制时所覆盖的像素范围。容差：用于限定可应用绘画描边的区域。

打开一张图片，如图4-34所示。用颜色填充图像，效果如图4-35所示。“历史记录”面板如图4-36所示。

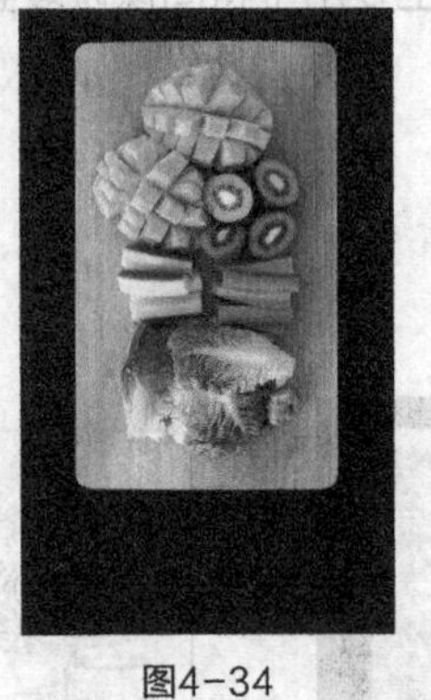

图4-34

图4-35

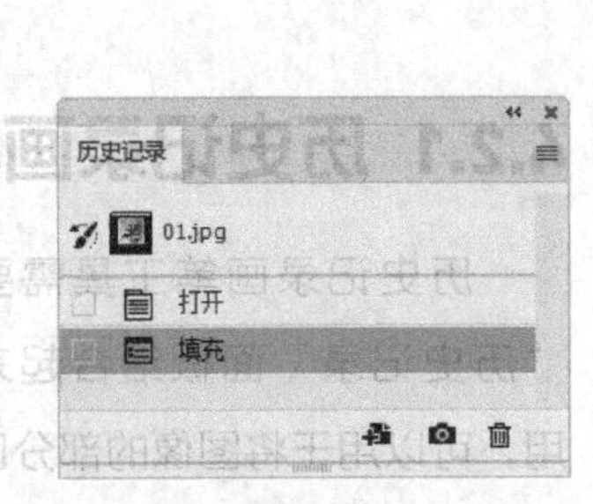

图4-36

在“历史记录”面板中单击“打开”步骤左侧的方框，设置历史记录画笔的源，显示出图标，如图4-37所示。选择“历史记录艺术画笔”工具，在属性栏中进行设置，如图4-38所示。

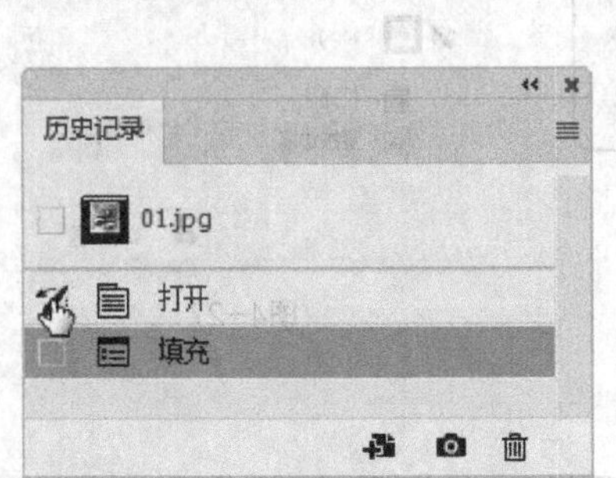

图4-37

图4-38

使用历史记录艺术画笔工具在图像上涂抹，效果如图4-39所示。“历史记录”面板如图4-40所示。

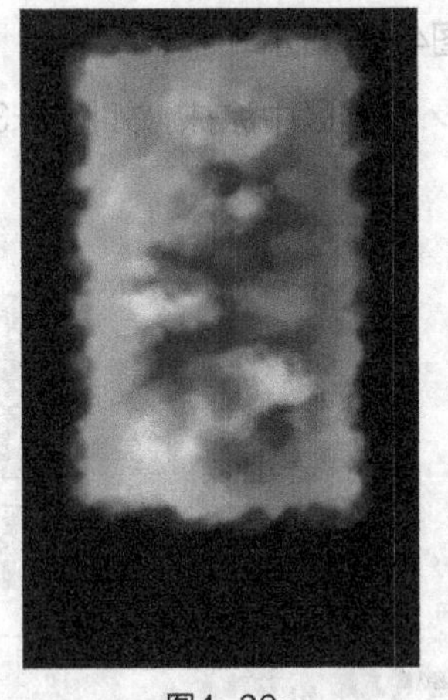

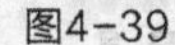

图4-39

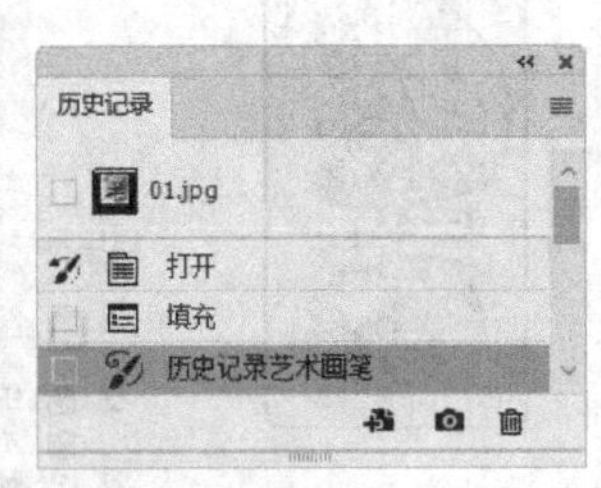

图4-40

4.3 渐变工具、吸管工具和油漆桶工具

使用油漆桶工具可以改变图像的色彩，使用吸管工具可以吸取需要的色彩，使用渐变工具可以创建多种颜色间的渐变效果。

4.3.1 课堂案例——制作应用商店类UI图标

案例学习目标 使用渐变工具和“填充”命令制作应用商店类UI图标。

案例知识要点 使用“路径”面板配合渐变工具和“填充”命令制作应用商店类UI图标，最终效果如图4-41所示。

效果所在位置 Ch04\效果\制作应用商店类UI图标.psd。

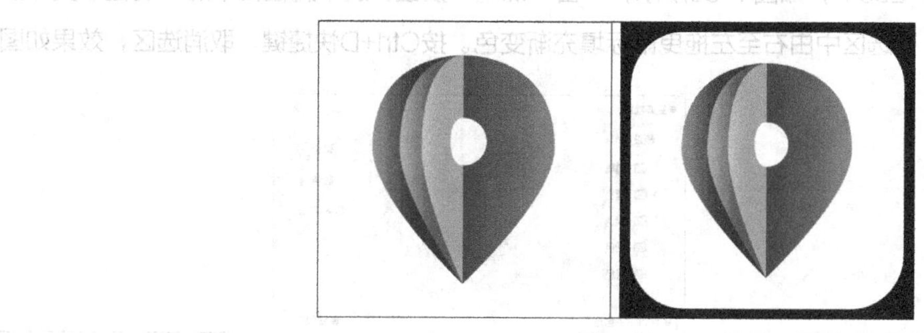

图4-41

01 按Ctrl+O快捷键，打开本书学习资源中的“Ch04\素材\制作应用商店类UI图标\01”文件，“路径”面板如图4-42所示。选中“路径1”，如图4-43所示，图像效果如图4-44所示。

图4-42

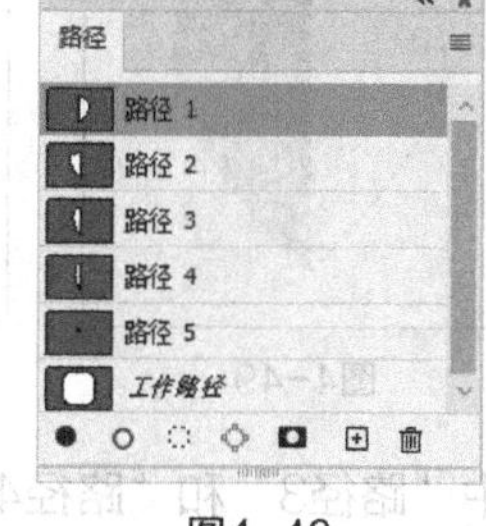

图4-43

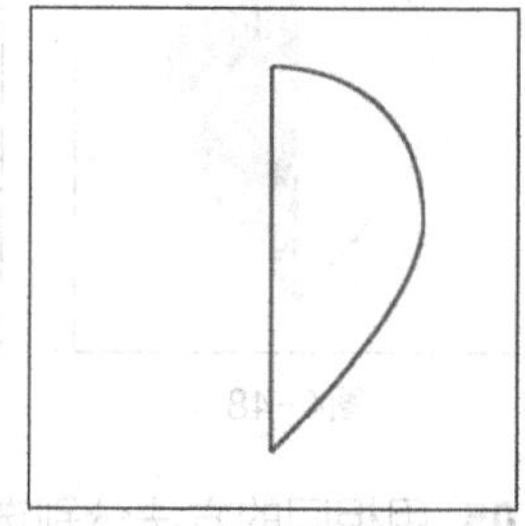

图4-44

02 返回“图层”面板中，单击面板下方的“创建新图层”按钮，生成新的图层并将其命名为“红色渐变”。按Ctrl+Enter快捷键，将路径转换为选区，如图4-45所示。选择渐变工具，单击属性栏中的“点按可编辑渐变”按钮，弹出“渐变编辑器”对话框，在“位置”选项中分别设置0、100两个位置点，并分别设置两个位置点颜色的RGB值为0（219、70、39）、100（255、144、102），如图4-46所示，单击“确定”按钮。单击属性栏中的“线性渐变”按钮，按住Shift键的同时，在选区中由左至右拖曳鼠标填充渐变色。按Ctrl+D快捷键，取消选区，效果如图4-47所示。

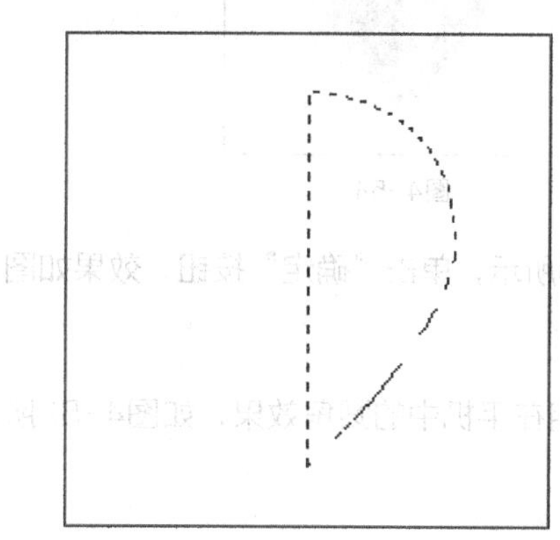

图4-45

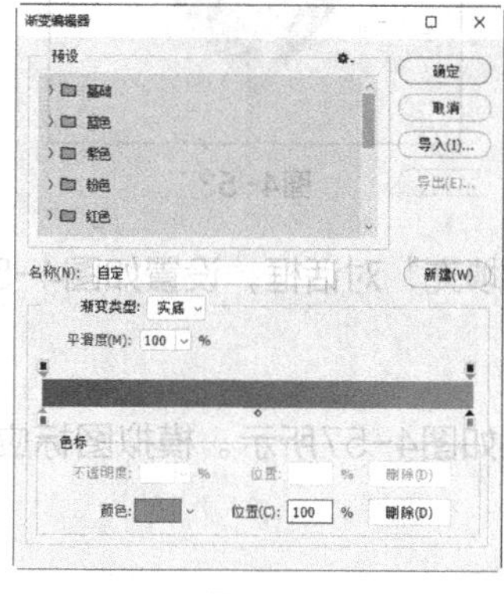

图4-46

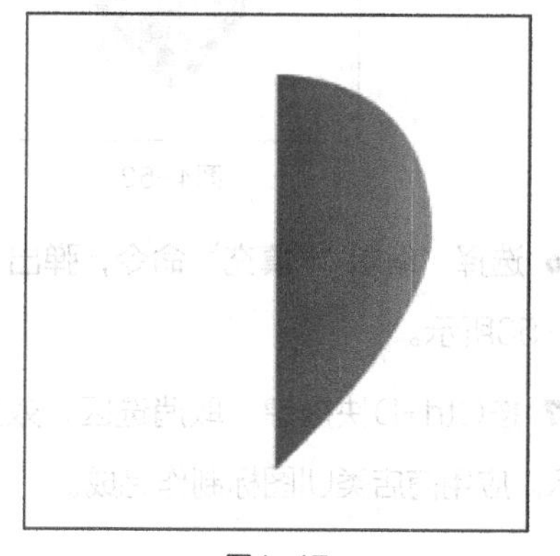

图4-47

03 在“路径”面板中，选中“路径2”，图像效果如图4-48所示。返回“图层”面板中，单击面板下方的“创建新图层”按钮 ，生成新的图层并将其命名为“蓝色渐变”。按Ctrl+Enter快捷键，将路径转换为选区，如图4-49所示。

04 选择渐变工具 ，单击属性栏中的“点按可编辑渐变”按钮 ，弹出“渐变编辑器”对话框，在“位置”选项中分别设置47、100两个位置点，并分别设置两个位置点颜色的RGB值为47（0、108、183）、100（124、201、255），如图4-50所示，单击“确定”按钮。选中属性栏中的“线性渐变”按钮 ，按住Shift键的同时，在选区中由右至左拖曳鼠标填充渐变色。按Ctrl+D快捷键，取消选区，效果如图4-51所示。

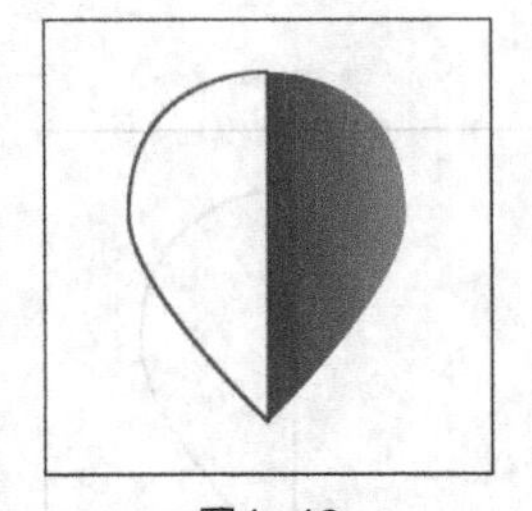
图4-48

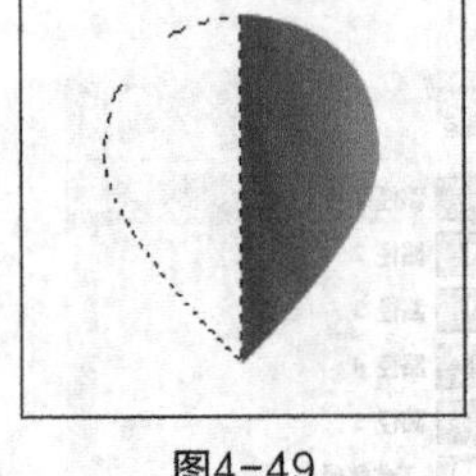
图4-49

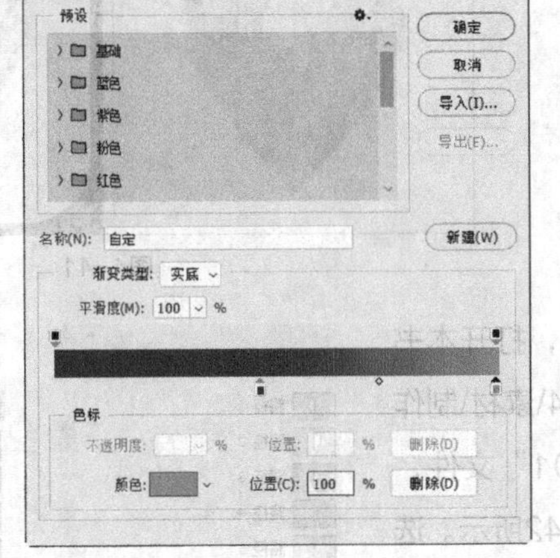

图4-50

图4-51

05 用相同的方法分别选中“路径3”和“路径4”，制作“绿色渐变”和“橙色渐变”，效果如图4-52所示。在“路径”面板中，选中“路径5”，图像效果如图4-53所示。返回“图层”面板中，单击面板下方的“创建新图层”按钮 ，生成新的图层并将其命名为“白色”。按Ctrl+Enter快捷键，将路径转换为选区，如图4-54所示。

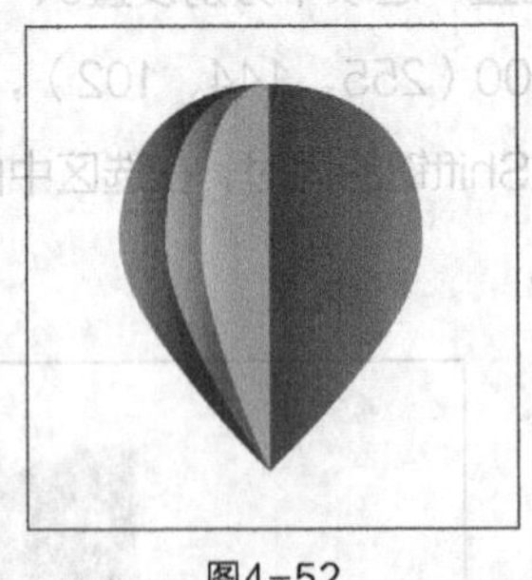
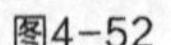
图4-52

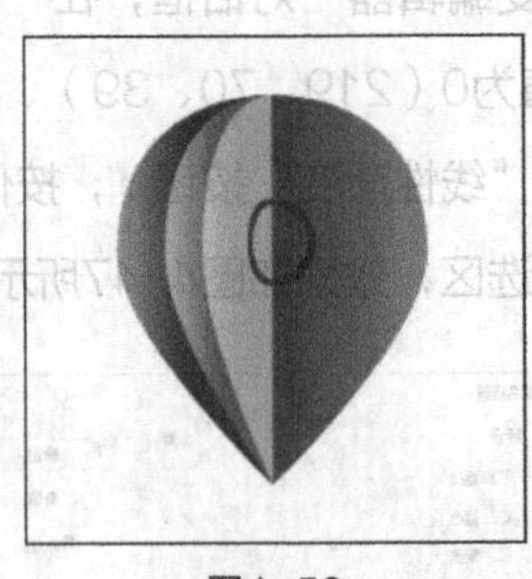
图4-53

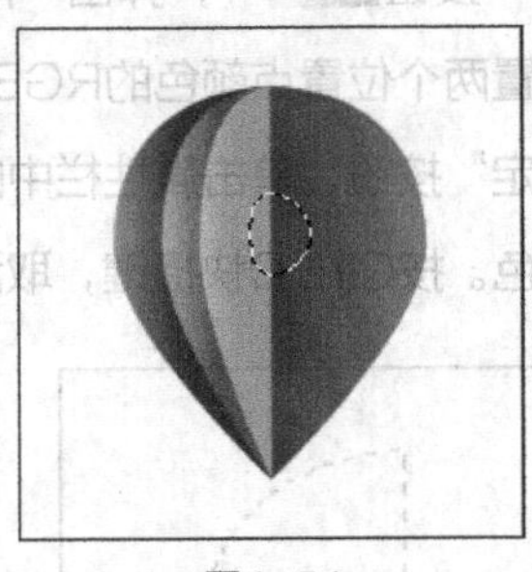
图4-54

06 选择“编辑 > 填充”命令，弹出“填充”对话框，设置如图4-55所示，单击“确定”按钮，效果如图4-56所示。

07 按Ctrl+D快捷键，取消选区，效果如图4-57所示。模拟图标应用在手机中的圆角效果，如图4-58所示。应用商店类UI图标制作完成。

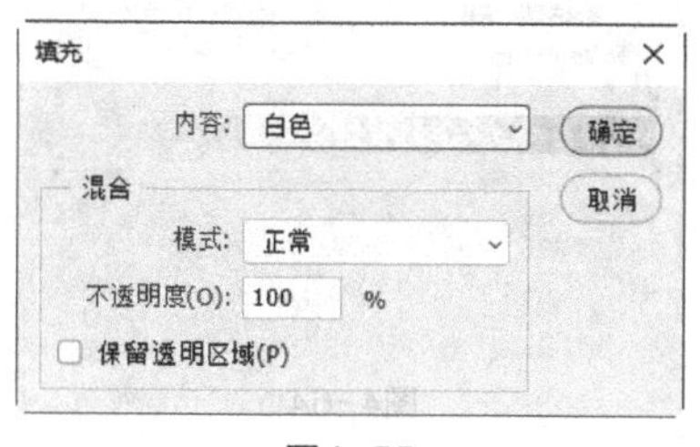

图4-55

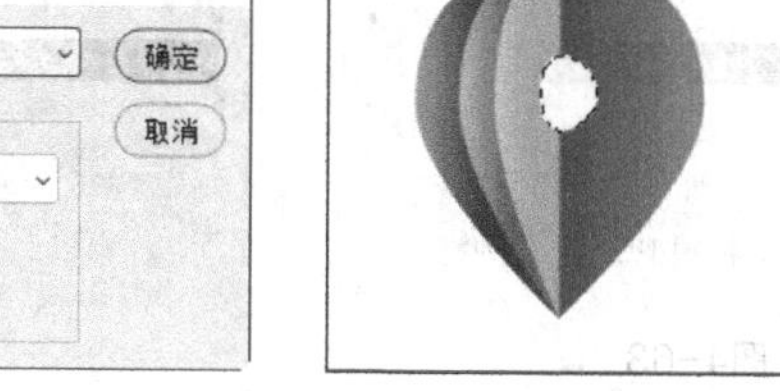

图4-56

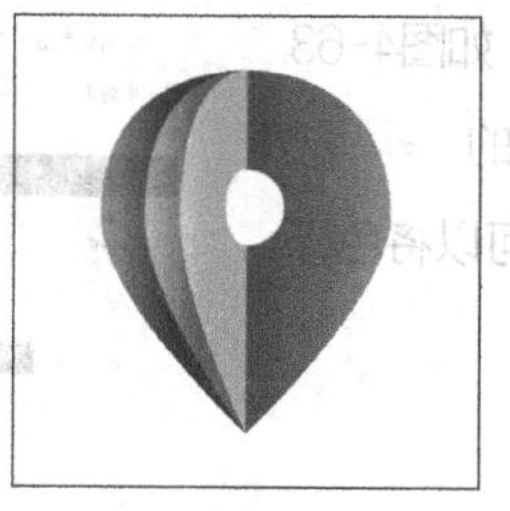

图4-57

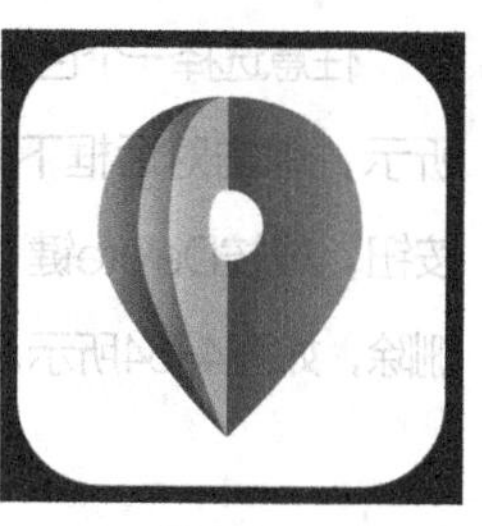

图4-58

4.3.2 渐变工具

选择渐变工具，或反复按Shift+G快捷键切换到该工具，其属性栏状态如图4-59所示。

图4-59

：用于选择和编辑渐变的颜色。：用于选择渐变类型，包括线性渐变、径向渐变、角度渐变、对称渐变、菱形渐变。反向：勾选后，可以将当前渐变反向。仿色：勾选后，可使渐变更平滑。透明区域：勾选后，可用于创建包含透明像素的渐变。

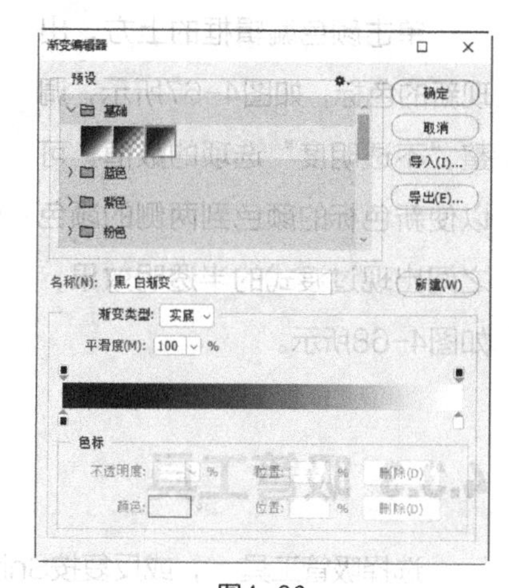

图4-60

单击“点按可编辑渐变”按钮，弹出“渐变编辑器”对话框，如图4-60所示，可以使用预设的渐变色，也可以自定义渐变形式和颜色。

在“渐变编辑器”对话框中的颜色编辑框下方单击，可以增加色标，如图4-61所示。在下方的“颜色”选项中选择颜色，或双击色标，均可弹出“拾色器”对话框，如图4-62所示，设置颜色后单击“确定”按钮，即可改变色标颜色。在“位置”选项的数值框中输入数值或用鼠标直接拖曳色标，可以调整色标的位置。

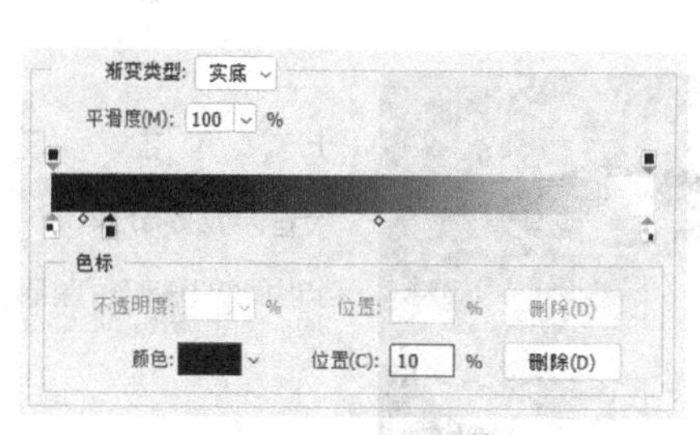

图4-61

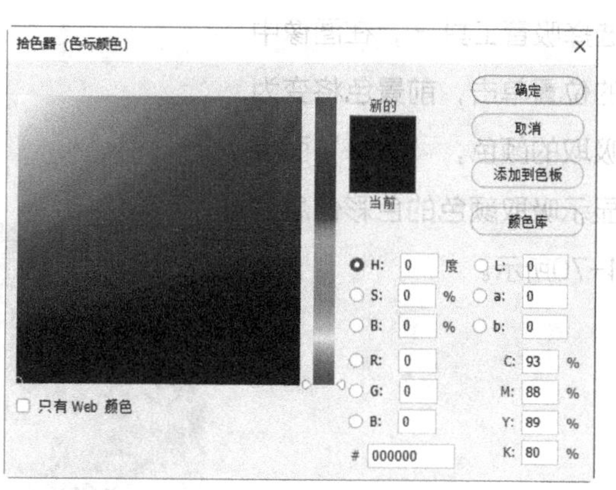

图4-62

任意选择一个色标，如图4-63所示，单击对话框下方的 删除(D) 按钮，或按Delete键，可以将色标删除，如图4-64所示。

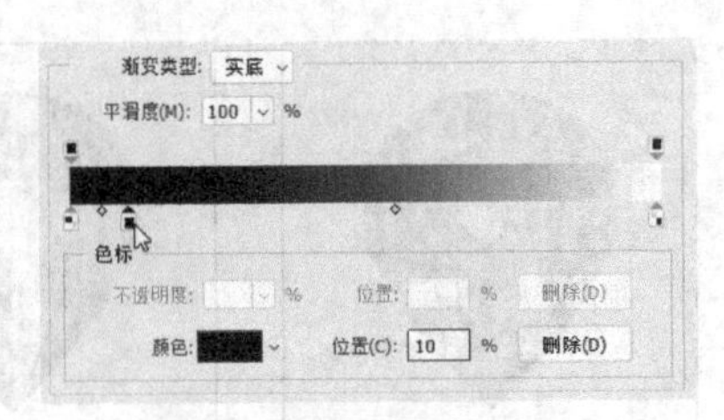

图4-63

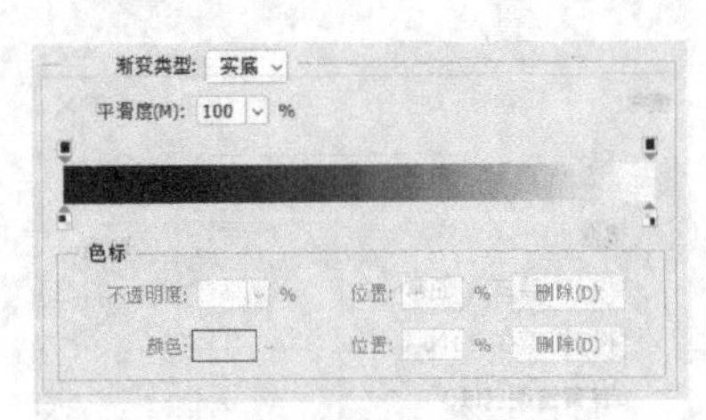

图4-64

单击颜色编辑框左上方的黑色色标，如图4-65所示，调整“不透明度”选项的数值，可以使开始的颜色到结束的颜色之间显示为半透明的效果，如图4-66所示。

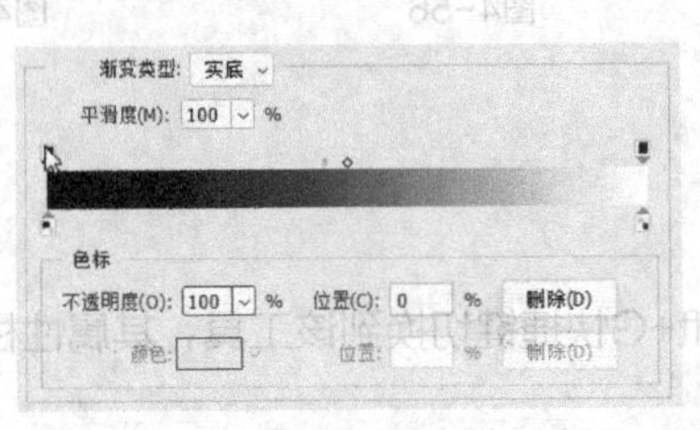

图4-65

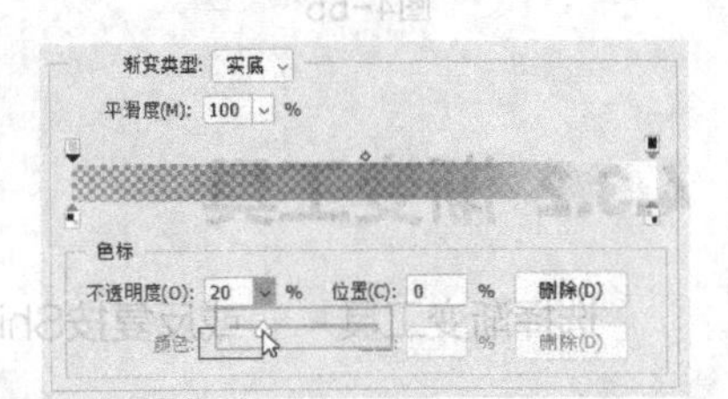

图4-66

单击颜色编辑框的上方，出现新的色标，如图4-67所示，调整“不透明度”选项的数值，可以使新色标的颜色到两侧的颜色之间出现过渡式的半透明效果，如图4-68所示。

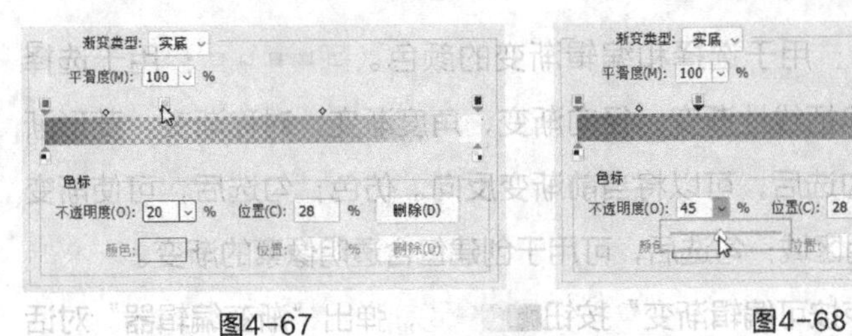

图4-67

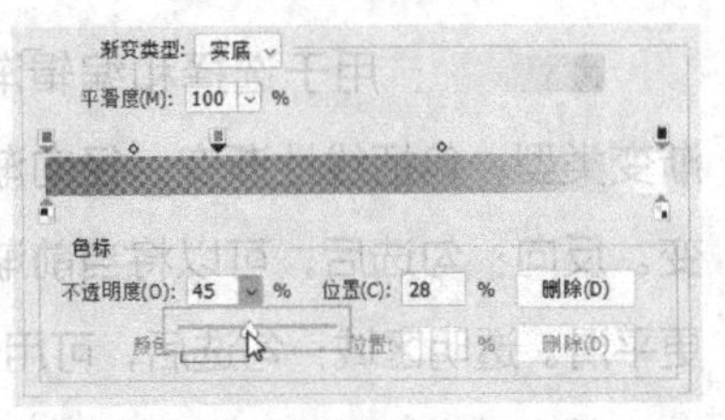

图4-68

4.3.3 吸管工具

选择吸管工具，或反复按Shift+I快捷键，其属性栏状态如图4-69所示。

图4-69

选择吸管工具，在图像中需要的位置单击，前景色将变为吸管吸取的颜色，“信息”面板中将显示吸取颜色的色彩信息，如图4-70所示。

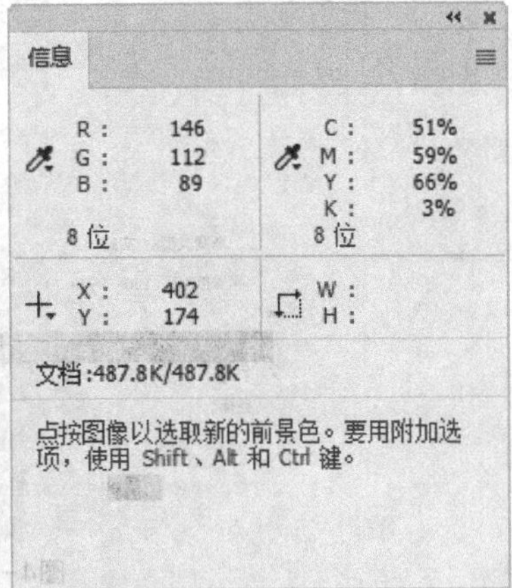

图4-70

4.3.4 油漆桶工具

选择油漆桶工具，或反复按Shift+G快捷键切换到该工具，其属性栏状态如图4-71所示。

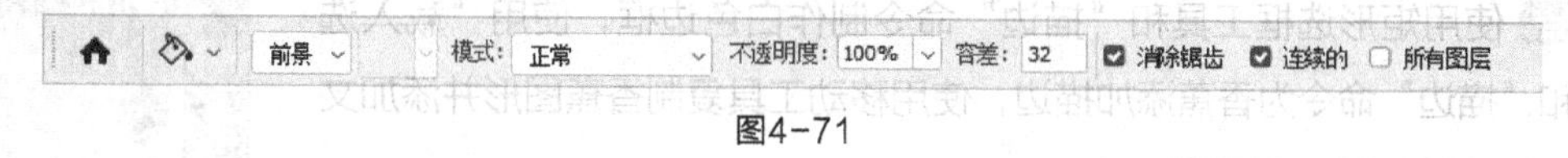

图4-71

前景：在该下拉列表中可选择填充前景色或图案。：用于选择定义好的图案。连续的：勾选后，只填充连续的像素。所有图层：用于设置是否对所有可见图层进行填充。

选择油漆桶工具，在其属性栏中对“容差”选项进行不同的设置，如图4-72和图4-73所示。原图像效果如图4-74所示，用油漆桶工具在图像中填充颜色，效果如图4-75和图4-76所示。

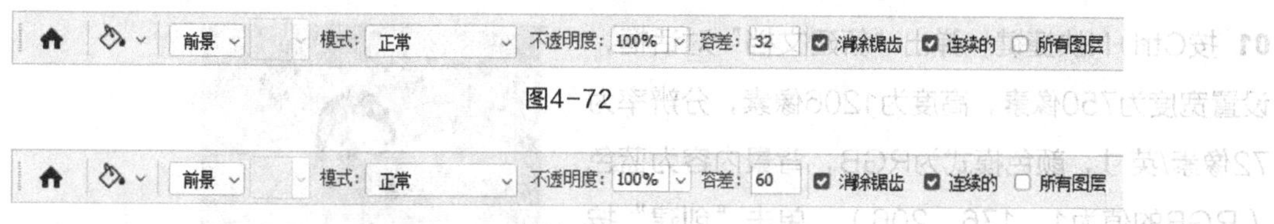

图4-72

图4-73

图4-74

图4-75

图4-76

在属性栏中设置图案，如图4-77所示，用油漆桶工具在图像中填充图案，效果如图4-78所示。

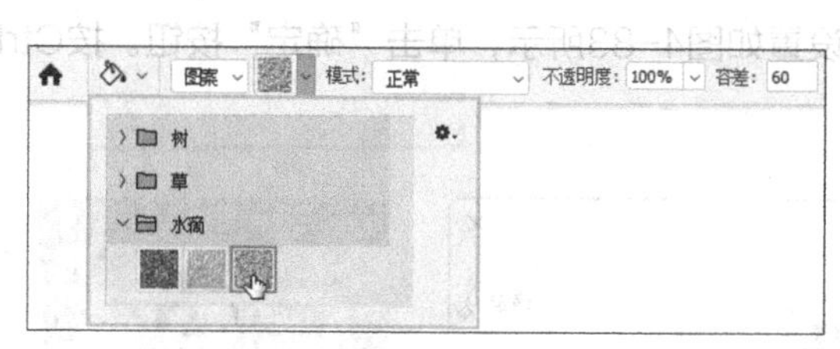

图4-77

图4-78

4.4 填充、定义图案和描边

使用“定义图案”命令可以定义绘制和选取的图案，使用“填充”命令可以为图像添加颜色或图案，使用“描边”命令可以为图像描边。

4.4.1 课堂案例——制作女装活动页H5首页

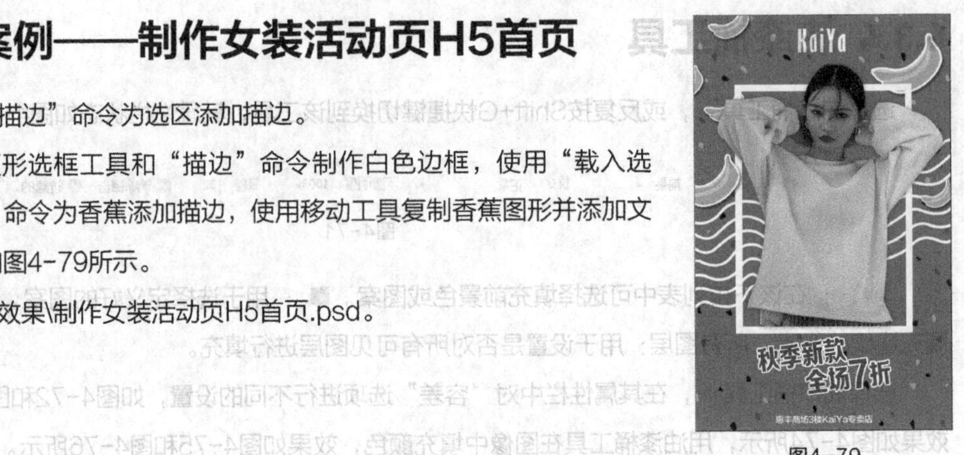

图4-79

案例学习目标 使用“描边”命令为选区添加描边。

案例知识要点 使用矩形选框工具和“描边”命令制作白色边框，使用“载入选区”命令和“描边”命令为香蕉添加描边，使用移动工具复制香蕉图形并添加文字素材，最终效果如图4-79所示。

效果所在位置 Ch04\效果\制作女装活动页H5首页.psd。

01 按Ctrl+N快捷键，弹出“新建文档”对话框，设置宽度为750像素，高度为1206像素，分辨率为72像素/英寸，颜色模式为RGB，背景内容为蓝色（RGB的值为1、176、206），单击“创建”按钮，新建一个文件。

02 按Ctrl+O快捷键，打开本书学习资源中的“Ch04\素材\制作女装活动页H5首页\01~03”文件。选择移动工具，将01、02和03图像拖曳到新建的图像窗口中适当的位置，效果如图4-80所示，并分别将它们生成的图层命名为“点”“线条”“人物”，如图4-81所示。

图4-80

图4-81

03 单击“图层”面板下方的“创建新图层”按钮，生成新的图层并将其命名为“白色边框”。选择矩形选框工具，在图像窗口中拖曳鼠标绘制矩形选区，如图4-82所示。选择“编辑 > 描边”命令，弹出“描边”对话框，将描边颜色设为白色，其他选项的设置如图4-83所示，单击“确定”按钮。按Ctrl+D快捷键，取消选区，效果如图4-84所示。

图4-82

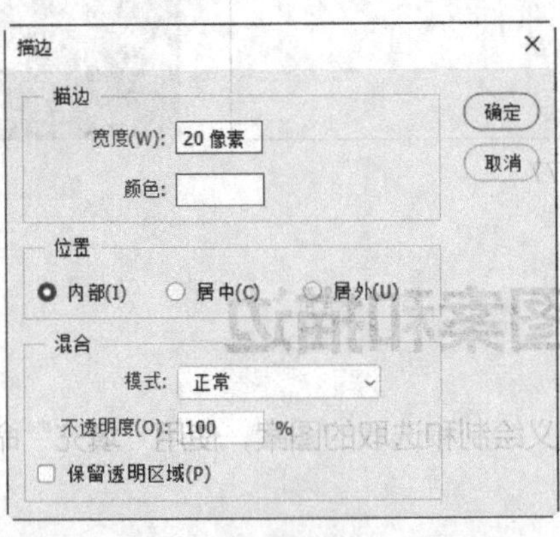

图4-83

图4-84

04 在“图层”面板中，将“白色边框”图层拖曳到“人物”图层的下方，如图4-85所示，图像效果如图4-86所示。

05 按Ctrl+O快捷键，打开本书学习资源中的“Ch04\素材\制作女装活动页H5首页\04”文件。选择移动工具，将04图像拖曳到新建的图像窗口中适当的位置，效果如图4-87所示，“图层”面板中会生成新的图层，将其命名为“香蕉边框”。

图4-85

图4-86

图4-87

06 按住Ctrl键的同时，单击“香蕉边框”图层的缩览图，图像周围生成选区，如图4-88所示。选择“编辑 > 描边”命令，弹出“描边”对话框，将描边颜色设为白色，其他选项的设置如图4-89所示，单击“确定”按钮。按Ctrl+D快捷键，取消选区，效果如图4-90所示。

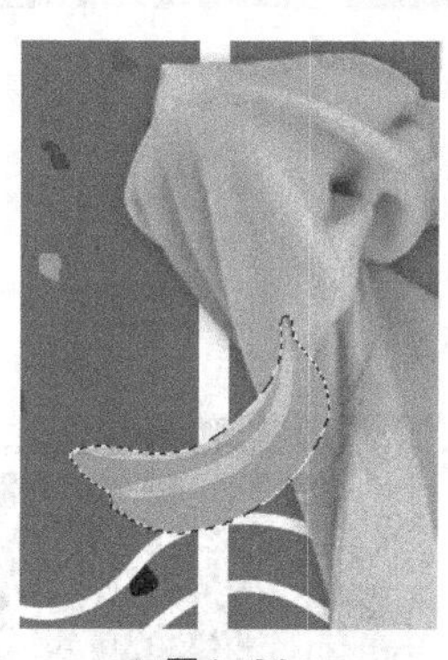

图4-88

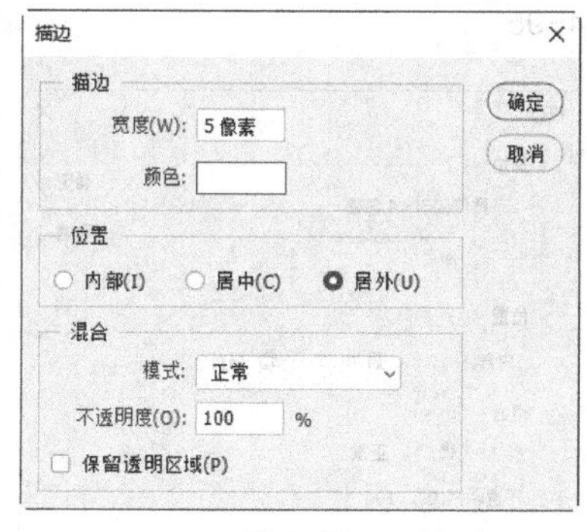

图4-89

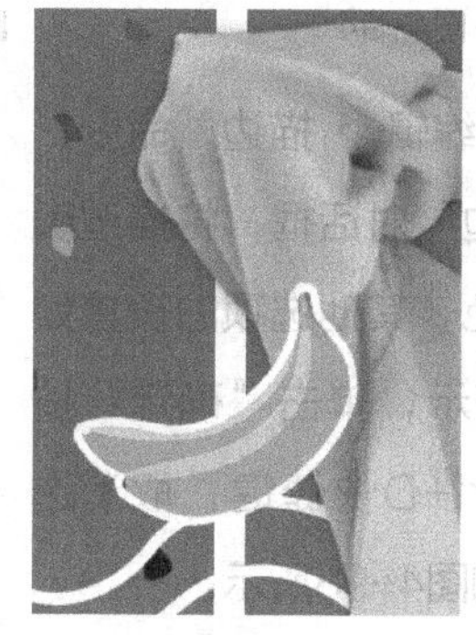

图4-90

07 选择移动工具，在图像窗口中向左拖曳香蕉图像到适当的位置，效果如图4-91所示。单击“图层”面板下方的“添加图层样式”按钮，在弹出的菜单中选择“投影”命令，弹出“图层样式”对话框，将阴影颜色设为深蓝色（RGB的值为1、85、99），其他选项的设置如图4-92所示，单击“确定”按钮，效果如图4-93所示。

图4-91

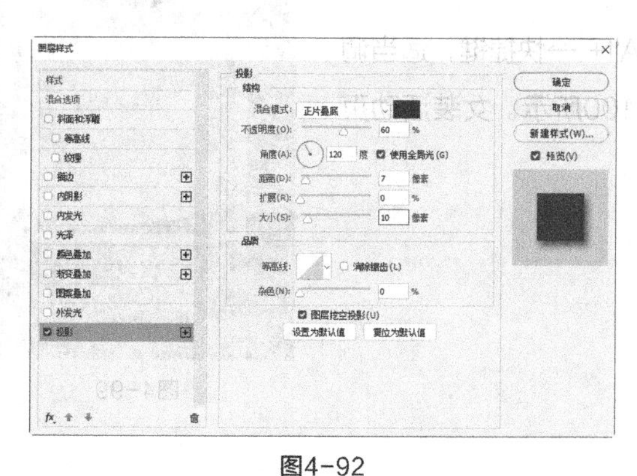

图4-92

图4-93

08 选择移动工具，按住Alt键的同时，分别拖曳香蕉图像到适当的位置。调整香蕉图像的大小、顺序和角度，效果如图4-94所示。

09 按Ctrl+O快捷键，打开本书学习资源中的“Ch04\素材\制作女装活动页H5首页\05”文件，选择移动工具，将05图像拖曳到新建的图像窗口中适当的位置，效果如图4-95所示，“图层”面板中会生成新的图层，将其命名为“文字”。按住Ctrl键的同时，单击“文字”图层的缩览图，生成文字选区，如图4-96所示。

图4-94

图4-95

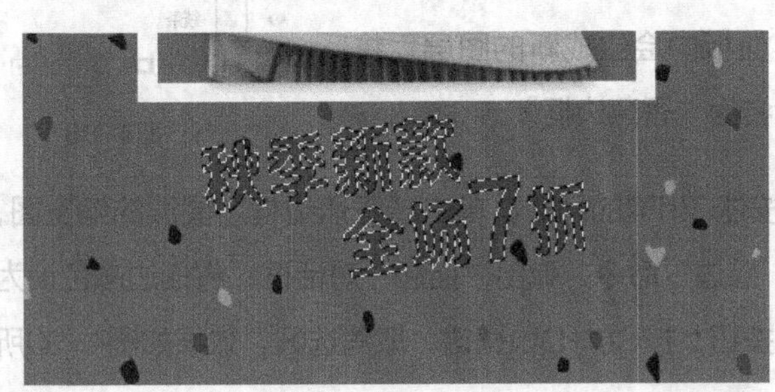

图4-96

10 选择“编辑 > 描边”命令，弹出“描边”对话框，将描边颜色设为白色，其他选项的设置如图4-97所示，单击“确定”按钮。按Ctrl+D快捷键，取消选区，效果如图4-98所示。

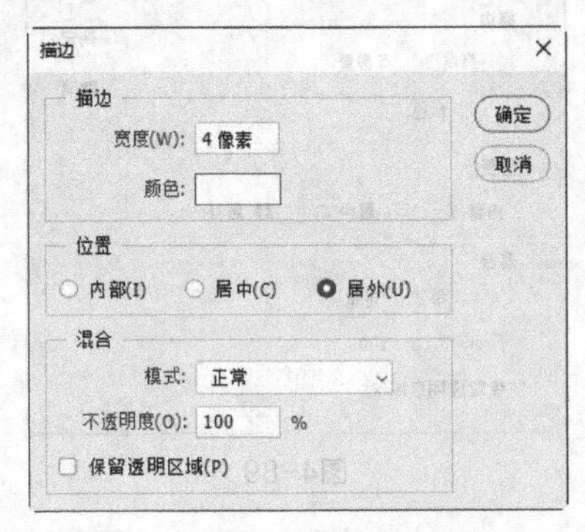

图4-97

图4-98

11 将前景色设为白色。选择横排文字工具，在适当的位置分别输入需要的文字并选取，在属性栏中选择合适的字体并设置大小，效果如图4-99所示。

12 选取文字“KaiYa”，按Alt+ →快捷键，适当调整文字的间距，效果如图4-100所示。女装活动页H5首页制作完成。

图4-99

图4-100

4.4.2 “填充”命令

1. “填充”对话框

选择“编辑 > 填充”命令，弹出“填充”对话框，如图4-101所示。

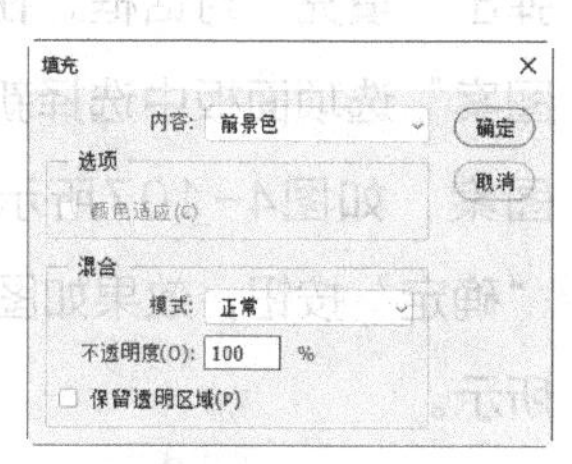

图4-101

内容：用于选择填充方式，包括“前景色”“背景色”“颜色”“内容识别”“图案”“历史记录”“黑色”“50%灰色”“白色”。模式：用于设置填充的混合模式。不透明度：用于调整填充的不透明度。保留透明区域：用于设置是否保留透明区域。

2. 填充颜色

打开图像，在图像窗口中绘制出选区，如图4-102所示。选择“编辑 > 填充”命令，弹出“填充”对话框，设置如图4-103所示，单击“确定”按钮，效果如图4-104所示。

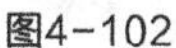

图4-102

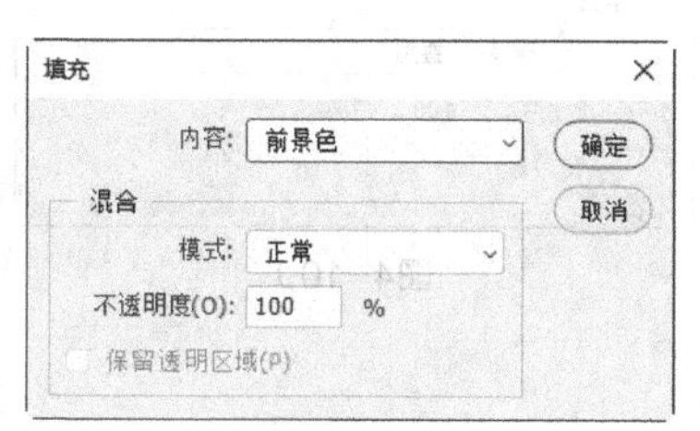

图4-103

图4-104

提示 按Alt+Delete快捷键，可以用前景色填充选区或图层；按Ctrl+Delete快捷键，可以用背景色填充选区或图层；按Delete键，可以删除选区中的图像，露出背景色或下面的图像。

4.4.3 “定义图案”命令

打开图像，在图像窗口中绘制出选区，如图4-105所示。选择“编辑 > 定义图案”命令，弹出“图案名称”对话框，如图4-106所示，单击“确定”按钮，定义图案。按Ctrl+D快捷键，取消选区。

图4-105

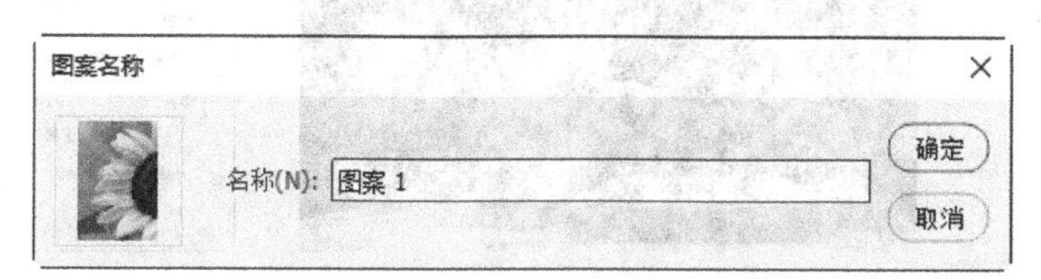

图4-106

选择“编辑 > 填充”命令，弹出“填充”对话框，在“自定图案”选项面板中选择新定义的图案，如图4-107所示。单击“确定”按钮，效果如图4-108所示。

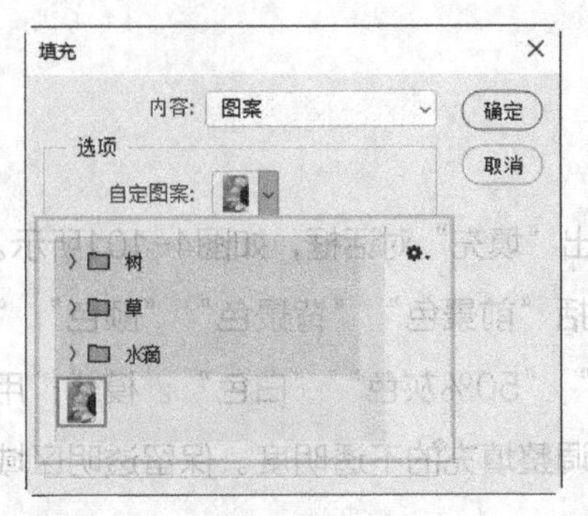

图4-107

图4-108

在“填充”对话框的“模式”选项中选择“叠加”填充模式，如图4-109所示，单击“确定”按钮，效果如图4-110所示。

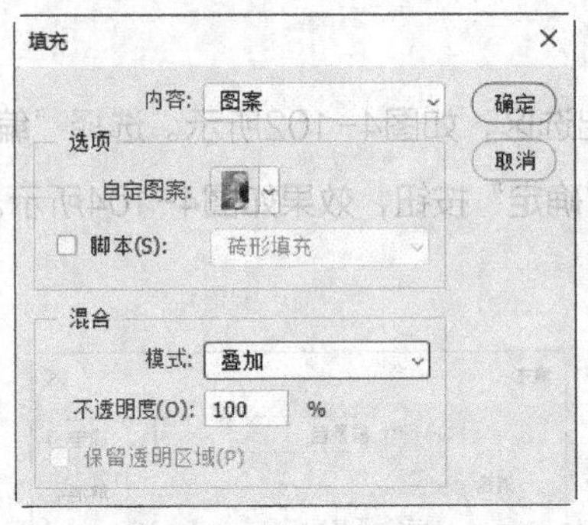

图4-109

图4-110

4.4.4 “描边”命令

1. “描边”对话框

选择“编辑 > 描边”命令，弹出“描边”对话框，如图4-111所示。

描边：用于设置描边的宽度和颜色。位置：用于设置描边相对于边缘的位置，包括内部、居中和居外3个选项。混合：用于设置描边的模式和不透明度。

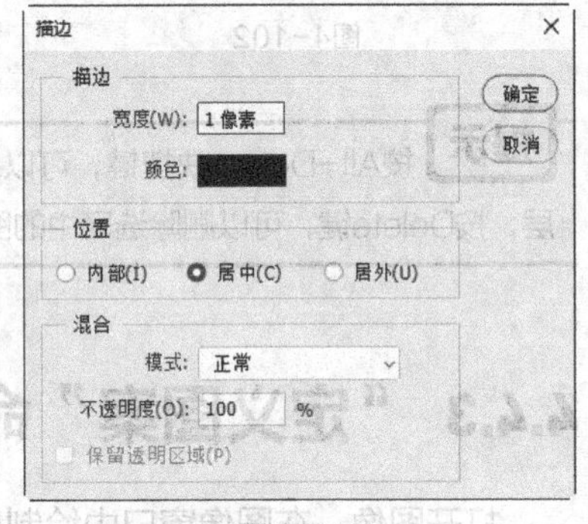

图4-111

2. 描边

打开图像，在图像窗口中绘制出选区，如图4-112所示。选择“编辑 > 描边”命令，弹出“描边”对话框，设置如图4-113所示，单击“确定”按钮，为选区描边。取消选区后，效果如图4-114所示。

图4-112

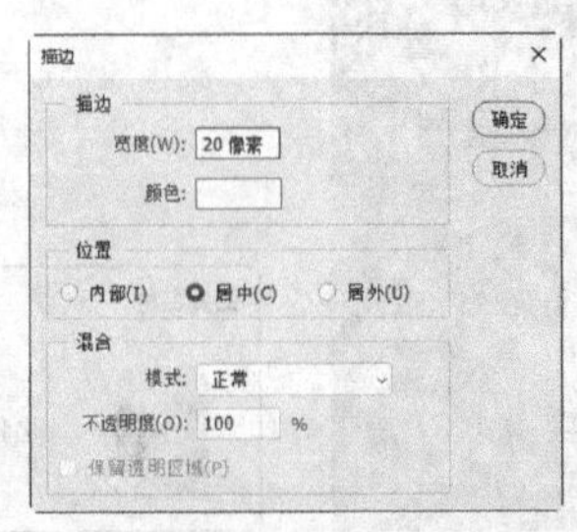

图4-113

图4-114

在“描边”对话框的“模式”选项中选择“叠加”描边模式，如图4-115所示。单击“确定”按钮，为选区描边。取消选区后，效果如图4-116所示。

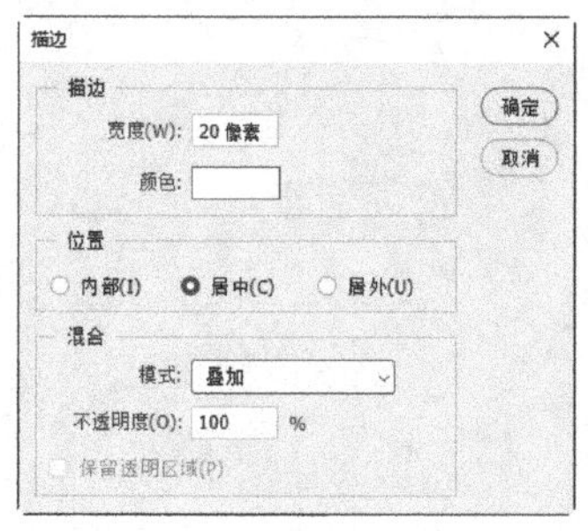

图4-115

图4-116

课堂练习——制作珠宝网站详情页主图

练习知识要点 使用画笔工具和“画笔设置”面板绘制高光和星光，使用移动工具添加相关信息，最终效果如图4-117所示。

效果所在位置 Ch04\效果\制作珠宝网站详情页主图.psd。

图4-117

课后习题——制作卡通插画

习题知识要点 使用“定义画笔预设”命令和画笔工具制作漂亮的画笔效果，最终效果如图4-118所示。

效果所在位置 Ch04\效果\制作卡通插画.psd。

图4-118

第 5 章

修饰图像

本章介绍

本章主要介绍用Photoshop修饰图像的方法与技巧。通过学习本章内容，读者可以了解和掌握修饰图像的基本方法与操作技巧，应用相关工具快速地仿制图像、修复污点、消除红眼、修补有缺陷的图像。

学习目标

●掌握修复类工具的运用方法。

●了解修饰类工具的使用技巧。

●熟悉橡皮擦类工具的使用技巧。

技能目标

●掌握“人物照片”的修复方法。

●掌握“妆容赛事横版海报图”的制作方法。

5.1 修复类工具

修复类工具用于对图像的细微部分进行修复与调整，是处理图像的重要工具。

5.1.1 课堂案例——修复人物照片

案例学习目标 使用多种修复工具修复人物照片。

案例知识要点 使用缩放工具调整图像大小，使用红眼工具去除人物红眼，使用污点修复画笔工具去除雀斑和痘印，使用修补工具修复眼袋和皱纹，使用仿制图章工具修复碎发，最终效果如图5-1所示。

效果所在位置 Ch05\效果\修复人物照片.psd。

图5-1

01 按Ctrl＋O快捷键，打开本书学习资源中的“Ch05\素材\修复人物照片\01”文件，如图5-2所示。选择缩放工具，在图像窗口中鼠标指针变为放大形状，单击将图像放大，如图5-3所示。

图5-2

图5-3

02 选择红眼工具，在属性栏中的设置如图5-4所示。在人物右侧眼睛上单击去除红眼，效果如图5-5所示。

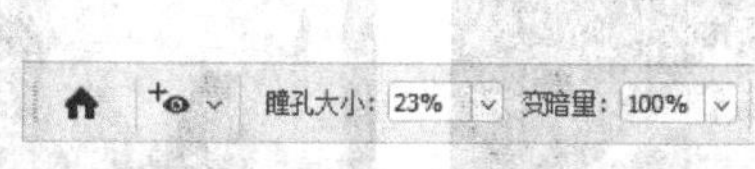

图5-4

图5-5

03 选择污点修复画笔工具，将鼠标指针放置在要修复的污点图像上，如图5-6所示。单击去除污点，效果如图5-7所示。用相同的方法继续去除脸部所有的雀斑和痘痘，效果如图5-8所示。

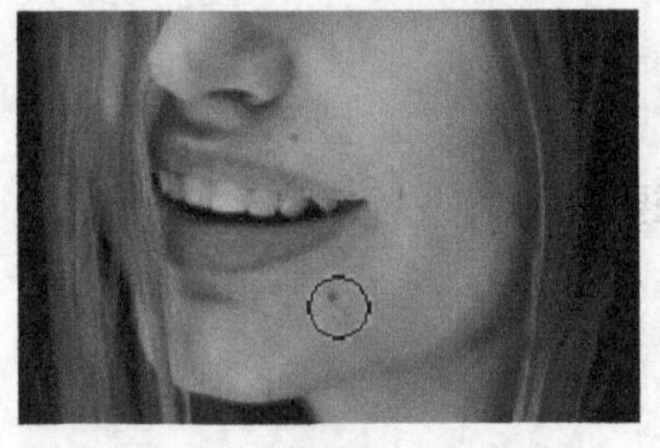
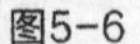
图5-6

图5-7

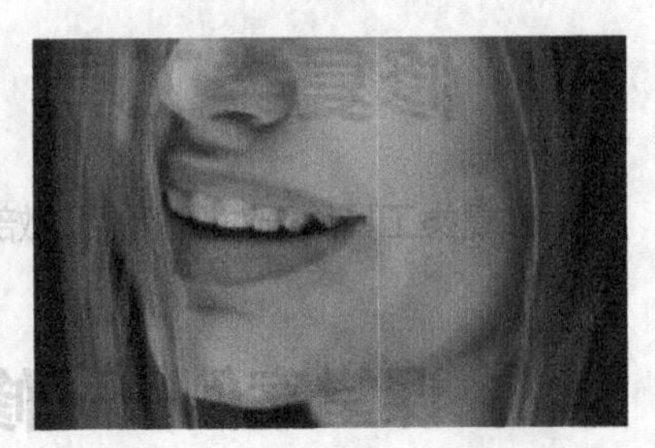
图5-8

04 选择修补工具，在图像窗口中圈选眼袋部分，如图5-9所示。拖曳选区到适当的位置，如图5-10所示，释放鼠标左键，修补眼袋。按Ctrl+D快捷键，取消选区，效果如图5-11所示。用相同的方法继续修补眼袋，效果如图5-12所示。

图5-9

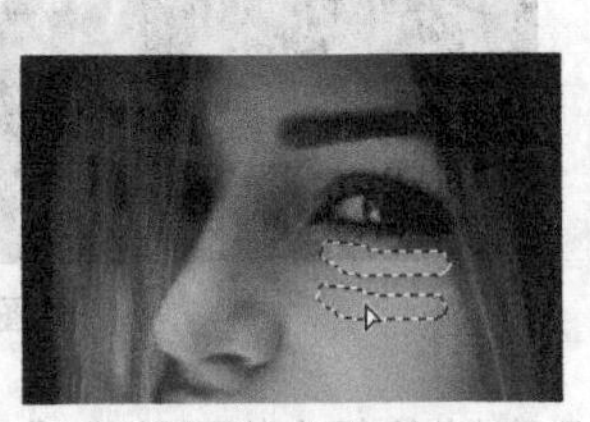
图5-10

图5-11

图5-12

05 选择仿制图章工具，在属性栏中单击画笔选项，弹出画笔选择面板，选择需要的画笔形状并设置大小，如图5-13所示。将鼠标指针放置在肩部需要取样的位置，按住Alt键的同时，指针变为圆形十字形状⊕，如图5-14所示，单击确定取样点。

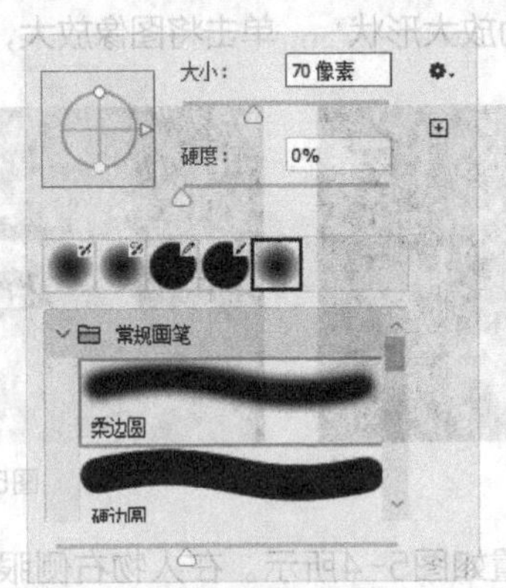

图5-13

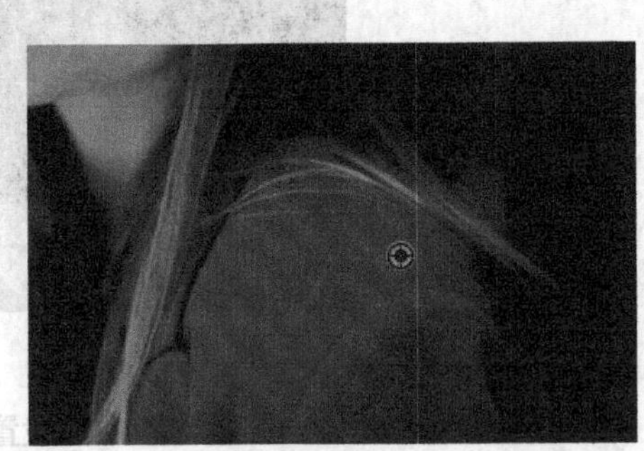
图5-14

06 将鼠标指针放置在需要修复的位置，如图5-15所示，单击去掉碎发，效果如图5-16所示。用相同的方法继续修复肩部的碎发，效果如图5-17所示。人物照片修复完成。

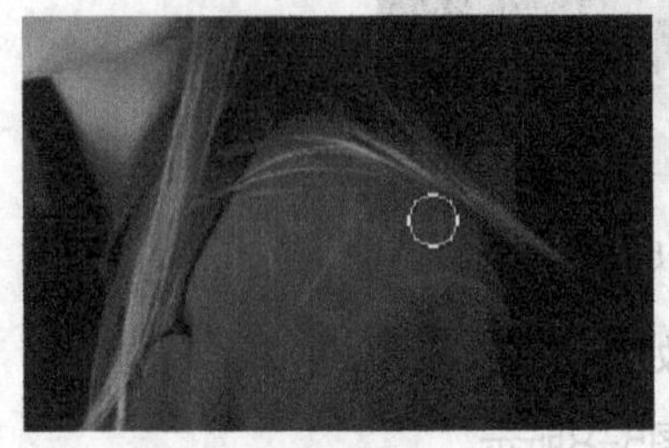
图5-15

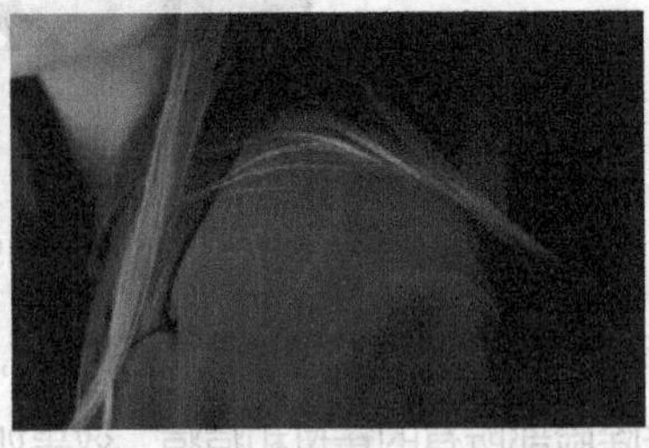
图5-16

图5-17

5.1.2 修复画笔工具

修复画笔工具可以将取样点的像素信息非常自然地复制到图像的破损位置，并保持图像的亮度、饱和度、纹理等属性，使修复的效果更加自然、逼真。

选择修复画笔工具，或反复按Shift+J快捷键切换到该工具，其属性栏状态如图5-18所示。

图5-18

：可以选择和设置修复的画笔。单击此选项，可在弹出的面板中设置画笔的大小、硬度、间距、角度、圆度和压力大小，如图5-19所示。

模式：可以选择复制像素或填充图案与底图的混合模式。

源：可以设置修复区域的源。选择“取样”后，按住Alt键，鼠标指针变为圆形十字形状⊕，单击定下样本的取样点，释放鼠标左键，在图像中要修复的位置按住鼠标左键不放，拖曳鼠标复制出取样点的图像；选择“图案”后，可在右侧的选项中选择图案或自定义图案来填充图像。

对齐：勾选此复选框，下一次的复制位置会和上次的完全重合，图像不会因为重新复制而出现错位。

样本：可以选择样本的仿制图层，包括当前图层、当前和下方图层和所有图层。

：启用后，可以在修复时忽略调整图层。

扩散：可以调整扩散的程度。

打开一张图片。选择修复画笔工具，按住Alt键的同时，鼠标指针变为图形十字形状⊕，如图5-20所示，在适当的位置单击确定取样点。在要修饰的区域单击，修饰图像，如图5-21所示。用相同的方法修饰其他图像，效果如图5-22所示。

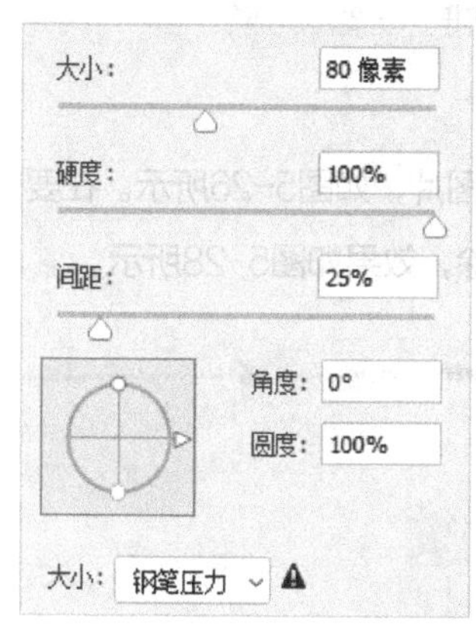

图5-19

图5-20

图5-21

图5-22

单击属性栏中的“切换仿制源面板”按钮，弹出“仿制源”面板，如图5-23所示。

仿制源：激活按钮后，按住Alt键的同时，在图像中单击可以设置取样点。单击下一个仿制源按钮，还可以继续取样。

源：指定*x*轴和*y*轴的像素位移，可以在相对于取样点的精确位置进行仿制。

W/H：可以缩放所仿制的源。

旋转：在文本框中输入旋转角度，可以旋转仿制的源。

翻转：单击“水平翻转”按钮或“垂直翻转”按钮，可以水平或垂直翻转仿制源。

复位变换：将W、H、旋转角度值和翻转方向恢复到默认的状态。

帧位移：可以设置帧位移。

锁定帧：可以锁定源帧。

显示叠加：勾选此复选框并设置了叠加方式后，在使用修复工具时，可以更好地查看叠加效果及下面的图像。

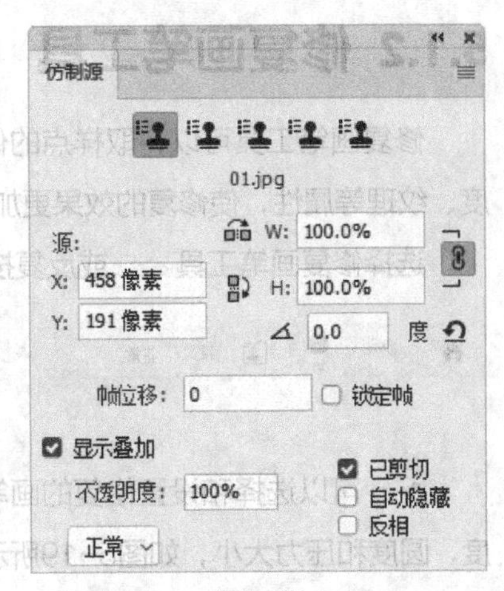

已剪切：可以将叠加剪切到画笔大小。

自动隐藏：可以在绘画时自动隐藏叠加。

反相：可以反相叠加颜色。

仿制源
01.jpg
源:
W: 100.0%
X: 458 像素
H: 100.0%
Y: 191 像素
0.0
度
帧位移: 0
锁定帧
显示叠加
已剪切
不透明度: 100%
自动隐藏
反相
正常

图5-23

5.1.3 污点修复画笔工具

污点修复画笔工具的工作方式与修复画笔工具相似，使用图像中的样本像素进行绘画，并将样本像素的纹理、光照、透明度和阴影与所修复的像素相匹配。两者的区别在于，污点修复画笔工具不需要指定样本点，将自动从所修复区域的周围取样。

选择污点修复画笔工具，或反复按Shift+J快捷键切换到该工具，其属性栏状态如图5-24所示。

19
模式: 正常
类型: 内容识别
创建纹理
近似匹配
对所有图层取样
0°

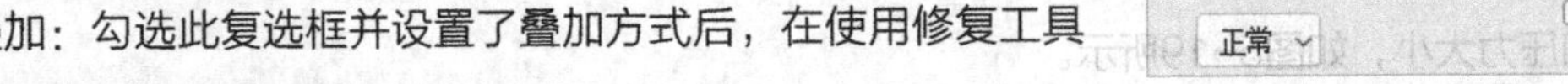

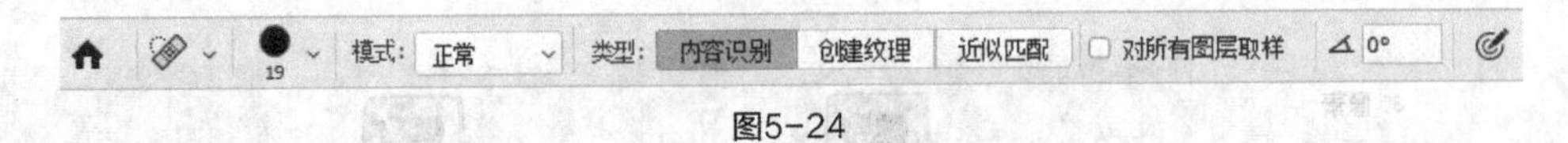

图5-24

选择污点修复画笔工具，在属性栏中进行设置，如图5-25所示。打开一张图片，如图5-26所示。在要去除的污点图像上按住鼠标左键拖曳，如图5-27所示，释放鼠标左键，污点被去除，效果如图5-28所示。

100
模式: 正常
类型: 内容识别
创建纹理
近似匹配
对所有图层取样
0°

图5-25

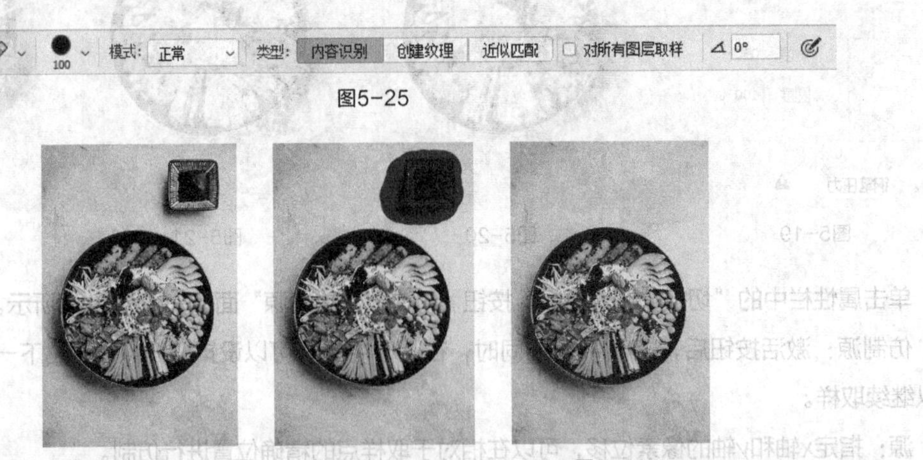

图5-26

图5-27

图5-28

5.1.4 修补工具

选择修补工具，或反复按Shift+J快捷键切换到该工具，其属性栏状态如图5-29所示。

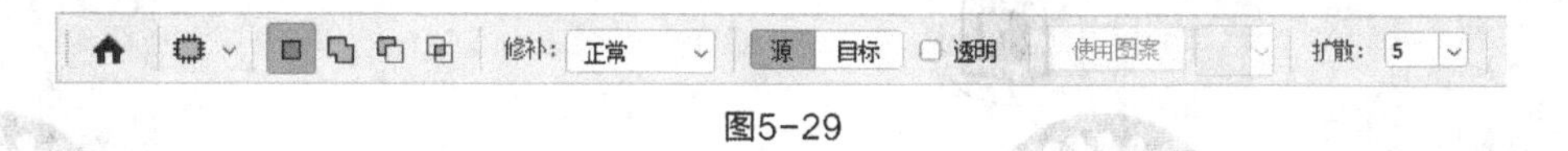

图5-29

打开一张图片。选择修补工具，圈选图像中的区域，如图5-30所示。在属性栏中选择“源”，在选区中按住鼠标左键不放，拖曳到需要的位置，如图5-31所示。释放鼠标左键，选区中的图像被新位置的图像替换，如图5-32所示。按Ctrl+D快捷键，取消选区，效果如图5-33所示。

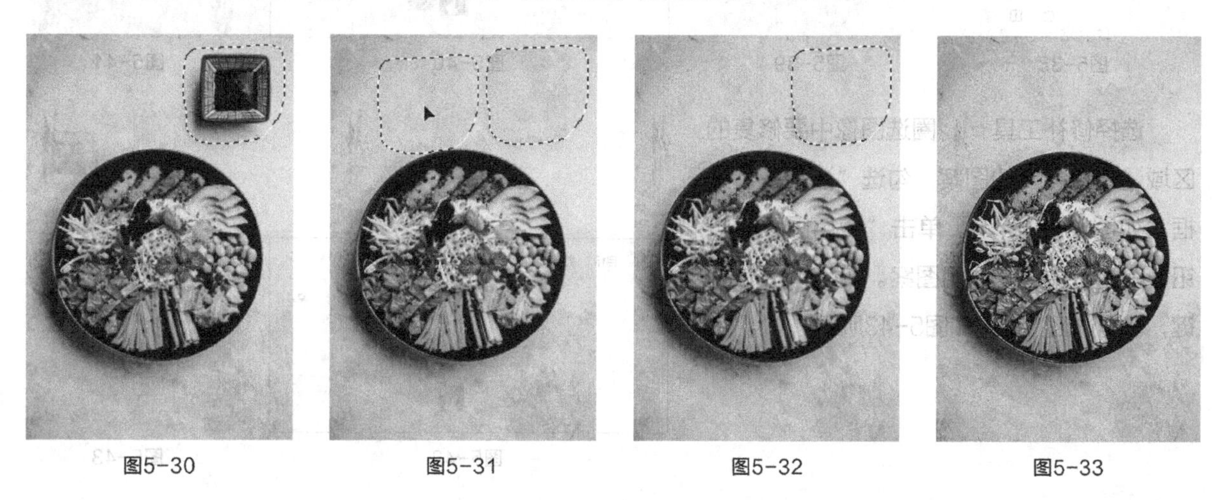

图5-30　　图5-31　　图5-32　　图5-33

选择修补工具，圈选图像中的区域，如图5-34所示。在属性栏中选中“目标”按钮，将选区拖曳到要修饰的图像区域，如图5-35所示。圈选的图像替换了新位置的图像，如图5-36所示。按Ctrl+D快捷键，取消选区，效果如图5-37所示。

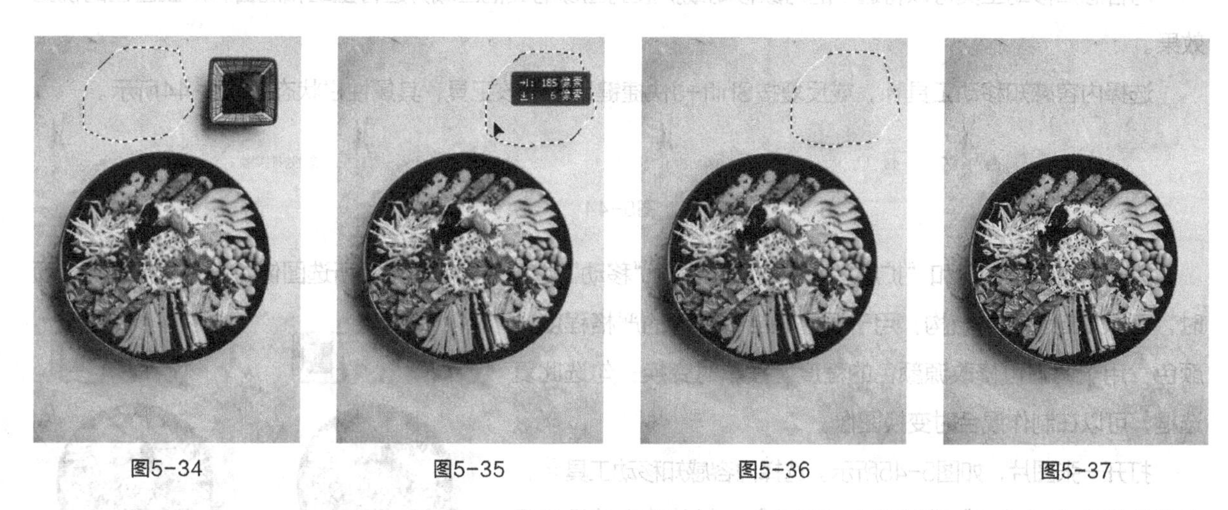

图5-34　　图5-35　　图5-36　　图5-37

选择“窗口 > 图案”命令，弹出“图案”面板，单击控制面板右上方的图标，在弹出的菜单中选择“旧版图案及其他”命令，面板如图5-38所示。选择修补工具，圈选图像中要修复的区域，如图5-39所示。单击属性栏中的选项，弹出图案选择面板，选择“旧版图案及其他 > 旧版图案 > 旧版默认图案”中需要的图案，如图5-40所示。单击“使用图案”按钮，在选区中填充所选图案。按Ctrl+D快捷键，取消选区，效果如图5-41所示。

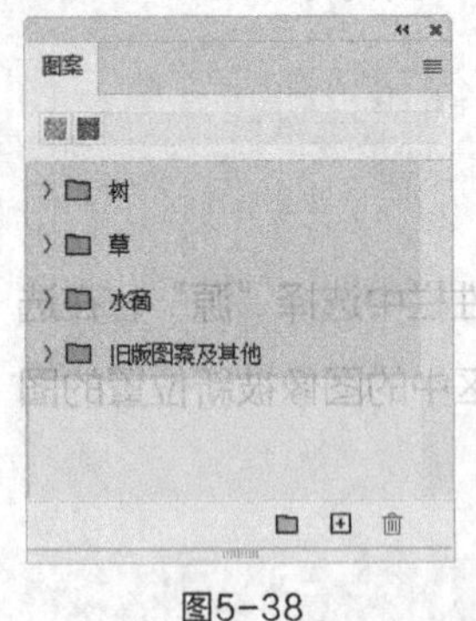

图5-38

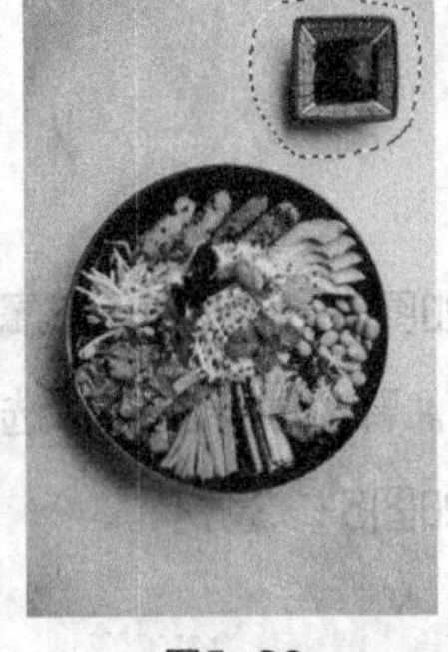
图5-39

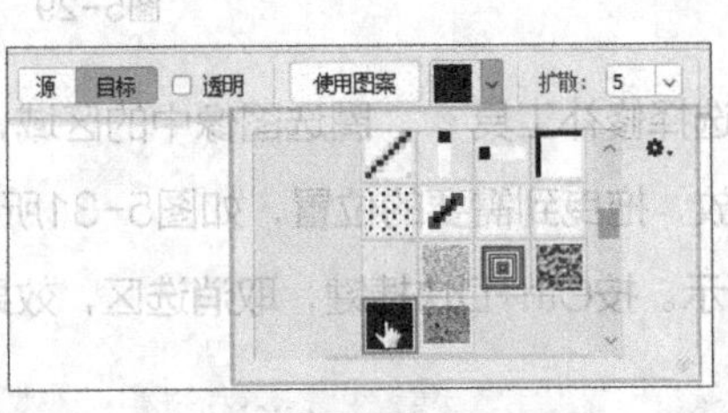

图5-40

图5-41

选择修补工具，圈选图像中要修复的区域。选择需要的图案，勾选“透明”复选框，如图5-42所示。单击“使用图案”按钮，在选区中填充透明图案。按Ctrl+D快捷键，取消选区，效果如图5-43所示。

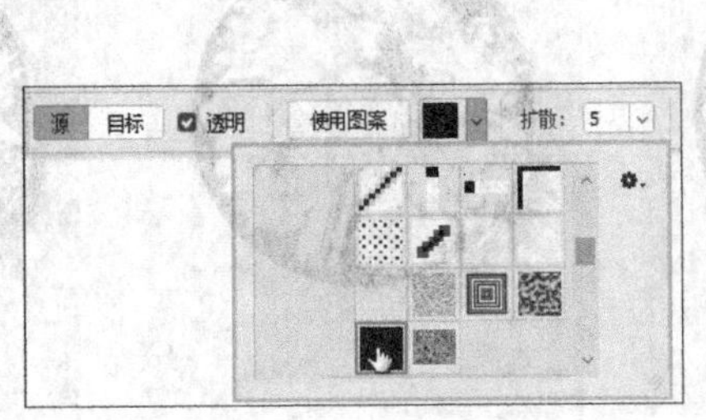

图5-42

图5-43

5.1.5 内容感知移动工具

内容感知移动工具可以将选中的对象移动或扩展到图像的其他区域并进行重组和混合，产生出色的视觉效果。

选择内容感知移动工具，或反复按Shift+J快捷键切换到该工具，其属性栏状态如图5-44所示。

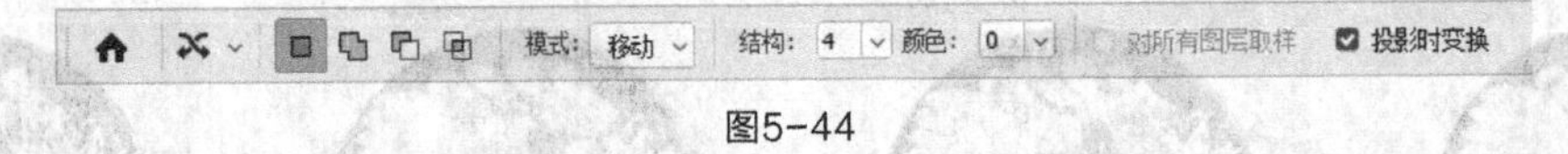

图5-44

模式：有“移动”和“扩展”两个选项，设为“移动”选项时，可以移动所选图像；设为“扩展”选项时，可以复制图像。结构：用于调整源结构保留的严格程度。颜色：用于调整可修改源颜色的程度。投影时变换：勾选此复选框，可以在制作混合时变换图像。

打开一张图片，如图5-45所示。选择内容感知移动工具，在属性栏中将“模式”选项设为“移动”，其他选项的设置见图5-44。在图像窗口中按住鼠标左键拖曳鼠标绘制选区，如图5-46所示。将鼠标指针放置在选区中，按住鼠标左键向左侧拖

图5-45

图5-46

曳鼠标，如图5-47所示。松开鼠标左键后，软件自动将选区中的图像移动到新位置，同时出现变换框，如图5-48所示。拖曳鼠标旋转图像，如图5-49所示。按Enter键确认操作，原位置被周围的图像自动修饰，取消选区后，效果如图5-50所示。

图5-47

图5-48

图5-49

图5-50

打开一张图片，如图5-51所示。选择内容感知移动工具✕，在属性栏中将“模式”选项设为“扩展”，其他选项的设置见图5-44。在图像窗口中按住鼠标左键拖曳鼠标绘制选区，如图5-52所示。将鼠标指针放置在选区中，按住鼠标左键向左侧拖曳鼠标，如图5-53所示。松开鼠标左键后，软件自动将选区中的图像扩展复制并移动到新位置，同时出现变换框，如图5-54所示。拖曳鼠标旋转图像，如图5-55所示，按Enter键确认操作，取消选区后，如图5-56所示。

图5-51

图5-52

图5-53

图5-54

图5-55

图5-56

5.1.6 红眼工具

红眼工具可以去除人物照片中的红眼，以及白色、绿色等反光。

选择红眼工具，或反复按Shift+J快捷键切换到该工具，其属性栏状态如图5-57所示。

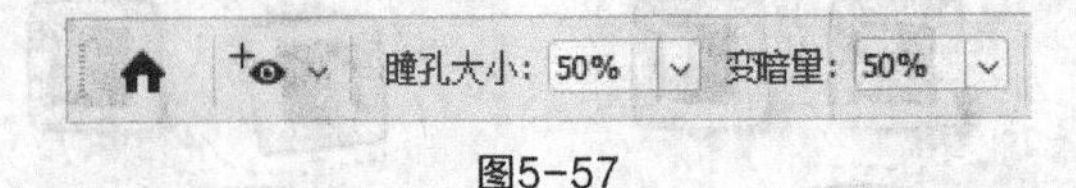

图5-57

瞳孔大小：用于设置眼睛的瞳孔或中心黑色部分的比例大小。变暗量：用于设置瞳孔变暗的程度。

打开一张人物照片，如图5-58所示。选择红眼工具，在属性栏中进行设置，如图5-59所示。在照片中瞳孔的位置单击，如图5-60所示，去除照片中的红眼，效果如图5-61所示。

图5-58

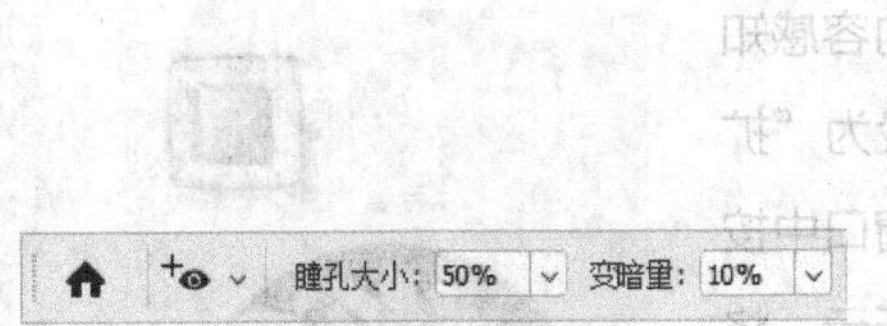

图5-59

图5-60

图5-61

5.1.7 仿制图章工具

仿制图章工具可以以指定的像素点为复制基准点，将基准点及其周围的图像复制到其他地方。

选择仿制图章工具，或反复按Shift+S快捷键切换到该工具，其属性栏状态如图5-62所示。

图5-62

流量：用于设置复制的速度。对齐：用于控制是否在复制时使用对齐功能。

选择仿制图章工具，将鼠标指针放置在图像中需要复制的位置，按住Alt键的同时，鼠标指针变为圆形十字形状⊕，如图5-63所示，单击确定取样点。在适当的位置按住鼠标左键不放，拖曳鼠标复制出取样点的图像，效果如图5-64所示。

图5-63

图5-64

5.1.8 图案图章工具

选择图案图章工具，或反复按Shift+S快捷键切换到该工具，其属性栏状态如图5-65所示。

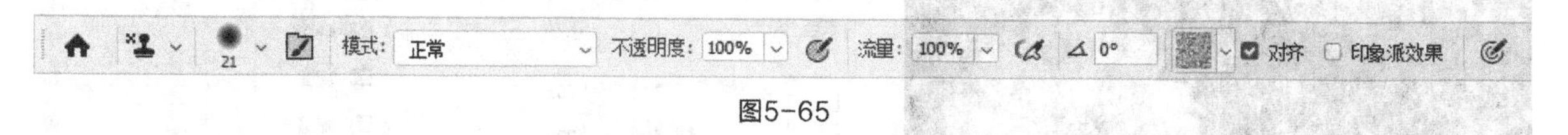

图5-65

在要定义为图案的图像上绘制选区，如图5-66所示。选择“编辑 > 定义图案”命令，弹出“图案名称”对话框，设置如图5-67所示，单击“确定”按钮，定义选区中的图像为图案。

图5-66

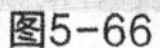

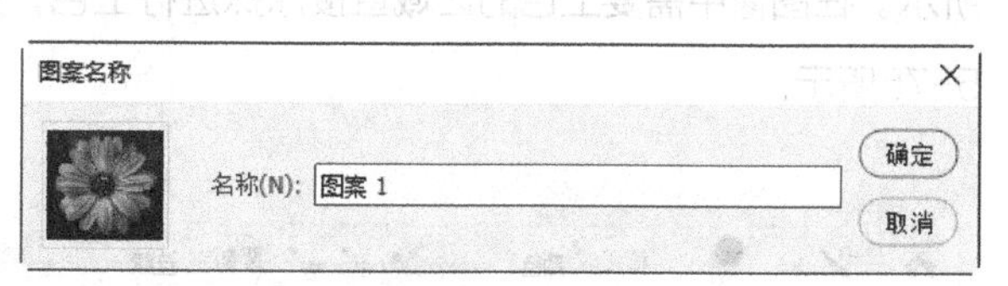

图5-67

选择图案图章工具，在属性栏中选择定义好的图案，如图5-68所示。按Ctrl+D快捷键，取消选区。在适当的位置拖曳鼠标复制出定义好的图案，效果如图5-69所示。

图5-68

图5-69

5.1.9 颜色替换工具

颜色替换工具能够替换图像中的特定颜色，可以使用校正颜色在目标颜色上绘画。颜色替换工具不适用于“位图”“索引”或“多通道”颜色模式的图像。

选择颜色替换工具，其属性栏状态如图5-70所示。

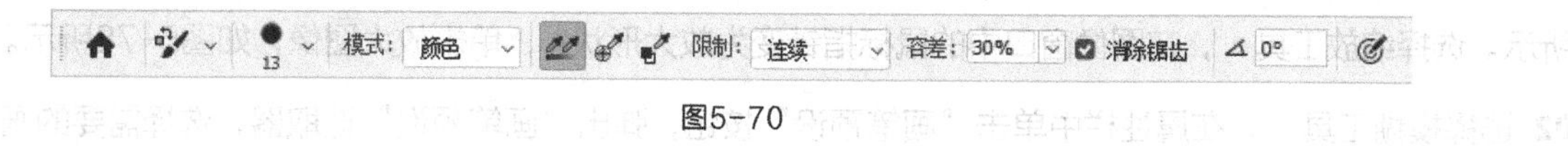

图5-70

打开一张图片，如图5-71所示。在“颜色”面板中设置前景色，如图5-72所示。在“色板”面板中单击“创建新色板”按钮，将设置的前景色存放在面板中，如图5-73所示。

图5-71

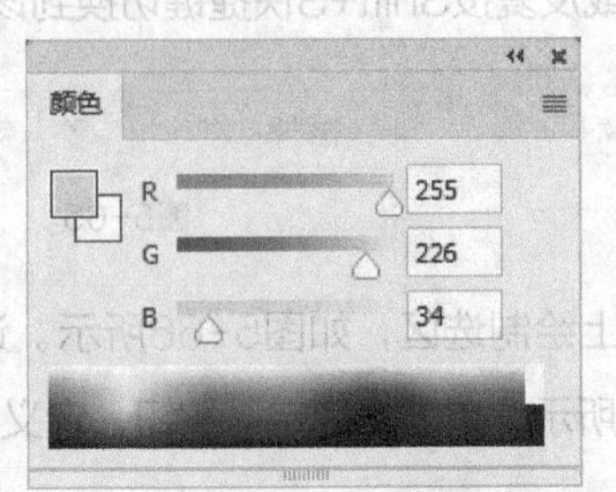

图5-72

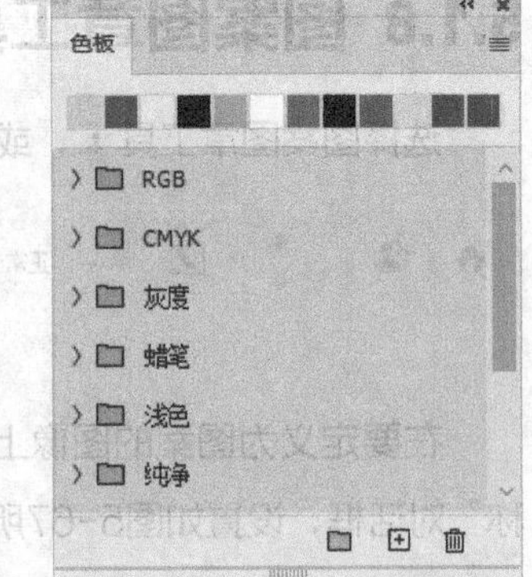

图5-73

选择颜色替换工具，在属性栏中进行设置，如图5-74所示。在图像中需要上色的区域直接涂抹进行上色，效果如图5-75所示。

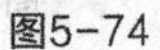

图5-74

图5-75

5.2 修饰类工具

修饰类工具用于对图像进行修饰，使图像产生不同的变化效果。

5.2.1 课堂案例——修饰妆容赛事横版海报图

案例学习目标 使用多种修饰工具调整海报图。

案例知识要点 使用缩放工具缩放图像，使用模糊工具、锐化工具、涂抹工具、减淡工具、加深工具和海绵工具修饰图像，最终效果如图5-76所示。

效果所在位置 Ch05\效果\修饰妆容赛事横版海报图.psd。

图5-76

01 按Ctrl+O快捷键，打开本书学习资源中的"Ch05\素材\修饰妆容赛事横版海报图\01"文件，如图5-77所示。选择缩放工具，在图像窗口中的鼠标指针变为放大形状，单击放大图像，如图5-78所示。

02 选择模糊工具，在属性栏中单击"画笔预设"按钮，弹出"画笔预设"选取器，选择需要的画笔形状并设置大小，如图5-79所示。在人物脸部涂抹，让脸部图像变得自然柔和，效果如图5-80所示。

图5-77

图5-78

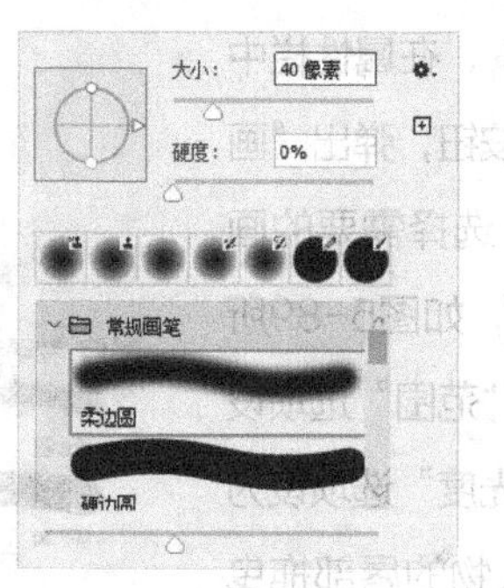

图5-79

图5-80

03 选择锐化工具 △，在属性栏中单击“画笔预设”按钮，弹出“画笔预设”选取器，选择需要的画笔形状并设置大小，如图5-81所示。在图像人物中的头发上拖曳鼠标，使秀发更清晰，效果如图5-82所示。用相同的方法对图像其他部分进行锐化，效果如图5-83所示。

04 选择涂抹工具 ，在属性栏中单击“画笔预设”按钮，弹出“画笔预设”选取器，选择需要的画笔形状并设置大小，如图5-84所示。在图像中人物的下颌及脖子上拖曳鼠标，调整人物下颌及脖子形态，效果如图5-85所示。

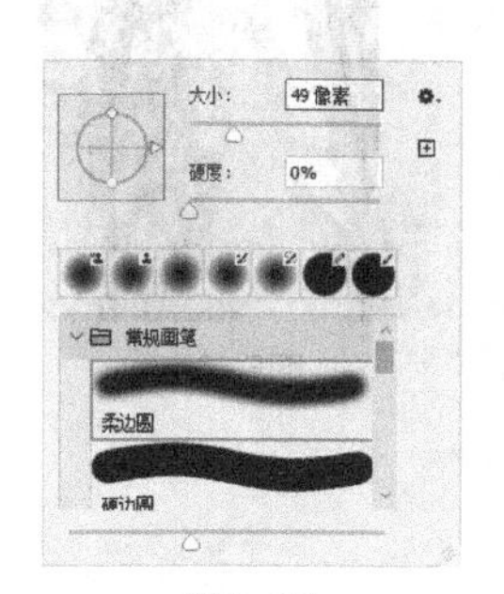

图5-81

图5-82

图5-83

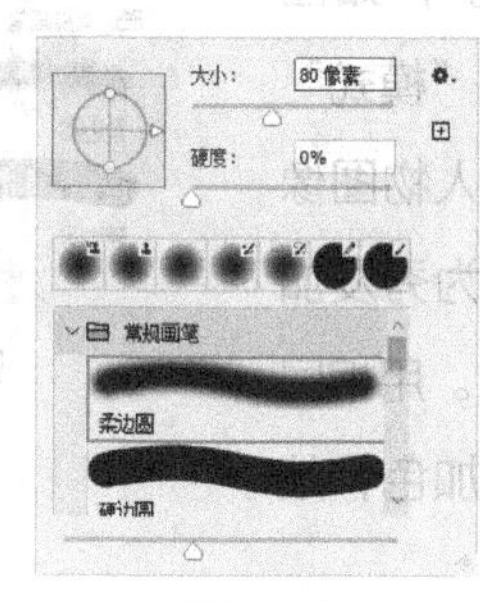

图5-84

图5-85

05 选择减淡工具 ，在属性栏中单击“画笔预设”按钮，弹出“画笔预设”选取器，选择需要的画笔形状并设置大小，如图5-86所示。将属性栏中的“范围”选项设为“中间调”。在图像中人物右侧眼睛的眼白区域拖曳鼠标，效果如图5-87所示。用相同的方法调整另一只眼，效果如图5-88所示。

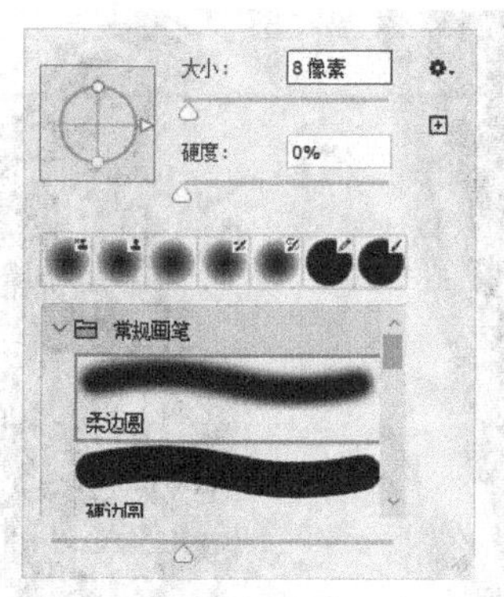

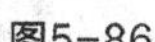

图5-86

图5-87

图5-88

06 选择加深工具，在属性栏中单击“画笔预设”按钮，弹出“画笔预设”选取器，选择需要的画笔形状并设置大小，如图5-89所示。将属性栏中的“范围”选项设为“阴影”，“曝光度”选项设为30%。在图像中人物的唇部拖曳鼠标加深唇色，效果如图5-90所示。用相同的方法加深眼球深色部分，效果如图5-91所示。

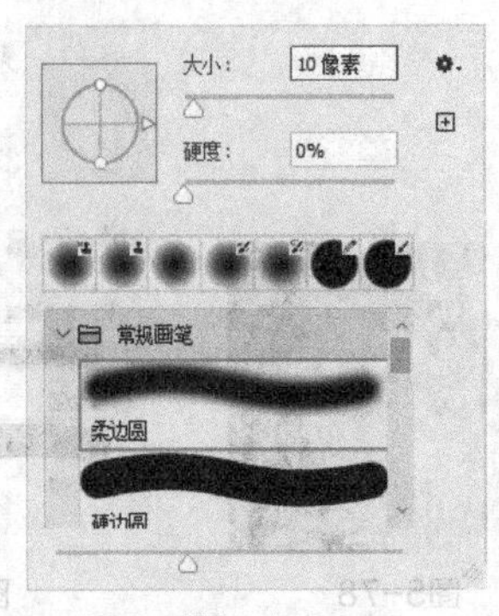

图5-89

图5-90

图5-91

07 选择海绵工具，在属性栏中单击“画笔预设”按钮，弹出“画笔预设”选取器，选择需要的画笔形状并设置大小，如图5-92所示。将属性栏中“模式”选项设为“加色”。在人物图像中的头发上拖曳鼠标，为秀发加色，效果如图5-93所示。用相同的方法为图像其他部分加色，效果如图5-94所示。

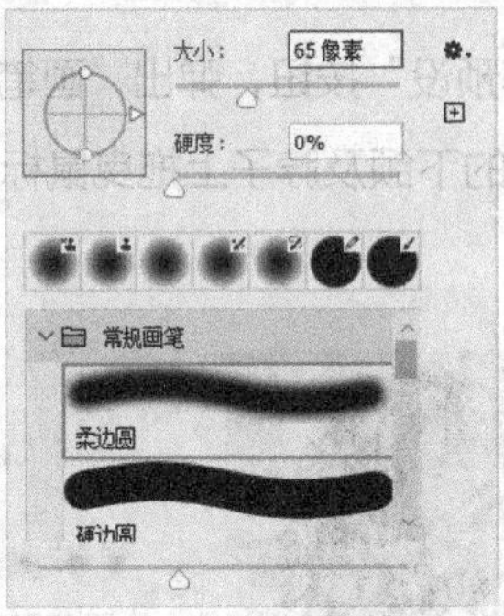

图5-92

图5-93

图5-94

08 选择“滤镜 > 液化”命令，弹出“液化”对话框。选择向前变形工具，在“画笔工具选项”选项组中，将“大小”选项设为45，“密度”选项设为50，“压力”选项设为100，在人物下颌处由外向内拖曳鼠标使脸变瘦，如图5-95所示，单击“确定”按钮，效果如图5-96所示。

图5-95

图5-96

09 按Ctrl+O快捷键，打开本书学习资源中的“Ch05\素材\修饰妆容赛事横版海报图\02”文件，如图5-97所示。选择移动工具，将02图像拖曳到01图像窗口中适当的位置，效果如图5-98所示，“图层”面板中会生成新的图层，将其命名为“文字”。妆容赛事横版海报图修饰完成。

图5-97

图5-98

5.2.2 模糊工具

选择模糊工具，其属性栏状态如图5-99所示。

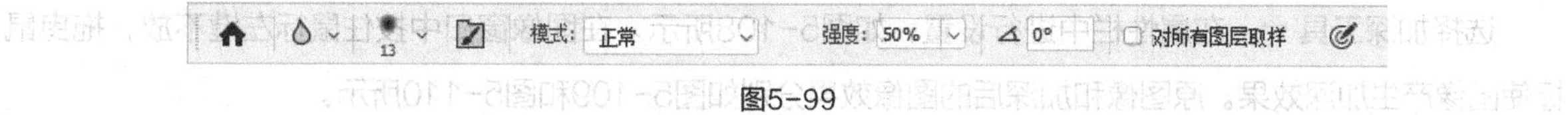

图5-99

强度：用于设置压力的大小。对所有图层取样：用于确定模糊工具是否对所有可见图层起作用。

选择模糊工具，在属性栏中进行设置，如图5-100所示。在图像窗口中拖曳鼠标，使图像产生模糊效果。原图像和模糊后的图像效果分别如图5-101和图5-102所示。

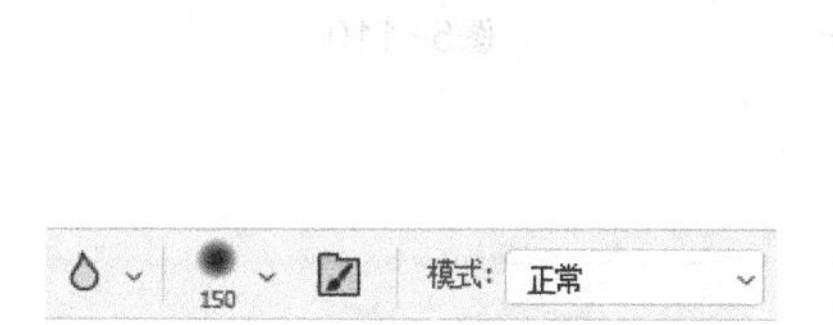

图5-100

图5-101

图5-102

5.2.3 锐化工具

选择锐化工具，其属性栏状态如图5-103所示。

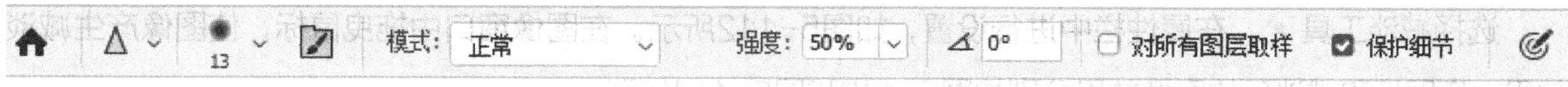

图5-103

选择锐化工具，在属性栏中进行设置，如图5-104所示。在图像窗口中按住鼠标左键，拖曳鼠标使图像产生锐化效果。原图像和锐化后的图像效果分别如图5-105和图5-106所示。

图5-104

图5-105

图5-106

5.2.4 加深工具

选择加深工具，或反复按Shift+O快捷键切换到该工具，其属性栏状态如图5-107所示。

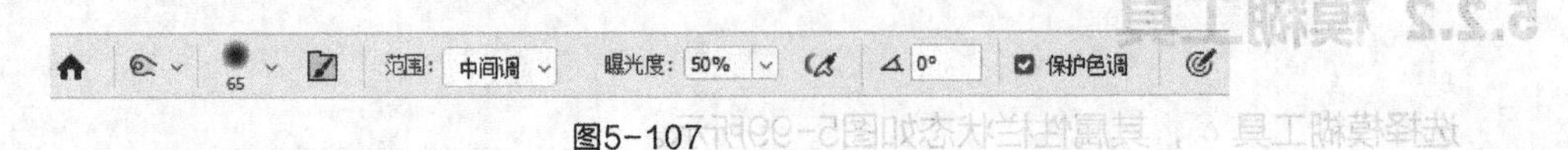

图5-107

选择加深工具，在属性栏中进行设置，如图5-108所示。在图像窗口中按住鼠标左键不放，拖曳鼠标使图像产生加深效果。原图像和加深后的图像效果分别如图5-109和图5-110所示。

图5-108

图5-109

图5-110

5.2.5 减淡工具

选择减淡工具，或反复按Shift+O快捷键切换到该工具，其属性栏状态如图5-111所示。

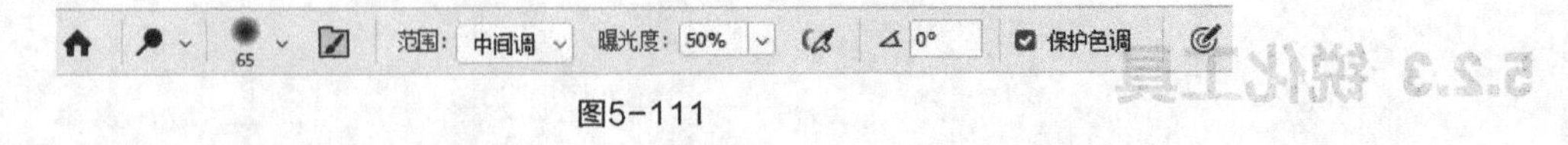

图5-111

范围：用于设置图像中要提高亮度的区域。曝光度：用于设置曝光的强度。

选择减淡工具，在属性栏中进行设置，如图5-112所示。在图像窗口中拖曳鼠标，使图像产生减淡效果。原图像和减淡后的图像效果分别如图5-113和图5-114所示。

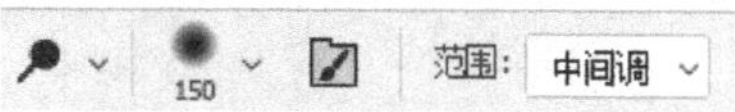
150
范围：
中间调

图5-112

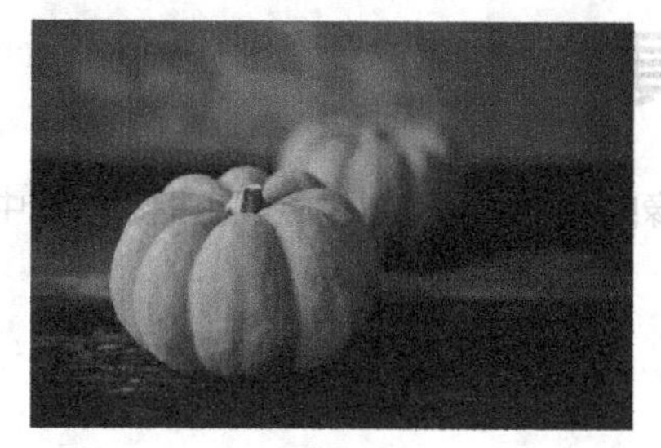

图5-113

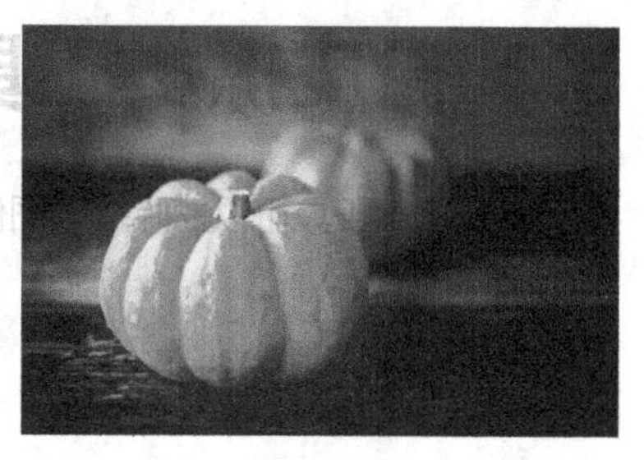

图5-114

5.2.6 海绵工具

选择海绵工具，或反复按Shift+O快捷键切换到该工具，其属性栏状态如图5-115所示。

65
模式：
去色
流量：
50%
0°
自然饱和度

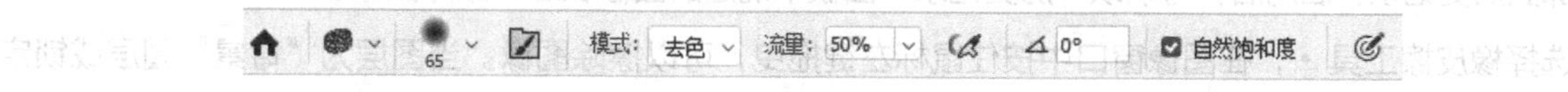

图5-115

选择海绵工具，在属性栏中进行设置，如图5-116所示。在图像窗口中拖曳鼠标，改变图像的色彩饱和度。原图像和调整后的图像效果分别如图5-117和图5-118所示。

150
模式：
去色

图5-116

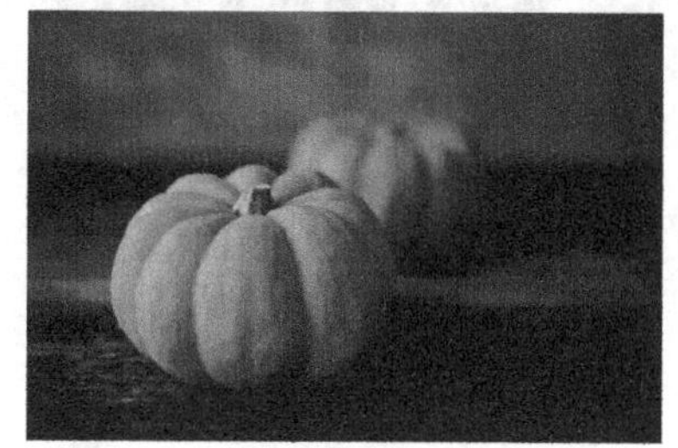

图5-117

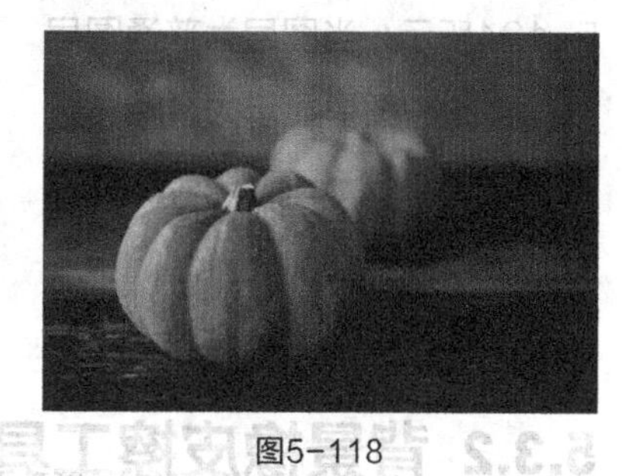

图5-118

5.2.7 涂抹工具

选择涂抹工具，其属性栏状态如图5-119所示。

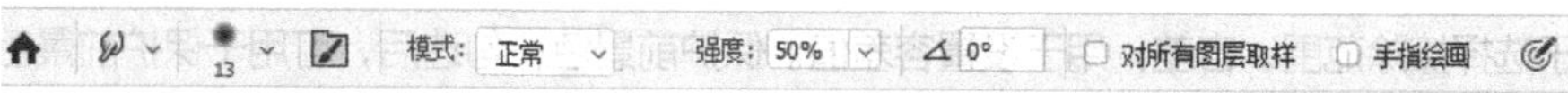
13
模式：
正常
强度：
50%
0°
对所有图层取样
手指绘画

图5-119

手指绘画：用于设置是否用前景色进行涂抹。

选择涂抹工具，在属性栏中进行设置，如图5-120所示。在图像窗口中拖曳鼠标，使图像产生涂抹效果。原图像和涂抹后的图像效果分别如图5-121和图5-122所示。

150
模式：
正常

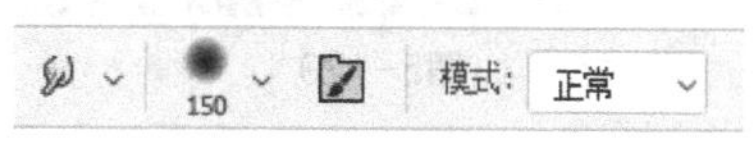

图5-120

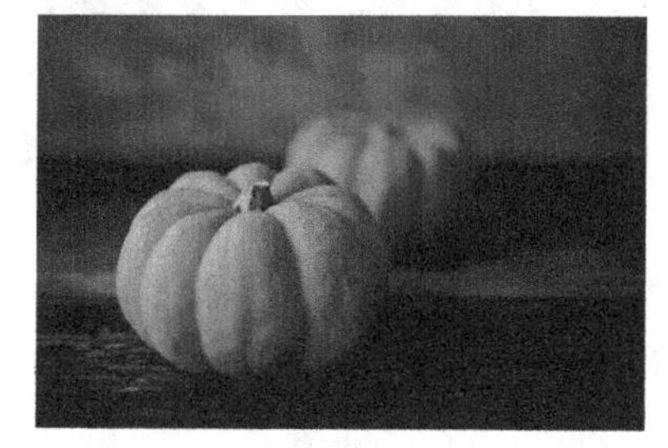

图5-121

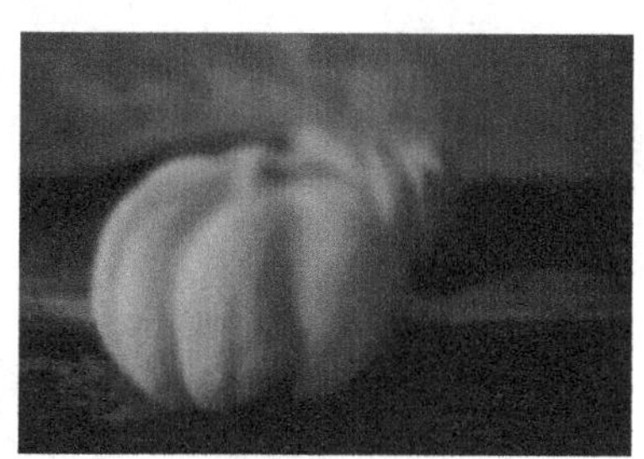

图5-122

5.3 橡皮擦类工具

橡皮擦类工具可以擦除指定图像的颜色，还可以擦除颜色相近区域中的图像。

5.3.1 橡皮擦工具

选择橡皮擦工具，或反复按Shift+E快捷键切换到该工具，其属性栏状态如图5-123所示。

图5-123

抹到历史记录：启用后，可以以“历史记录”面板中确定的图像状态来擦除图像。

选择橡皮擦工具，在图像窗口中按住鼠标左键拖曳，可以擦除图像。当图层为“背景”图层或锁定了透明区域的图层时，擦除的图像显示为背景色，效果如图5-124所示；当图层为普通图层时，擦除的图像显示为透明，效果如图5-125所示。

图5-124

图5-125

5.3.2 背景橡皮擦工具

选择背景橡皮擦工具，或反复按Shift+E快捷键切换到该工具，其属性栏状态如图5-126所示。

图5-126

限制：用于选择擦除范围。容差：用于设置容差值。保护前景色：勾选后，可用于保护前景色不被擦除。

选择背景橡皮擦工具，在属性栏中进行设置，如图5-127所示。在图像窗口中擦除图像，擦除前后的效果对比如图5-128和图5-129所示。

图5-127

图5-128

图5-129

5.3.3 魔术橡皮擦工具

选择魔术橡皮擦工具，或反复按Shift+E快捷键切换到该工具，其属性栏状态如图5-130所示。

连续：勾选后仅擦除连续像素。对所有图层取样：勾选后可作用于所有图层。

选择魔术橡皮擦工具，保持属性栏中的选项为默认值，在图像窗口中单击擦除图像，效果如图5-131所示。

容差：32　消除锯齿　连续　对所有图层取样　不透明度：100%

图5-130

图5-131

课堂练习——制作棒球运动宣传图

练习知识要点 使用锐化工具、图层混合模式和减淡工具调整图像，最终效果如图5-132所示。

效果所在位置 Ch05\效果\制作棒球运动宣传图.psd。

图5-132

课后习题——制作摄影课程Banner

习题知识要点 使用渐变工具绘制彩虹，使用橡皮擦工具配合图层的不透明度制作渐隐效果，使用混合模式改变彩虹的颜色，最终效果如图5-133所示。

效果所在位置 Ch05\效果\制作摄影课程Banner.psd。

图5-133

第 6 章

编辑图像

本章介绍

本章主要介绍用Photoshop编辑图像的基本方法，包括应用图像编辑工具，移动、复制和删除图像，裁切图像，变换图像等。通过学习本章内容，可了解并掌握图像的编辑方法和应用技巧，快速地运用相应功能对图像进行适当的编辑与调整。

学习目标

●熟练掌握图像编辑工具的使用方法。

●掌握图像移动、复制和删除的方法。

●掌握图像裁切和变换的用法。

技能目标

●掌握“展示油画”的制作方法。

●掌握“美食Banner”的制作方法。

6.1 图像编辑工具

使用图像编辑工具对图像进行编辑和整理，可以提高用户编辑和处理图像的效率。

6.1.1 课堂案例——制作展示油画

案例学习目标 使用图像编辑工具对图像进行裁剪和注释。

案例知识要点 使用标尺工具结合裁剪工具处理照片，使用注释工具为图像添加注释，最终效果如图6-1所示。

效果所在位置 Ch06\效果\制作展示油画.psd。

图6-1

01 按Ctrl+O快捷键，打开本书学习资源中的“Ch06\素材\制作展示油画\01”文件，如图6-2所示。选择标尺工具，在图像窗口的左下方按住鼠标左键向右下方拖曳，出现测量的线段，松开鼠标左键，确定测量的终点，如图6-3所示。

图6-2

图6-3

02 单击属性栏的 拉直图层 按钮，拉直图像，效果如图6-4所示。选择裁剪工具，在图像窗口中按住鼠标左键拖曳鼠标绘制矩形裁剪框，按Enter键确认操作，效果如图6-5所示。

图6-4

图6-5

03 按Ctrl+O快捷键，打开本书学习资源中的“Ch06\素材\制作展示油画\02”文件，如图6-6所示。选择魔棒工具，在图像窗口中的白色矩形区域单击，生成的选区如图6-7所示。

图6-6　　图6-7

04 选择“选择 > 修改 > 扩展”命令，在弹出的对话框中进行设置，如图6-8所示，单击“确定”按钮，扩大选区。按Ctrl+J快捷键，将选区中的图像拷贝到新图层，并将其命名为“白色矩形”，如图6-9所示。

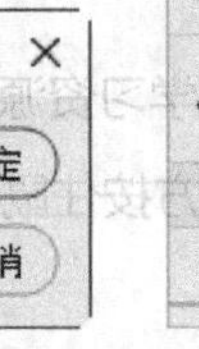

图6-8　　图6-9

05 单击“图层”面板下方的“添加图层样式”按钮，在弹出的菜单中选择“内阴影”命令，在“图层样式”对话框中进行设置，如图6-10所示，单击“确定”按钮，效果如图6-11所示。

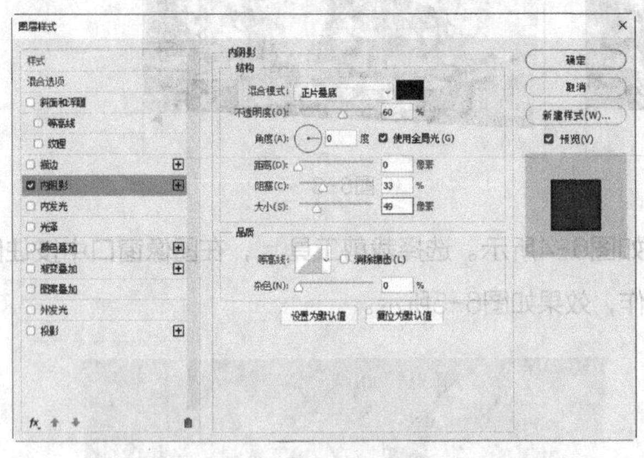

图6-10

图6-11

06 选择移动工具，将01图像拖曳到02图像窗口中，并调整其大小和位置，效果如图6-12所示，“图层”面板中会生成新的图层，将其命名为“画”。按Alt+Ctrl+G快捷键，创建剪贴蒙版，效果如图6-13所示。

07 选择注释工具 ，在图像窗口中单击，弹出“注释”面板，在面板中输入文字，如图6-14所示。展示油画效果制作完成，效果如图6-15所示。

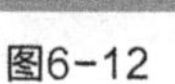

图6-12

图6-13

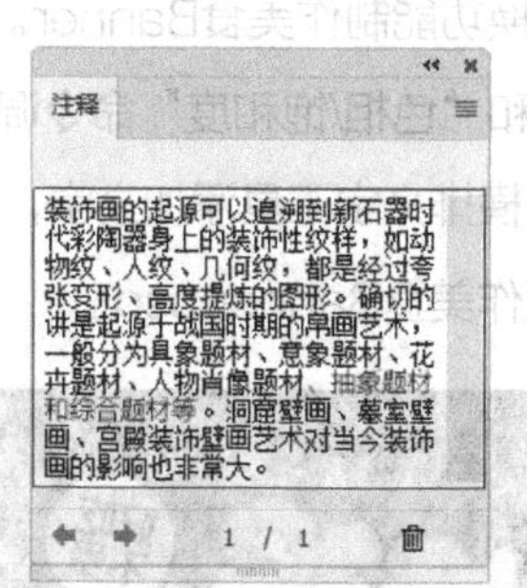

图6-14

图6-15

6.1.2 注释工具

注释工具可以为图像增加文字注释。

选择注释工具 ，或反复按Shift+I快捷键切换到该工具，其属性栏状态如图6-16所示。

图6-16

作者：用于输入注释者姓名。颜色：用于设置注释标记的颜色。清除全部：用于清除所有注释。 ：用于打开“注释”面板，编辑注释文字。

6.1.3 标尺工具

选择标尺工具 ，或反复按Shift+I快捷键切换到该工具，其属性栏状态如图6-17所示。

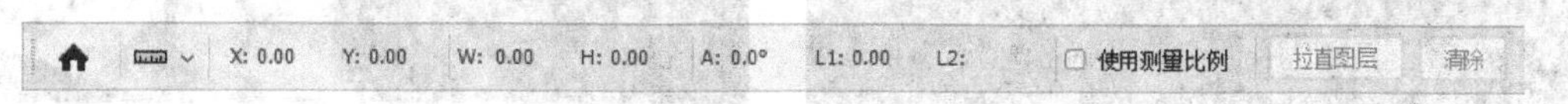

图6-17

X/Y：起始位置坐标。W/H：在x轴和y轴上移动的水平和垂直距离。A：相对于坐标轴偏离的角度。L1：两点间的距离。L2：测量角度时另一条测量线的长度。使用测量比例：用于设置是否启用测量比例计算标尺工具数据。拉直图层：用于拉直图层，使标尺水平。清除：用于清除测量线。

6.2 图像的裁切和变换

通过图像的裁切和变换，可以制作出多变的图像效果。

6.2.1 课堂案例——制作美食Banner

案例学习目标 使用图像的变换功能制作美食Banner。

案例知识要点 使用“色阶”和“色相/饱和度”命令调整食物颜色，使用“自由变换”命令变换图形，使用绘图工具绘制装饰图形，使用横排文字工具添加文字，最终效果如图6-18所示。

效果所在位置 Ch06\效果\制作美食Banner.psd。

图6-18

01 按Ctrl+N快捷键，打开“新建文档”对话框，设置宽度为720像素，高度为300像素，分辨率为72像素/英寸，颜色模式为RGB，背景为黑色，单击“创建”按钮，新建一个文件，如图6-19所示。

02 按Ctrl+O快捷键，打开本书学习资源中的“Ch06\素材\制作美食Banner\01”文件。选择移动工具 ，将01图像拖曳到新建的图像窗口中适当的位置，如图6-20所示，“图层”面板中会生成新的图层，将其命名为“美食”。

图6-19

图6-20

03 单击“图层”面板下方的“创建新的填充或调整图层”按钮 ，在弹出的菜单中选择“色阶”命令，“图层”面板中会生成“色阶1”图层，同时弹出“色阶”面板，单击“此调整影响下面的所有图层”按钮 ，使其显示为“此调整剪切到此图层”按钮 ，其他选项设置如图6-21所示，图像效果如图6-22所示。

04 单击“图层”控制面板下方的“创建新的填充或调整图层”按钮 ，在弹出的菜单中选择“色相/饱和度”命令，“图层”面板中会生成“色相/饱和度1”图层，同时弹出“色相/饱和度”面板，单击“此调整影响下面的所有图层”按钮 ，使其显示为“此调整剪切到此图层”按钮 ，其他选项设置如图6-23所示，图像效果如图6-24所示。

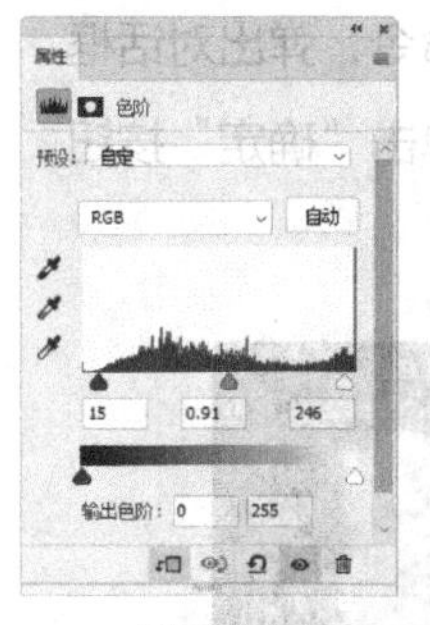
图6-21

图6-22

图6-23

图6-24

05 按Ctrl+O快捷键，打开本书学习资源中的“Ch06\素材\制作美食Banner\02”文件。选择移动工具 ，将02图像拖曳到新建的图像窗口中适当的位置，如图6-25所示，“图层”面板中会生成新的图层，将其命名为“鸡腿”。

06 单击“图层”面板下方的“创建新的填充或调整图层”按钮 ，在弹出的菜单中选择“色相/饱和度”命令，“图层”面板中会生成“色相/饱和度2”图层，同时弹出“色相/饱和度”面板，单击“此调整影响下面的所有图层”按钮 ，使其显示为“此调整剪切到此图层”按钮 ，其他选项设置如图6-26所示，图像效果如图6-27所示。

图6-25

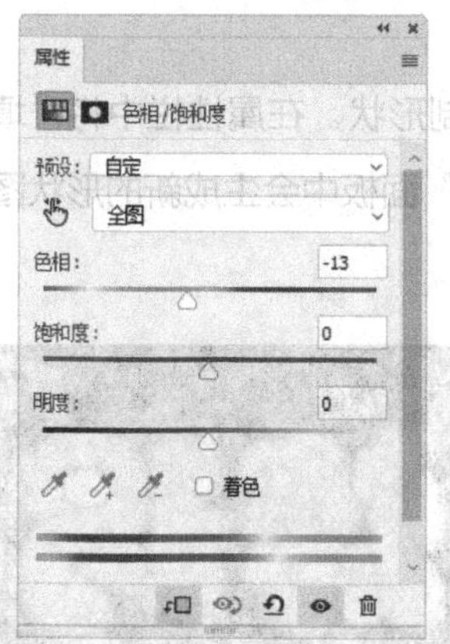

图6-26

图6-27

07 选择横排文字工具 ，在适当的位置输入需要的文字并选取，在属性栏中选择合适的字体并设置大小，将文本颜色设为橙色（RGB的值为254、182、23），效果如图6-28所示，“图层”面板中会生成新的文字图层。

图6-28

08 单击“图层”面板下方的“添加图层样式”按钮，在弹出的菜单中选择“描边”命令，弹出对话框，将描边颜色设为红色（RGB的值为198、18、0），其他选项的设置如图6-29所示，单击“确定”按钮，效果如图6-30所示。

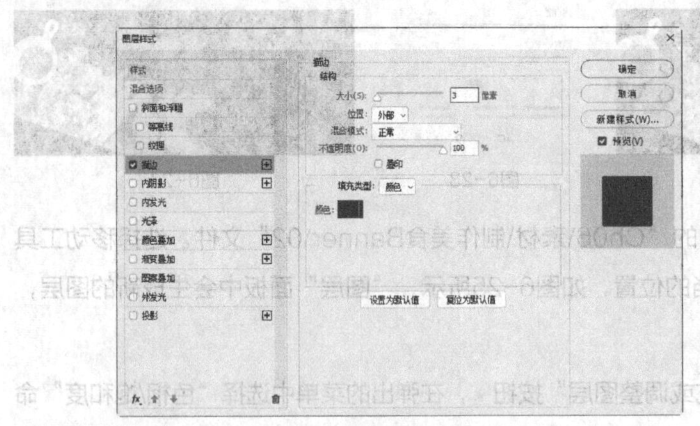

图6-29

图6-30

09 选择椭圆工具，在属性栏的“选择工具模式”选项中选择“形状”，在图像窗口中绘制一个椭圆形。在属性栏中将“填充”颜色设为白色，效果如图6-31所示，在“图层”面板中会生成新的形状图层“椭圆1”。

10 选择钢笔工具，在图像窗口中绘制形状。在属性栏中将“填充”颜色设为红色（RGB的值为198、18、0），效果如图6-32所示，“图层”面板中会生成新的形状图层“形状1”。用相同的方法绘制另一个形状，如图6-33所示。

图6-31

图6-32

图6-33

11 选择椭圆工具，在图像窗口中绘制一个椭圆形。在属性栏中将“填充”颜色设为黄色（RGB的值为255、223、40），效果如图6-34所示，“图层”面板中会生成新的形状图层“椭圆2”。选择钢笔工具，在图像窗口中绘制形状。在属性栏中将“填充”颜色设为黄色（RGB的值为255、223、40），效果如图6-35所示，“图层”面板中生成新的形状图层“形状3”。

图6-34

图6-35

12 选择横排文字工具T.，在适当的位置输入需要的文字并选取，在属性栏中选择合适的字体并设置大小，将文本颜色设为黑色，效果如图6-36所示，"图层"面板中会生成新的文字图层。选区需要的文字，按Ctrl+T快捷键，打开"字符"面板，参数设置如图6-37所示，效果如图6-38所示。

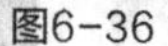

图6-36

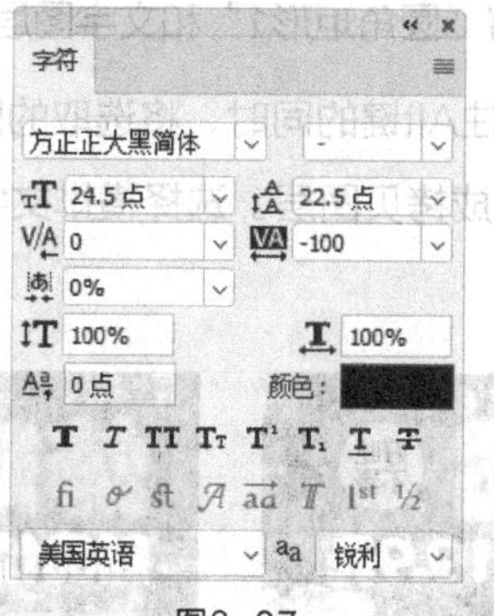

图6-37

图6-38

13 选择横排文字工具T.，在适当的位置输入需要的文字并选取，在属性栏中选择合适的字体并设置大小，将文本颜色设为白色，效果如图6-39所示，"图层"面板中会生成新的文字图层。选取需要的文字，按Ctrl+T快捷键，打开"字符"面板，参数设置如图6-40所示，效果如图6-41所示。

图6-39

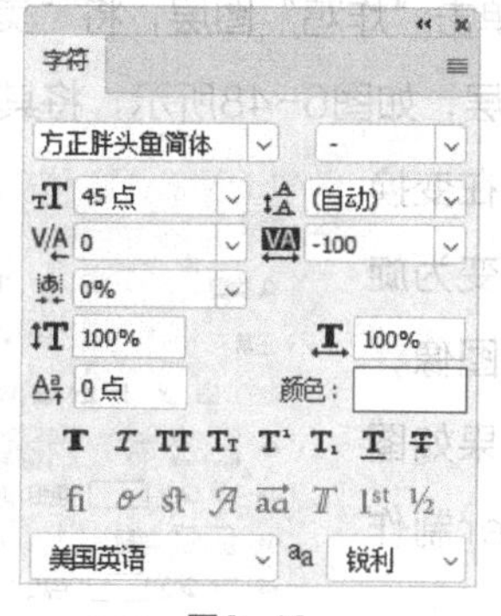

图6-40

图6-41

14 选择圆角矩形工具□.，"半径"选项设为14像素，在图像窗口中绘制一个圆角矩形。将"填充"颜色设为红色（RGB的值为198、18、0），"描边"颜色设为黑色，描边宽度设为2像素，效果如图6-42所示，"图层"面板中会生成新的形状图层"圆角矩形1"。

15 选择移动工具✥.，按住Alt键的同时，将圆角矩形拖曳到适当的位置，复制图形，效果如图6-43所示，"图层"面板中会生成新的形状图层"圆角矩形1拷贝"。选择圆角矩形工具□.，将复制后的圆角矩形"填充"颜色设为黄色（RGB的值为255、223、40），效果如图6-44所示。

图6-42

图6-43

图6-44

16 选择横排文字工具T，在适当的位置输入需要的文字并选取，在属性栏中选择合适的字体并设置大小，将文本颜色设为黑色，效果如图6-45所示，“图层”面板中会生成新的文字图层。按住Shift键的同时，单击“圆角矩形1”图层，将“圆角矩形1”和文字图层之间的所有图层同时选取。

17 选择移动工具，按住Alt键的同时，将选取的图形拖曳到适当的位置，复制图形，效果如图6-46所示，“图层”面板中会生成拷贝图层。选择横排文字工具T，选取复制后的文字并修改，效果如图6-47所示。

图6-45

图6-46

图6-47

18 按住Shift键的同时，单击“炸鸡”图层，将“美味营养”和“炸鸡”图层之间的所有图层同时选取。按Ctrl+E快捷键，合并图层，如图6-48所示，将其重命名为“文字”。按Ctrl+T快捷键，文字周围会出现变换框，将鼠标指针放在变换框任意一角的外侧，指针变为旋转形状，拖曳鼠标旋转图像，按Enter键确认操作，效果如图6-49所示。美食Banner制作完成。

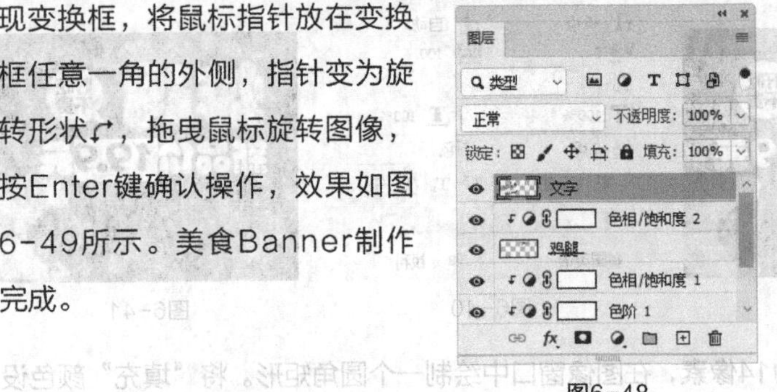

图6-48

图6-49

6.2.2 图像的裁切

若图像中含有大面积的纯色区域或透明区域，可以应用“裁切”命令进行操作。

打开一幅图像，如图6-50所示。选择“图像 > 裁切”命令，弹出“裁切”对话框，设置如图6-51所示，单击“确定”按钮，效果如图6-52所示。

图6-50

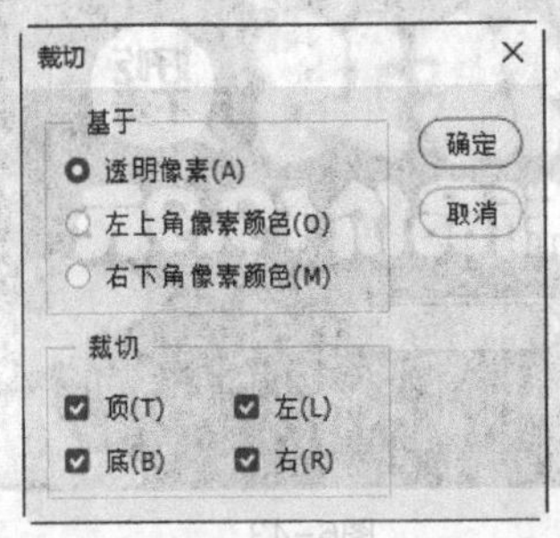

图6-51

图6-52

透明像素：若当前图像的多余区域是透明的，则选择此选项。左上角像素颜色：根据图像左上角的像素颜色来确定裁切的颜色范围。右下角像素颜色：根据图像右下角的像素颜色来确定裁切的颜色范围。裁切：用于设置裁切的区域范围。

6.2.3 图像的变换

选择“图像 > 图像旋转”命令，其子菜单如图6-53所示，应用不同的变换命令后，图像的变换效果如图6-54所示。

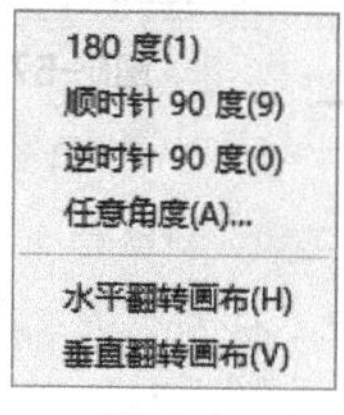

图6-53

原图像

180度

顺时针90度

逆时针90度

水平翻转画布

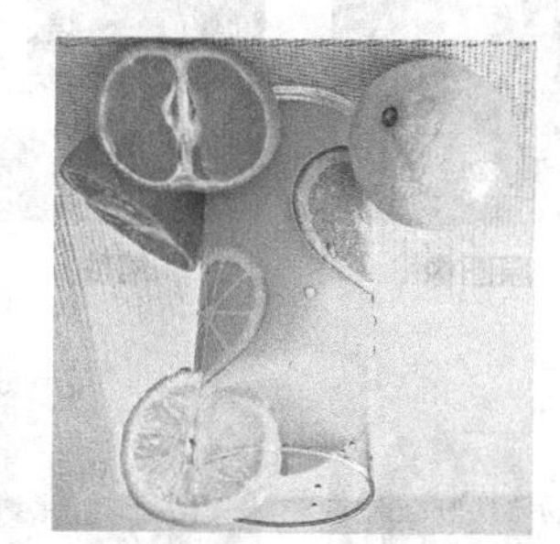

垂直翻转画布

图6-54

选择“任意角度”命令，弹出“旋转画布”对话框，设置如图6-55所示，单击“确定”按钮，图像的旋转效果如图6-56所示。

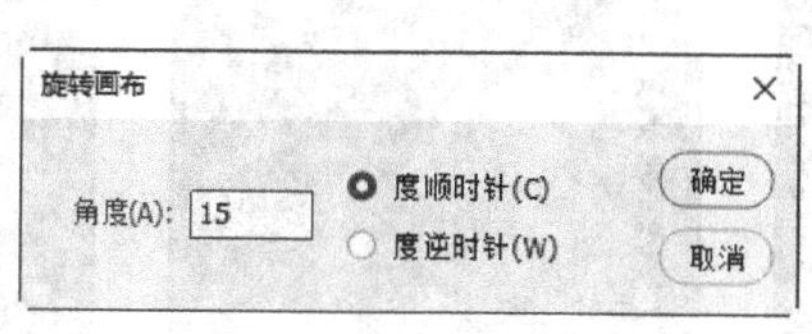

图6-55

图6-56

6.2.4 图像选区的变换

在操作过程中可以根据设计和制作的需要变换已经绘制好的选区。

打开一张图片。选择矩形选框工具⬚，在要变换的图像上绘制选区。选择“编辑 > 变换”命令，其子菜单如图6-57所示，应用不同的变换命令后，图像的变换效果如图6-58所示。

再次(A) Shift+Ctrl+T
缩放(S)
旋转(R)
斜切(K)
扭曲(D)
透视(P)
变形(W)
水平拆分变形
垂直拆分变形
交叉拆分变形
移去变形拆分
旋转 180 度(1)
顺时针旋转 90 度(9)
逆时针旋转 90 度(0)
水平翻转(H)
垂直翻转(V)

图6-57

提示 在使用“变形”命令后，才可以使用“水平拆分变形”“垂直拆分变形”“交叉拆分变形”命令，用于进一步变形图像；使用“水平拆分变形”“垂直拆分变形”“交叉拆分变形”命令后，才可以使用“移去变形拆分”命令，用于移去变形拆分效果。

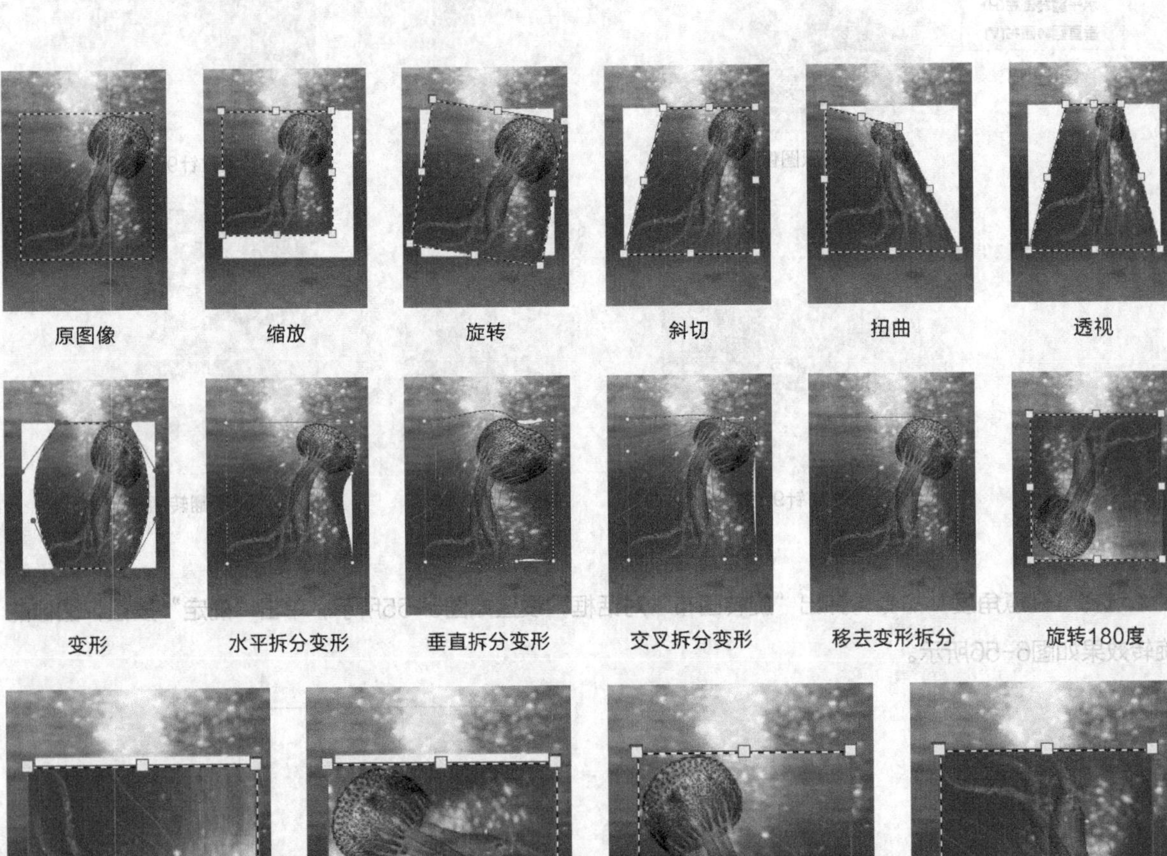

原图像　缩放　旋转　斜切　扭曲　透视

变形　水平拆分变形　垂直拆分变形　交叉拆分变形　移去变形拆分　旋转180度

顺时针旋转90度　逆时针旋转90度

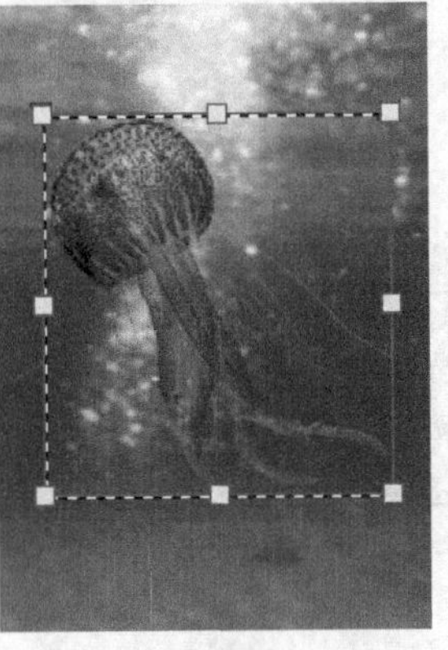

水平翻转

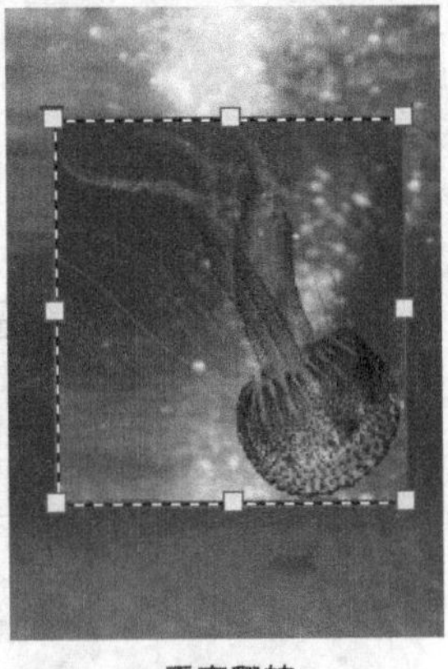

垂直翻转

图6-58

课堂练习——制作楼盘信息图

练习知识要点 使用裁剪工具裁剪图像，使用移动工具移动图像，最终效果如图6-59所示。

效果所在位置 Ch06\效果\制作楼盘信息图.psd。

图6-59

课后习题——制作果汁手提袋

习题知识要点 使用渐变工具制作背景，使用移动工具结合“变换”命令制作手提袋，使用“变换”命令结合图层蒙版和渐变工具制作投影，最终效果如图6-60所示。

效果所在位置 Ch06\效果\制作果汁手提袋.psd。

图6-60

第 7 章

绘制图形和路径

本章介绍

本章主要介绍图形的绘制技巧以及路径的绘制与编辑方法。通过学习本章内容，可应用绘图工具绘制出系统自带的图形，提高图像制作的效率，还可快速地绘制所需路径，并对路径进行修改和编辑。

学习目标

●熟练掌握绘制图形的技巧。

●熟练掌握绘制和选取路径的方法。

技能目标

●掌握“家电类App引导页插画”的制作方法。

●掌握“箱包饰品类网页Banner”的制作方法。

7.1 绘制图形

使用绘图工具不仅可以绘制出标准的几何图形，也可以绘制出自定义的图形，便于提高工作效率。

7.1.1 课堂案例——制作家电类App引导页插画

案例学习目标 使用图形绘制工具绘制出需要的图形效果。

案例知识要点 使用圆角矩形工具、矩形工具、椭圆工具和直线工具绘制洗衣机，使用移动工具添加洗衣筐和洗衣液素材，最终效果如图7-1所示。

效果所在位置 Ch07\效果\制作家电类App引导页插画.psd。

图7-1

01 按Ctrl+N快捷键，弹出“新建文档”对话框，设置宽度为600像素，高度为600像素，分辨率为72像素/英寸，颜色模式为RGB，背景为白色，单击“创建”按钮，新建一个文件。

02 单击“图层”面板下方的“创建新组”按钮，生成新的图层组并将其命名为“洗衣机”。选择圆角矩形工具，在属性栏的“选择工具模式”选项中选择“形状”，将“填充”颜色设为白色，“描边”颜色设为海蓝色（RGB的值为53、65、78），描边宽度设为8像素，“半径”选项设为10像素，在图像窗口中绘制一个圆角矩形，效果如图7-2所示，“图层”面板中会生成新的形状图层“圆角矩形1”。

03 再次绘制一个圆角矩形。在属性栏中将“填充”颜色设为海蓝色（RGB的值为53、65、78），“描边”颜色设为无，效果如图7-3所示，“图层”面板中会生成新的形状图层“圆角矩形2”。

04 在“图层”面板中，将“圆角矩形2”图层拖曳到“圆角矩形1”图层的下方，如图7-4所示，图像效果如图7-5所示。

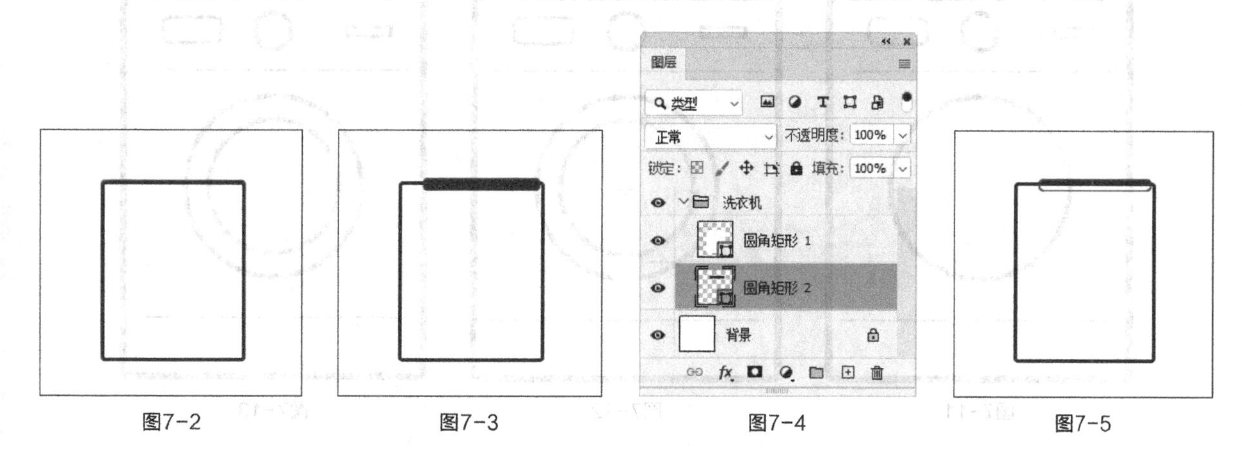

图7-2　图7-3　图7-4　图7-5

05 选择"圆角矩形1"图层。选择矩形工具▭，在图像窗口中绘制一个矩形。在属性栏中将"填充"颜色设为白色，"描边"颜色设为海蓝色（RGB的值为53、65、78），描边宽度设为4像素，效果如图7-6所示，"图层"面板中会生成新的形状图层"矩形1"。

06 选择椭圆工具◯，按住Shift键的同时，在图像窗口中绘制一个圆形。在属性栏中将描边宽度设为6像素，效果如图7-7所示，"图层"面板中会生成新的形状图层"椭圆1"。

07 选择圆角矩形工具▢，在图像窗口中绘制一个圆角矩形。在属性栏中将描边宽度设为4像素，效果如图7-8所示，"图层"面板中会生成新的形状图层"圆角矩形3"。

图7-6　图7-7　图7-8

08 选择直线工具⁄，在属性栏中将"粗细"选项设为2像素，按住Shift键的同时，在图像窗口中绘制一条直线，效果如图7-9所示，"图层"面板中会生成新的形状图层"形状1"。

09 选择路径选择工具▸，按住Alt+Shift组合键的同时，垂直向下拖曳直线到适当的位置，复制直线，效果如图7-10所示。

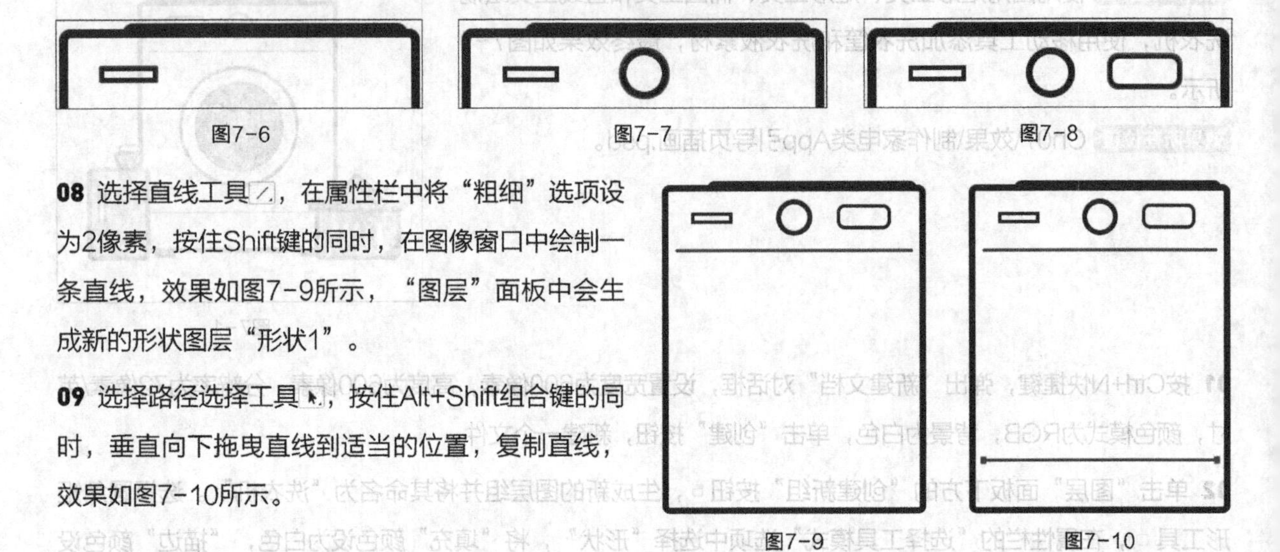

图7-9　图7-10

10 选择椭圆工具◯，按住Shift键的同时，在图像窗口中绘制一个圆形。在属性栏中将描边宽度设为6像素，效果如图7-11所示，"图层"控制面板中会生成新的形状图层"椭圆2"。

11 按Ctrl+J快捷键，复制"椭圆2"图层，生成新的图层"椭圆2 拷贝"。按Ctrl+T快捷键，圆形周围出现变换框，单击属性栏中的"保持长宽比"按钮⊝，按住Alt键的同时，向内拖曳变换框，等比例缩小圆形，如图7-12所示，按Enter键确认操作，效果如图7-13所示。

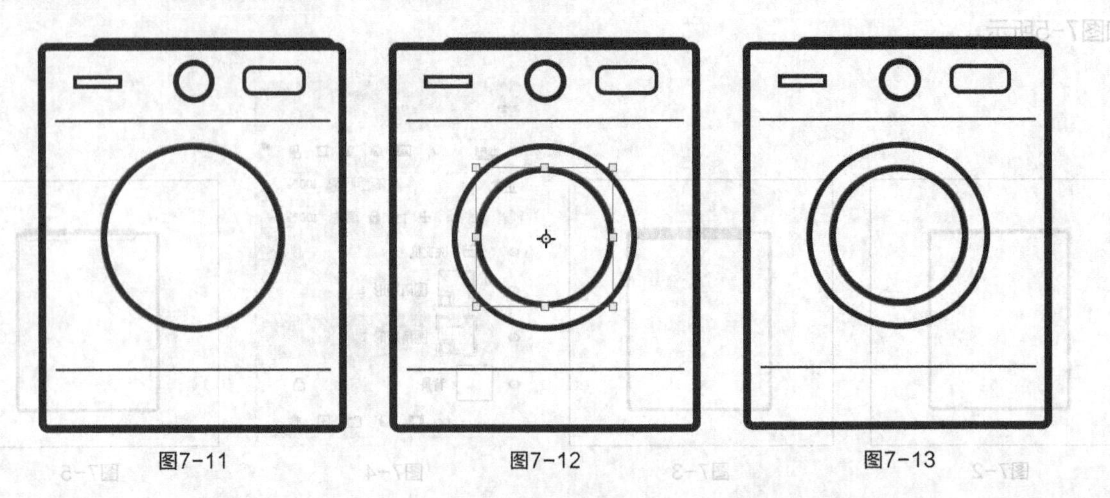

图7-11　图7-12　图7-13

12 在属性栏中将“填充”颜色设为蓝色（RGB的值为61、91、117），描边宽度设为4像素，效果如图7-14所示。用相同的方法复制其他圆形，并填充相应的颜色，效果如图7-15所示。

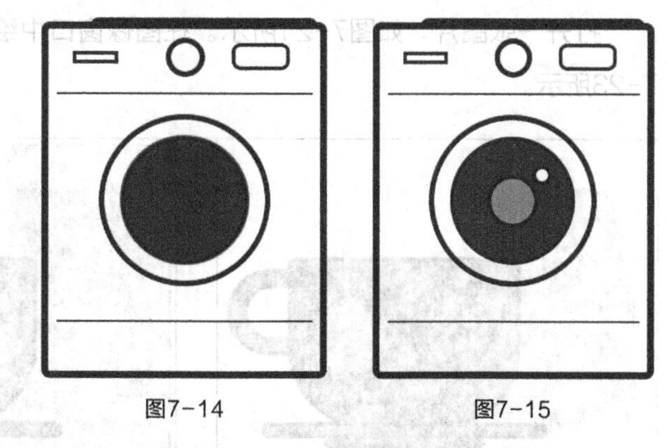

图7-14　　图7-15

13 选择矩形工具，在图像窗口中绘制一个矩形。在属性栏中将“填充”颜色设为海蓝色（RGB的值为53、65、78），“描边”颜色设为无，效果如图7-16所示，“图层”面板中会生成新的形状图层“矩形2”。

14 选择移动工具，按住Alt+Shift组合键的同时，拖曳矩形到适当的位置，复制矩形，效果如图7-17所示。单击“洗衣机”图层组左侧的三角形图标，将“洗衣机”图层组折叠。

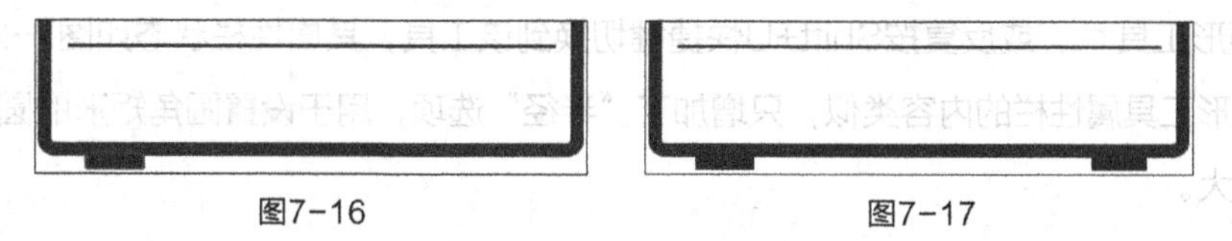

图7-16　　图7-17

15 按Ctrl+O快捷键，打开本书学习资源中的“Ch07\素材\制作家电类App引导页插画\01、02”文件，选择移动工具，分别将01和02图像拖曳到当前图像中适当的位置，效果如图7-18所示。“图层”面板中会生成两个新的图层，将其分别命名为“洗衣筐”和“洗衣液”，如图7-19所示。家电类App引导页插画制作完成。

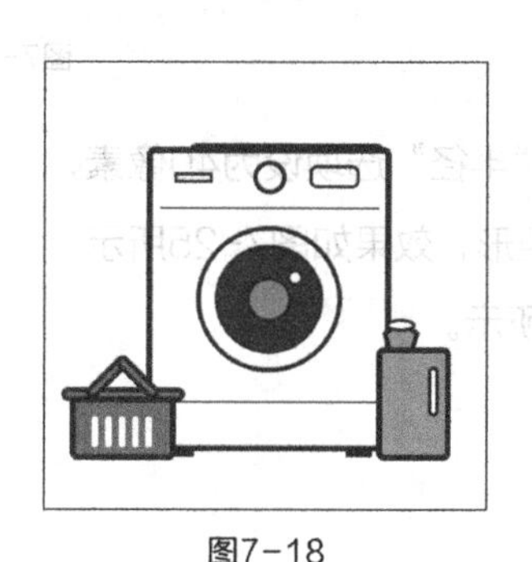

图7-18

图7-19

7.1.2 矩形工具

选择矩形工具，或反复按Shift+U快捷键切换到该工具，其属性栏状态如图7-20所示。

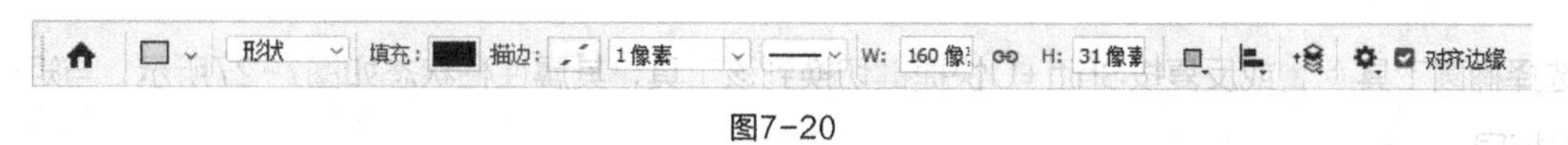

图7-20

形状：用于选择工具的模式，包括“形状”“路径”“像素”。填充、描边、1像素：用于设置矩形的填充色、描边色、描边宽度和描边类型。W: 160像素 H: 31像素：用于设置矩形的宽度和高度。：用于设置路径的组合方式、对齐方式和排列方式。：用于设置所绘图形的路径选项。对齐边缘：用于设置形状边缘是否对齐像素网格。

打开一张图片，如图7-21所示。在图像窗口中绘制矩形，效果如图7-22所示，“图层”面板如图7-23所示。

图7-21　图7-22　图7-23

7.1.3 圆角矩形工具

选择圆角矩形工具▢，或反复按Shift+U快捷键切换到该工具，其属性栏状态如图7-24所示。其属性栏中的内容与矩形工具属性栏的内容类似，只增加了“半径”选项，用于设置圆角矩形的圆角半径，数值越大，圆角半径越大。

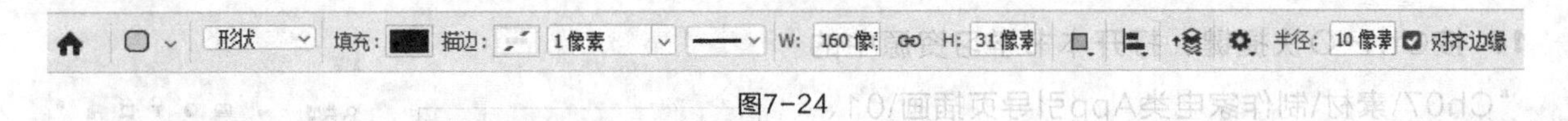

图7-24

打开一张图片。将“半径”选项设为40像素，在图像窗口中绘制圆角矩形，效果如图7-25所示，“图层”面板如图7-26所示。

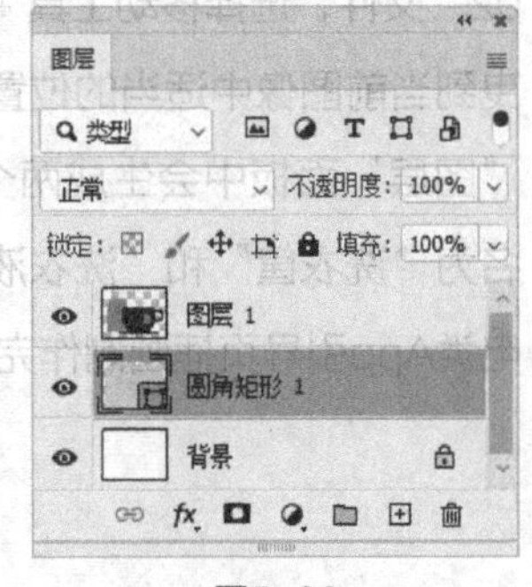

图7-25　图7-26

7.1.4 椭圆工具

选择椭圆工具◯，或反复按Shift+U快捷键切换到该工具，其属性栏状态如图7-27所示，与矩形工具属性栏相同。

图7-27

打开一张图片。在图像窗口中绘制椭圆形，效果如图7-28所示，“图层”面板如图7-29所示。

图7-28

图7-29

7.1.5 多边形工具

选择多边形工具，或反复按Shift+U快捷键切换到该工具，其属性栏状态如图7-30所示。其属性栏中的内容与矩形工具属性栏的内容类似，只增加了“边”选项，用于设置多边形的边数。

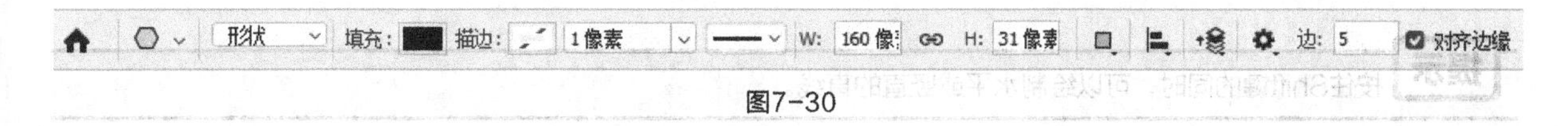

图7-30

打开一张图片。单击属性栏中的按钮，在弹出的面板中设置路径选项，如图7-31所示。在图像窗口中绘制星形，效果如图7-32所示，“图层”面板如图7-33所示。

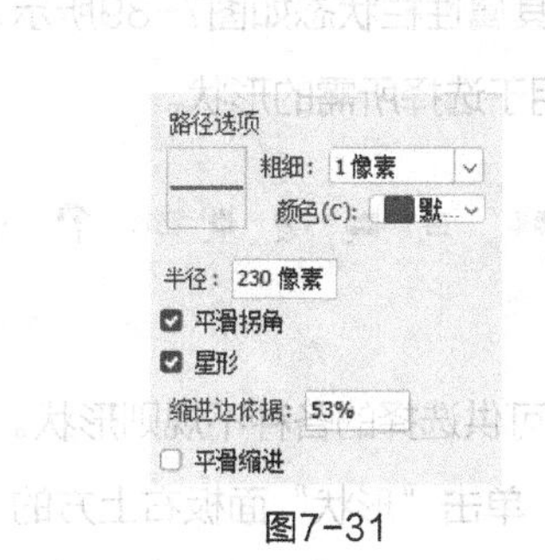

图7-31

图7-32

图7-33

7.1.6 直线工具

选择直线工具，或反复按Shift+U快捷键切换到该工具，其属性栏状态如图7-34所示。其属性栏中的内容与矩形工具属性栏的内容类似，只增加了“粗细”选项，用于设置直线的粗细。

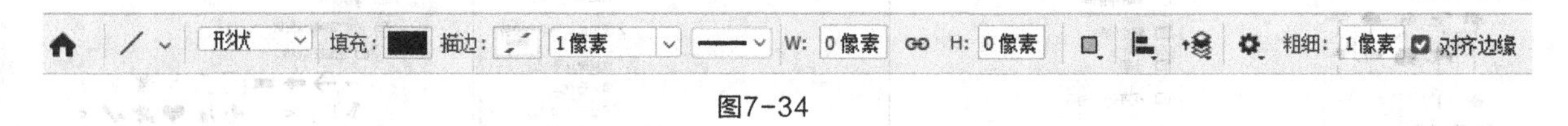

图7-34

单击属性栏中的按钮，弹出路径选项面板，如图7-35所示。

起点：用于设置线段始端是否添加箭头。终点：用于设置线段末端是否添加箭头。宽度：用于设置箭头宽度和线段宽度的百分比值。长度：用于设置箭头长度和线段宽度的百分比值。凹度：用于设置箭头凹凸程度。

打开一张图片，如图7-36所示。在图像窗口中绘制不同效果的直线，如图7-37所示，“图层”面板如图7-38所示。

图7-35　图7-36　图7-37　图7-38

提示 按住Shift键的同时，可以绘制水平或竖直的直线。

7.1.7 自定形状工具

选择自定形状工具，或反复按Shift+U快捷键切换到该工具，其属性栏状态如图7-39所示。其属性栏中的内容与矩形工具属性栏的内容类似，只增加了“形状”选项，用于选择所需的形状。

图7-39

单击“形状”选项，弹出图7-40所示的形状面板，面板中列出了可供选择的各种不规则形状。

选择“窗口 > 形状”命令，弹出“形状”面板，如图7-41所示。单击“形状”面板右上方的≡图标，弹出面板菜单，如图7-42所示。选择“旧版形状及其他”命令即可添加旧版形状，如图7-43所示。

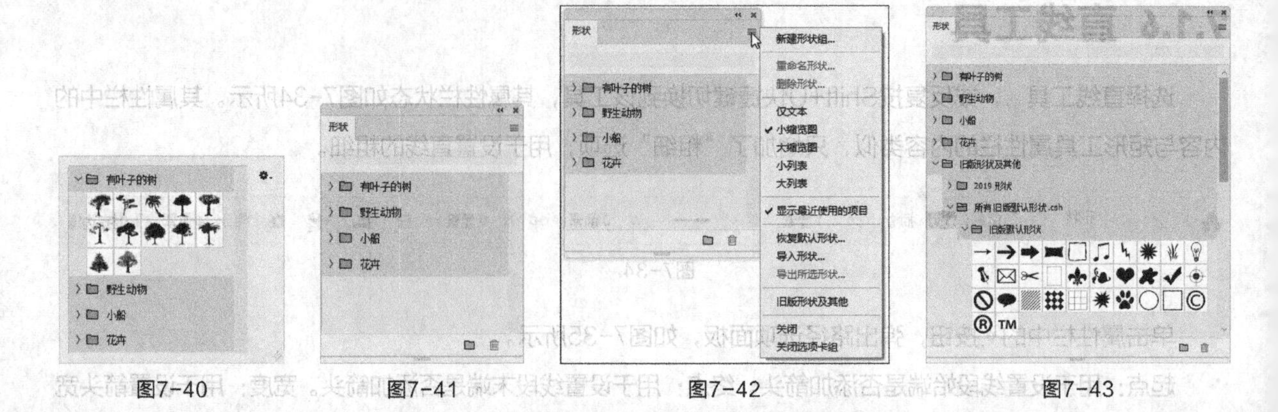

图7-40　图7-41　图7-42　图7-43

打开一张图片，如图7-44所示。在图像窗口中绘制拼贴图形，效果如图7-45所示，“图层”面板如图7-46所示。

图7-44

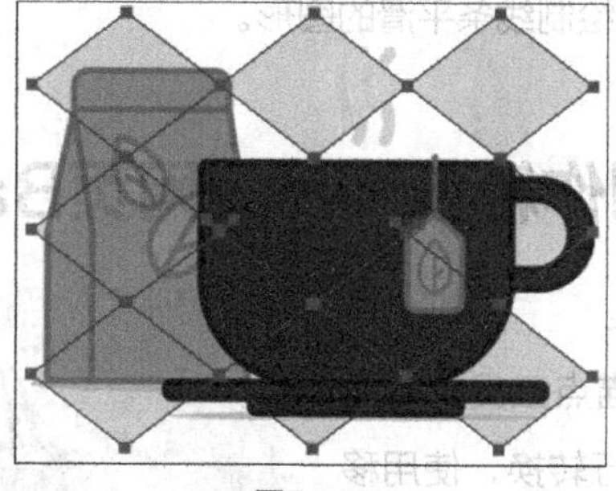

图7-45

图7-46

选择钢笔工具，在图像窗口中绘制并填充路径，如图7-47所示。选择“编辑 > 定义自定形状”命令，弹出“形状名称”对话框，在“名称”文本框中输入自定形状的名称，如图7-48所示，单击“确定”按钮，“形状”面板中会显示刚才定义的形状，如图7-49所示。

图7-47

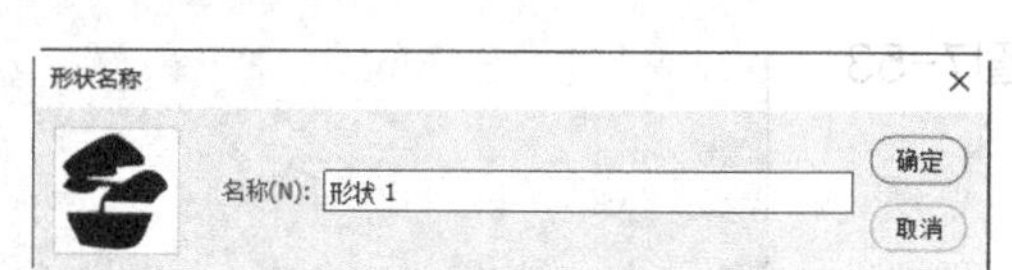

图7-48

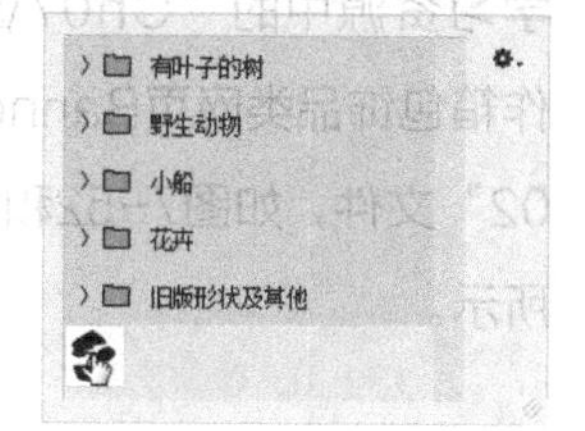

图7-49

7.1.8 “属性”面板

绘制图形后选择的形状工具不同，“属性”面板也有所不同，可以使用“属性”面板调整图形的大小、位置、填色、描边、角半径等属性，如图7-50所示。

W/H：可以设置图形的宽度和高度。X/Y：可以设置水平和垂直位置。1像素：可以设置填充颜色、描边颜色、描边宽度和描边样式。：可以设置描边与路径的对齐方式、描边的端点样式和路径转折处的转折样式。角半径：可以设置角半径的大小。：可以设置路径的组合方式。

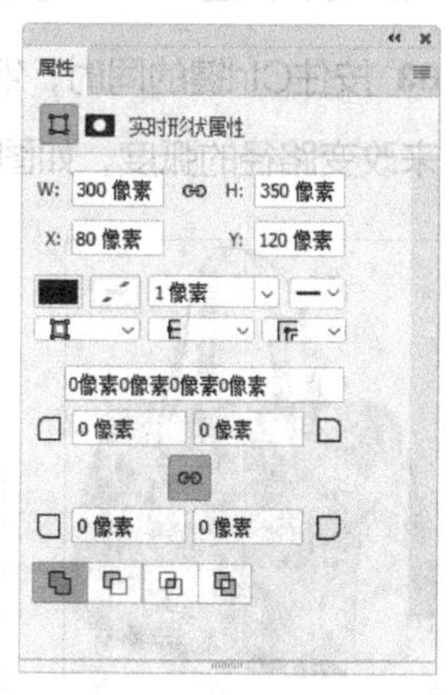

图7-50

7.2 绘制和选取路径

路径对于Photoshop高手来说是一个非常得力的助手。使用路径可以进行复杂图像的选取，也可以存储选取的区域以备再次使用，还可以绘制线条平滑的图形。

7.2.1 课堂案例——制作箱包饰品类网页Banner

案例学习目标 使用钢笔工具抠出皮包。

案例知识要点 使用钢笔工具和添加锚点工具绘制路径，使用选区和路径的转换命令进行转换，使用移动工具添加宣传文字素材，最终效果如图7-51所示。

图7-51

效果所在位置 Ch07\效果\制作箱包饰品类网页Banner. psd。

01 按Ctrl+O快捷键，打开本书学习资源中的"Ch07\素材\制作箱包饰品类网页Banner\01、02"文件，如图7-52和图7-53所示。

图7-52

图7-53

02 选择钢笔工具，在属性栏的"选择工具模式"选项中选择"路径"，在02图像窗口中沿着皮包轮廓绘制路径，如图7-54所示。

03 按住Ctrl键的同时，钢笔工具转换为直接选择工具，如图7-55所示。拖曳路径中的锚点和控制手柄来改变路径的弧度，如图7-56所示。

图7-54

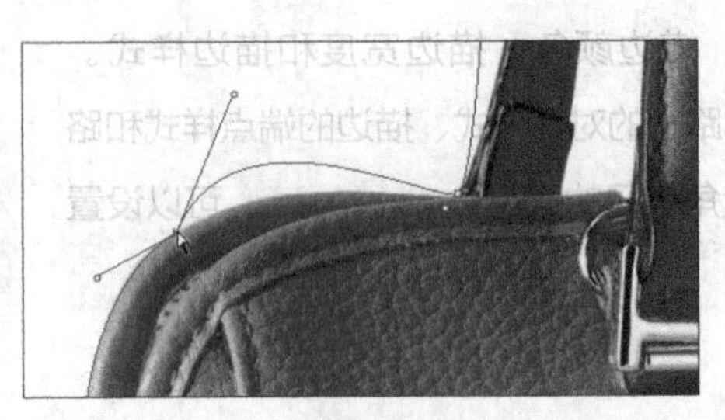

图7-55

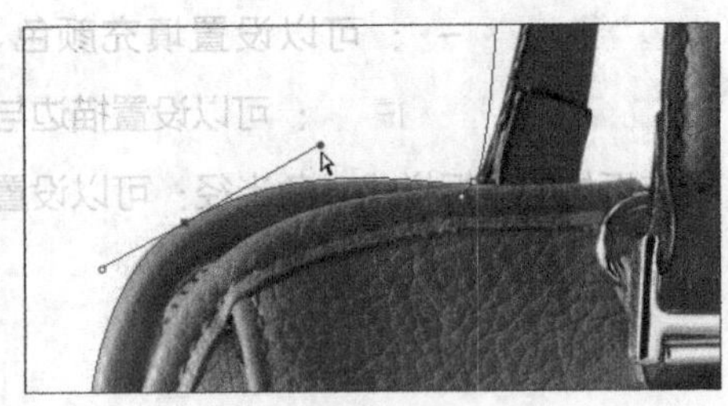

图7-56

04 将鼠标指针移动到路径上，钢笔工具转换为添加锚点工具，如图7-57所示。在路径上单击可添加锚点，如图7-58所示。

05 按住Ctrl键的同时，钢笔工具转换为直接选择工具，拖曳路径中的锚点和控制手柄来改变路径的弧度，如图7-59所示。

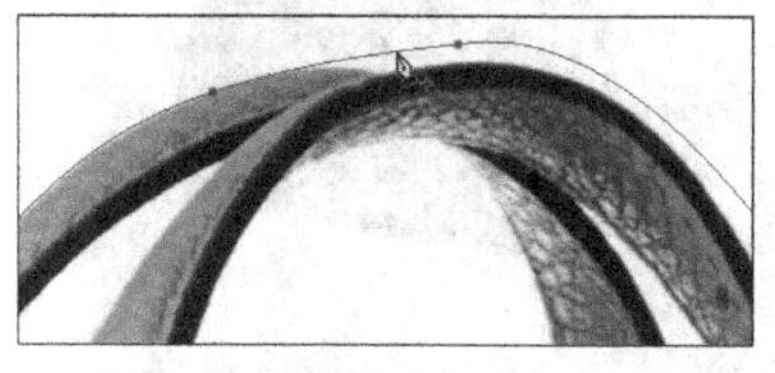
图7-57

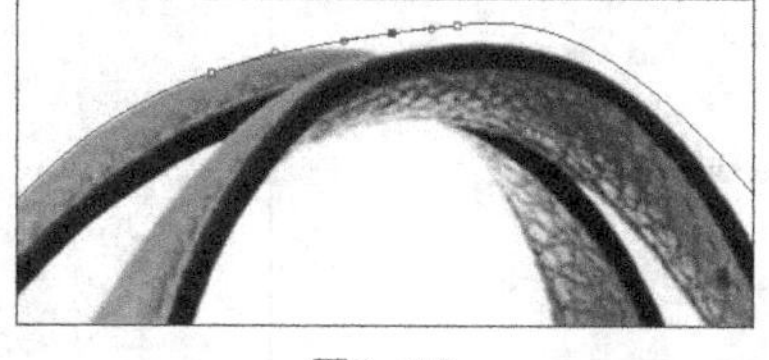
图7-58

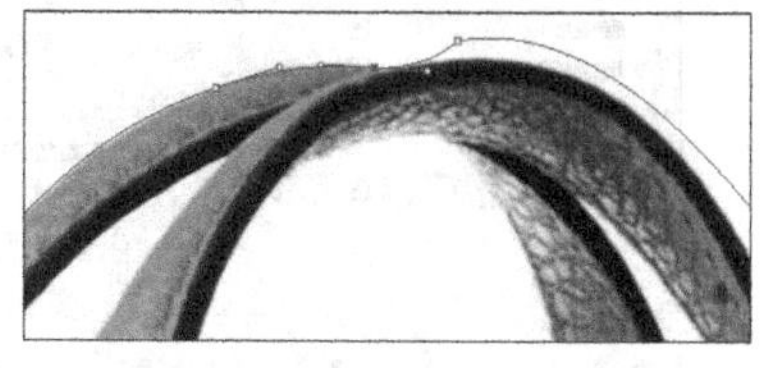
图7-59

06 用相同的方法调整路径，效果如图7-60所示。单击属性栏中的“路径操作”按钮，在弹出的面板中选择“排除重叠形状”选项。用上述方法分别绘制并调整路径，效果如图7-61所示。按Ctrl+Enter快捷键，将路径转换为选区，如图7-62所示。

图7-60

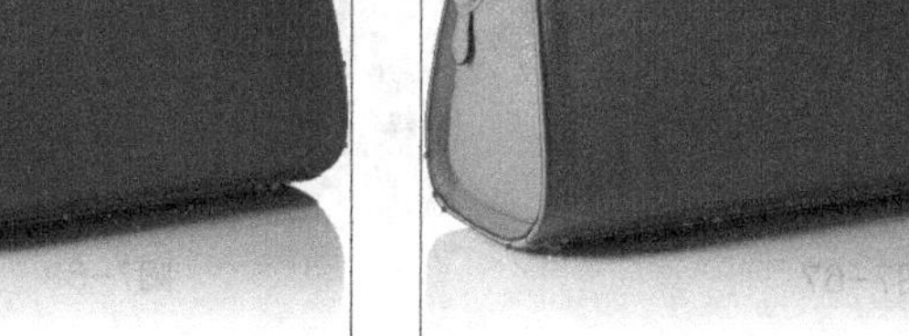
图7-61

图7-62

07 选择移动工具，将选区中的图像拖曳到01图像窗口中适当的位置并调整大小，如图7-63所示，“图层”面板中会生成新的图层，将其命名为“包”。

图7-63

08 单击“图层”面板下方的“添加图层样式”按钮，在弹出的菜单中选择“投影”命令，在弹出的对话框中进行设置，如图7-64所示，单击“确定”按钮，效果如图7-65所示。

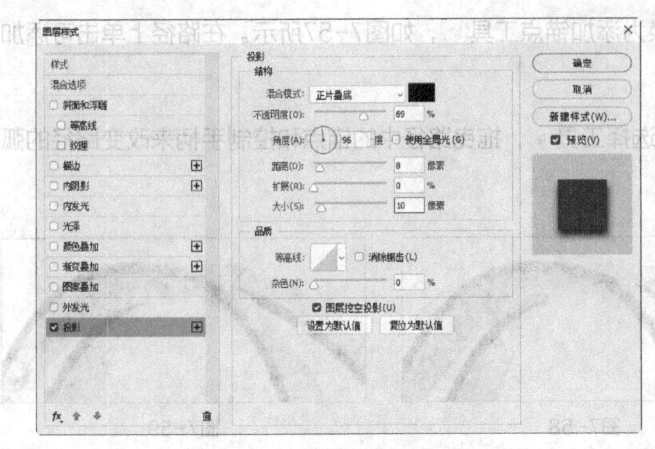
图7-64

图7-65

09 选择“图像 > 调整 > 色彩平衡”命令，在弹出的对话框中进行设置，如图7-66所示，单击“确定”按钮，效果如图7-67所示。

10 按Ctrl+O快捷键，打开本书学习资源中的“Ch07\素材\制作箱包饰品类网页Banner\03”文件。选择移动工具 ，将03图像拖曳到01图像窗口中适当的位置，如图7-68所示，“图层”面板中会生成新的图层，将其命名为“文字”。箱包饰品类网页Banner制作完成。

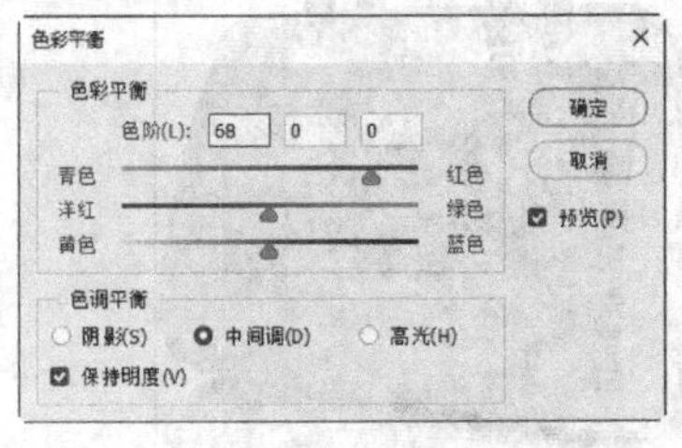
图7-66

图7-67

图7-68

7.2.2 钢笔工具

选择钢笔工具 ，或反复按Shift+P快捷键切换到该工具，其属性栏状态如图7-69所示。

图7-69

按住Shift键创建锚点时，系统将强制以45°或45°整数倍的角度绘制路径。按住Alt键，当鼠标指针移到锚点上时，暂时将钢笔工具 转换为转换点工具 。按住Ctrl键，暂时将钢笔工具 转换成直接选择工具 。

绘制直线：新建一个文件，选择钢笔工具 。在属性栏的“选择工具模式”选项中选择“路径”选项，钢笔工具 绘制的将是路径；如果选择“形状”选项，将绘制出形状图形。勾选“自动添加/删除”复选框，可以在选取的路径上自动添加和删除锚点。

在图像中任意位置单击，创建一个锚点，将鼠标指针移动到其他位置再次单击，创建第2个锚点，两个锚点之间自动以直线进行连接，如图7-70所示。再将鼠标指针移动到其他位置单击，创建第3个锚点，系统将在第2个锚点和第3个锚点之间生成一条新的直线路径，如图7-71所示。

将鼠标指针移至第2个锚点上，钢笔工具 暂时转换成删除锚点工具 ，如图7-72所示；在锚点上单击，即可将第2个锚点删除，如图7-73所示。

图7-70

图7-71

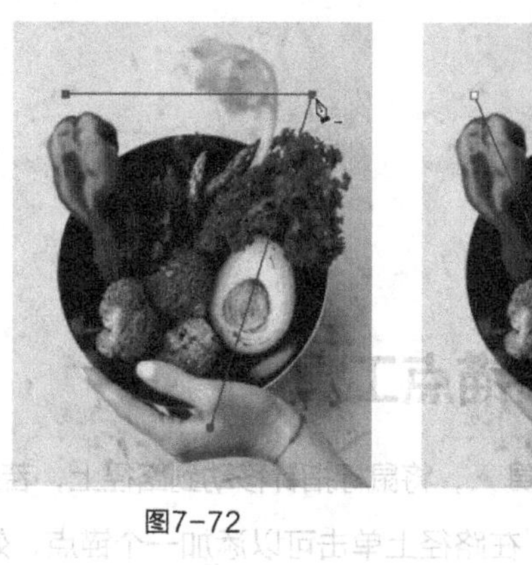
图7-72

图7-73

绘制曲线：选择钢笔工具 ，单击建立新的锚点并按住鼠标左键，拖曳鼠标，建立曲线段和曲线锚点，如图7-74所示。释放鼠标左键，按住Alt键的同时，单击刚建立的曲线锚点，如图7-75所示，将其转换为直线锚点，在其他位置再次单击建立一个新的锚点，即可在曲线段后绘制出直线，如图7-76所示。

图7-74

图7-75

图7-76

7.2.3 自由钢笔工具

选择自由钢笔工具 ，其属性栏状态如图7-77所示。

图7-77

在图形上按住鼠标左键确定最初的锚点，沿图像小心地拖曳鼠标，确定其他的锚点，如图7-78所示。如果在选择中存在误差，只需要使用其他路径工具对路径进行修改和调整，就可以补救，如图7-79所示。

图7-78

图7-79

7.2.4 添加锚点工具

选择钢笔工具，将鼠标指针移动到路径上，若此处没有锚点，则钢笔工具转换成添加锚点工具，如图7-80所示；在路径上单击可以添加一个锚点，效果如图7-81所示。

选择钢笔工具，将鼠标指针移动到路径上，若此处没有锚点，则钢笔工具转换成"添加锚点"工具，如图7-82所示；按住鼠标左键不放，向上拖曳鼠标，建立曲线段和曲线锚点，效果如图7-83所示。

图7-80

图7-81

图7-82

图7-83

7.2.5 删除锚点工具

选择钢笔工具，将鼠标指针移动到路径的锚点上，则钢笔工具转换成"删除锚点"工具，如图7-84所示；单击锚点将其删除，效果如图7-85所示。

选择钢笔工具，将鼠标指针移动到曲线路径的锚点上，单击锚点也可以将其删除。

图7-84

图7-85

7.2.6 转换点工具

选择钢笔工具，在图像窗口中绘制三角形路径，当要闭合路径时，鼠标指针变为形状，如图7-86所示，单击即可闭合路径，完成三角形路径的绘制，如图7-87所示。

图7-86

图7-87

选择转换点工具，将鼠标指针放置在三角形左上角的锚点上，如图7-88所示，将其向右上方拖曳形成曲线锚点，如图7-89所示。用相同的方法，将三角形的其他锚点转换为曲线锚点，绘制完成后，路径的效果如图7-90所示。

图7-88

图7-89

图7-90

7.2.7 选区和路径的转换

1. 将选区转换为路径

在图像上绘制选区，如图7-91所示。单击“路径”面板右上方的≡图标，在弹出的菜单中选择“建立工作路径”命令，弹出“建立工作路径”对话框，“容差”选项用于设置转换时误差的允许范围，数值越小越精确，路径上的关键点也越多。如果要编辑生成的路径，最好将“容差”选项设置为2像素，如图7-92所示，单击“确定”按钮，将选区转换为路径，效果如图7-93所示。

单击“路径”面板下方的“从选区生成工作路径”按钮，也可将选区转换为路径。

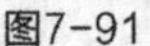

图7-91

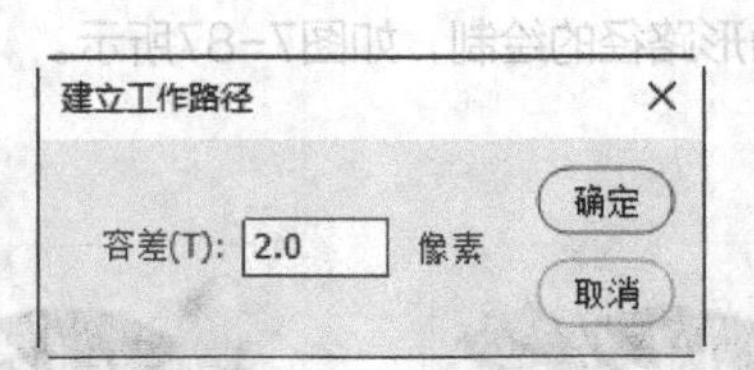

图7-92

图7-93

2. 将路径转换为选区

在图像中创建路径，如图7-94所示。单击“路径”面板右上方的≡图标，在弹出的菜单中选择“建立选区”命令，弹出“建立选区”对话框，如图7-95所示。设置完成后，单击“确定”按钮，将路径转换为选区，效果如图7-96所示。

单击“路径”面板下方的“将路径作为选区载入”按钮 ，也可将路径转换为选区。

图7-94

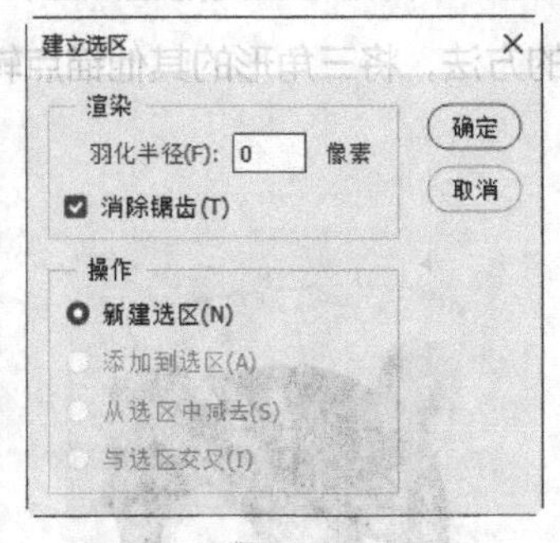

图7-95

图7-96

7.2.8 “路径”面板

绘制一条路径。选择“窗口 > 路径”命令，打开“路径”面板，如图7-97所示。单击“路径”面板右上方的≡图标，弹出其面板菜单，如图7-98所示。在“路径”面板的底部有7个按钮，如图7-99所示。

图7-97

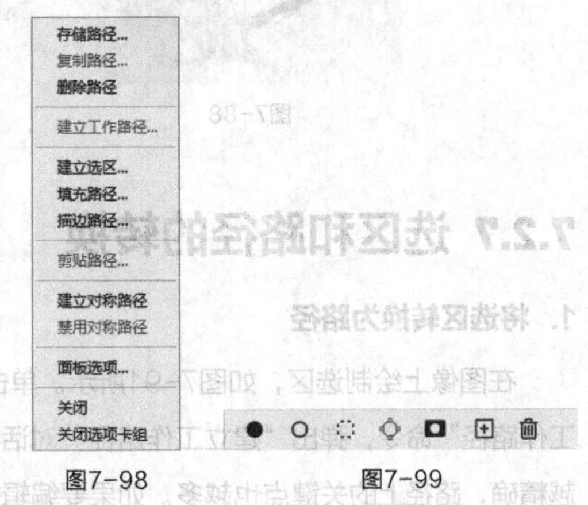

图7-98

图7-99

用前景色填充路径 ：单击此按钮，将对当前选中的路径进行填充。如果被填充的路径为开放路径，Photoshop将自动把路径的两个端点以直线连接，然后进行填充。如果只有一条开放的线段路径，则不能进行填充。按住Alt键的同时，单击此按钮，将弹出“填充路径”对话框。

用画笔描边路径○：单击此按钮，将使用当前景色和“描边路径”对话框中设置的工具对路径进行描边。按住Alt键的同时，单击此按钮，将弹出“描边路径”对话框。

将路径作为选区载入◌：单击此按钮，将把当前路径所圈选的范围转换为选择区域。按住Alt键的同时，单击此按钮，将弹出“建立选区”对话框。

从选区生成工作路径◇：单击此按钮，将把当前的选区转换成路径。按住Alt键的同时，单击此按钮，将弹出“建立工作路径”对话框。

添加图层蒙版◘：用于为当前图层添加蒙版。

创建新路径⊞：用于创建一个新的路径图层。按住Alt键的同时，单击此按钮，将弹出“新建路径”对话框。

删除当前路径🗑：用于删除当前路径图层。直接拖曳“路径”面板中的一个路径图层到此按钮上，可将整个路径图层全部删除。

7.2.9 新建路径

单击“路径”面板右上方的≡图标，弹出其面板菜单，选择“新建路径”命令，弹出“新建路径”对话框，如图7-100所示。

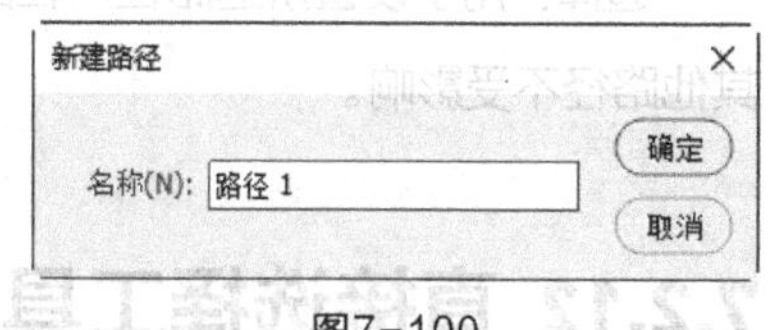

图7-100

名称：用于设置新路径的名称。

单击“路径”面板下方的“创建新路径”按钮⊞，也可以创建一个新路径图层。按住Alt键的同时，单击“创建新路径”按钮⊞，将弹出“新建路径”对话框，设置完成后，单击“确定”按钮也可以创建路径图层。

7.2.10 复制、删除、重命名路径

1. 复制路径

单击“路径”面板右上方的≡图标，弹出其面板菜单，选择“复制路径”命令，弹出“复制路径”对话框，如图7-101所示。在“名称”选项中设置复制出的路径名称，单击“确定”按钮，“路径”面板如图7-102所示。

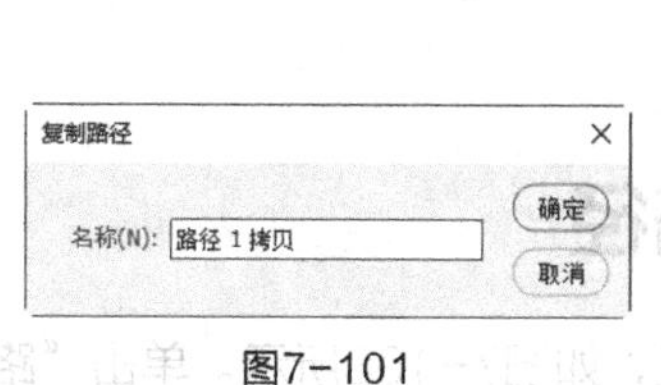

图7-101

图7-102

将要复制的路径拖曳到“路径”面板下方的“创建新路径”按钮⊞上，即可将所选的路径复制。

2. 删除路径

单击“路径”面板右上方的≡图标，弹出其面板菜单，选择“删除路径”命令，即可将路径层删除；也可以选择需要删除的路径层，单击控制面板下方的“删除当前路径”按钮🗑，即可将选择的路径层删除。

3. 重命名路径

双击“路径”面板中的路径名，出现重命名路径文本框，如图7-103所示，更改名称后按Enter键确认即可，如图7-104所示。

图7-103

图7-104

7.2.11 路径选择工具

路径选择工具可以选择单个或多个路径，同时还可以用来组合、对齐和分布路径。

选择路径选择工具，或反复按Shift+A快捷键切换到该工具，其属性栏状态如图7-105所示。

图7-105

选择：用于设置所选路径所在的图层。约束路径拖动：勾选此复选框，可以只移动两个锚点间的路径，其他路径不受影响。

7.2.12 直接选择工具

直接选择工具可以移动路径中的锚点或线段，还可以调整手柄和控制点。

路径的原始效果如图7-106所示。选择直接选择工具，拖曳路径中的锚点可改变路径的弧度，如图7-107所示。

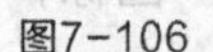
图7-106

图7-107

7.2.13 填充路径

在图像中创建路径，如图7-108所示。单击“路径”面板右上方的≡图标，在弹出的菜单中选择“填充路径”命令，弹出“填充路径”对话框，如图7-109所示。设置完成后，单击“确定”按钮，效果如图7-110所示。

图7-108

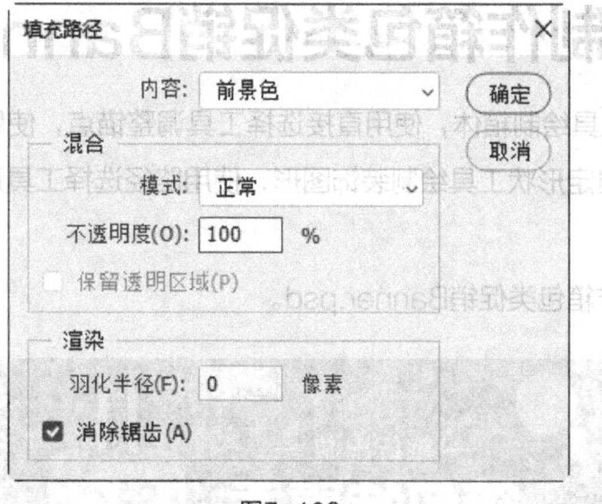

图7-109

图7-110

单击“路径”面板下方的“用前景色填充路径”按钮●，也可以填充路径。按住Alt键的同时，单击“用前景色填充路径”按钮●，将弹出“填充路径”对话框，设置完成后，单击“确定”按钮，也可以填充路径。

7.2.14 描边路径

在图像中创建路径，如图7-111所示。单击“路径”面板右上方的≡图标，在弹出的菜单中选择“描边路径”命令，弹出“描边路径”对话框。“工具”下拉列表中共有19种工具，若选择了画笔工具，在画笔工具属性栏中设置的画笔类型将直接影响此处的描边效果。

“描边路径”对话框中的设置如图7-112所示，单击“确定”按钮，效果如图7-113所示。

图7-111

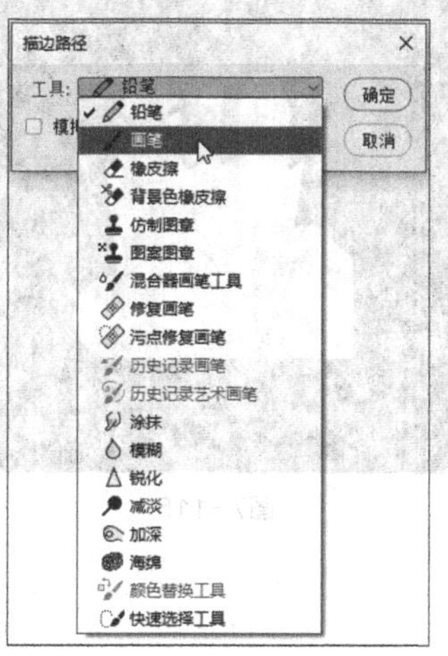

图7-112

图7-113

单击“路径”面板下方的“用画笔描边路径”按钮○，也可以为路径描边。按住Alt键的同时，单击“用画笔描边路径”按钮○，将弹出“描边路径”对话框，设置完成后，单击“确定”按钮，也可以为路径描边。

课堂练习——制作箱包类促销Banner

练习知识要点 使用圆角矩形工具绘制箱体，使用直接选择工具调整锚点，使用矩形工具和椭圆工具绘制拉杆和脚轮，使用多边形工具和自定形状工具绘制装饰图形，使用路径选择工具选取和复制图形，最终效果如图7-114所示。

效果所在位置 Ch07\效果\制作箱包类促销Banner.psd。

图7-114

课后习题——绘制购物引导页插画

习题知识要点 使用钢笔工具和绘图工具绘制饮料、面包和牛奶，使用直接选择工具调整形状，使用移动工具添加素材，最终效果如图7-115所示。

效果所在位置 Ch07\效果\绘制购物引导页插画. psd。

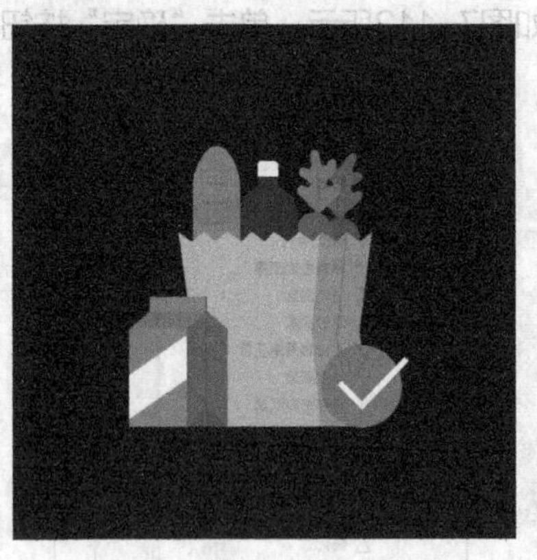

图7-115

第 8 章

调整图像的色彩和色调

本章介绍

本章主要介绍调整图像色彩与色调的多种命令。通过学习本章内容，读者可以根据不同的需要应用多种调整命令对图像的色彩或色调进行细微的调整，还可以对图像进行特殊的颜色处理。

学习目标

- ●熟练掌握调整图像色彩与色调的方法。
- ●掌握特殊颜色的处理技巧。

技能目标

- ●掌握“化妆品网店详情页主图”的调整方法。
- ●掌握“时尚女孩照片模板图”的调整方法。
- ●掌握“冬日雪景效果海报”的制作方法。

8.1 常用色调处理功能

调整图像的色调是Photoshop的强项，也是必须要掌握的一项功能。在实际的设计制作中，经常会用到这项功能。

8.1.1 课堂案例——调整化妆品网店详情页主图

案例学习目标 使用“调整”命令调整化妆品网店详情页主图。

案例知识要点 使用“曝光度”“曲线”“亮度/对比度”命令调整化妆品的颜色，最终效果如图8-1所示。

效果所在位置 Ch08\效果\调整化妆品网店详情页主图.psd。

图8-1

01 按Ctrl+O快捷键，打开本书学习资源中的“Ch08\素材\调整化妆品网店详情页主图\01”文件，如图8-2所示。将“背景”图层拖曳到“图层”面板下方的“创建新图层”按钮上进行复制，生成新的图层“背景拷贝”。选择“图像 > 调整 > 曝光度”命令，在弹出的对话框中进行设置，如图8-3所示，单击“确定”按钮，效果如图8-4所示。

图8-2

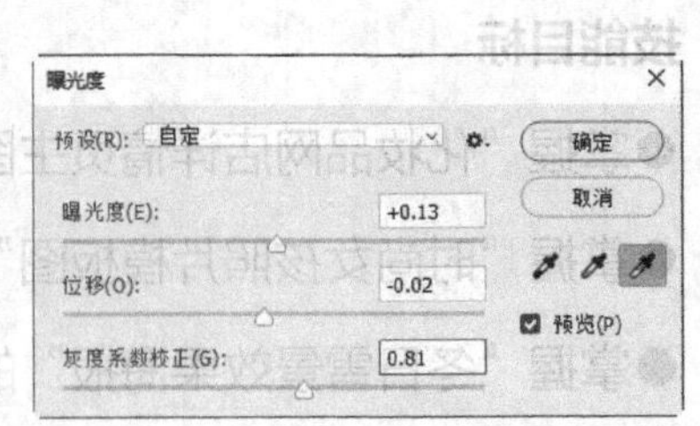

图8-3

图8-4

02 选择“图像 > 调整 > 曲线”命令，弹出对话框，在曲线上单击添加控制点，将“输入”选项设为200，“输出”选项设为219；再次单击添加控制点，将“输入”选项设为67，“输出”选项设为41，如图8-5所示，单击“确定”按钮，效果如图8-6所示。

03 选择“图像 > 调整 > 亮度/对比度”命令，在弹出的对话框中进行设置，如图8-7所示，单击“确定”按钮，效果如图8-8所示。

04 按Ctrl+O快捷键，打开本书学习资源中的“Ch08\素材\调整化妆品网店详情页主图\02”文件。选择移动工具，将02图像拖曳到01图像窗口中适当的位置，如图8-9所示，“图层”面板中会生成新的图层，将其命名为“装饰”。化妆品网店详情页主图调整完成。

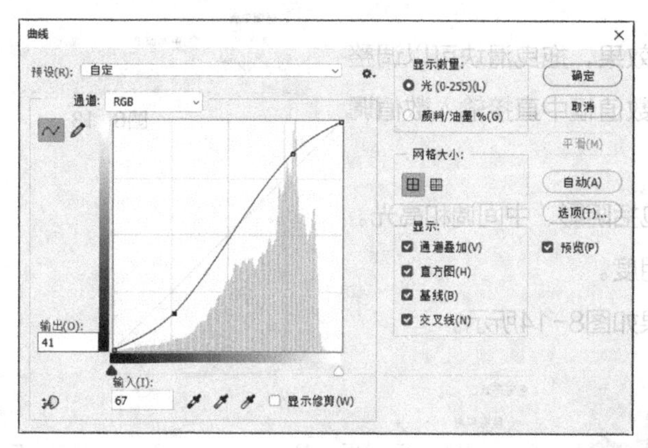

图8-5

图8-6

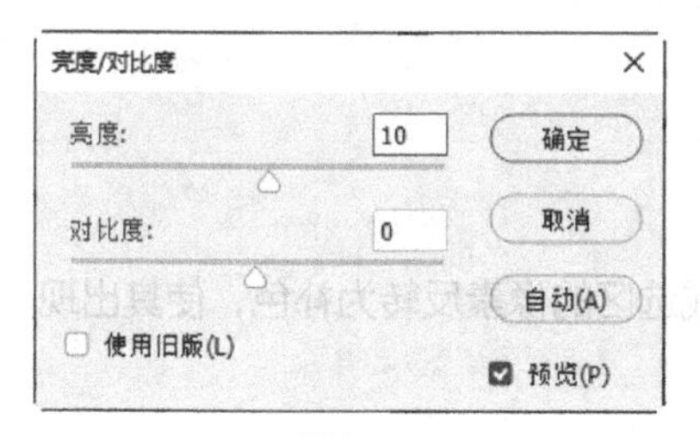

图8-7

图8-8

图8-9

8.1.2 亮度/对比度

“亮度/对比度”命令可以调整图像的亮度和对比度。

打开一张图片，如图8-10所示。选择“图像 > 调整 > 亮度/对比度”命令，弹出“亮度/对比度”对话框，设置如图8-11所示，单击“确定”按钮，效果如图8-12所示。

图8-10

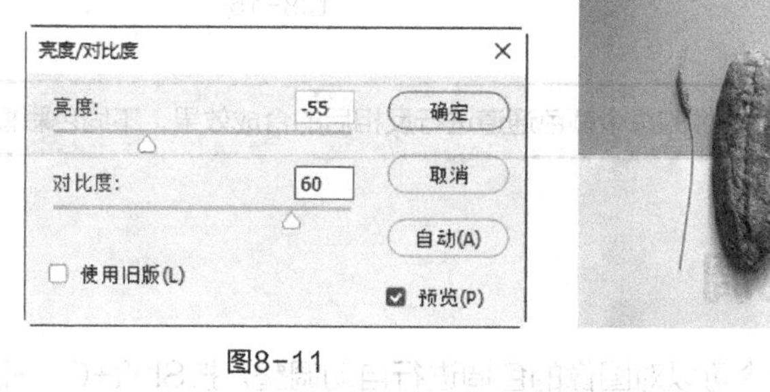

图8-11

图8-12

8.1.3 色彩平衡

选择“图像 > 调整 > 色彩平衡”命令，或按Ctrl+B快捷键，弹出“色彩平衡”对话框，如图8-13所示。

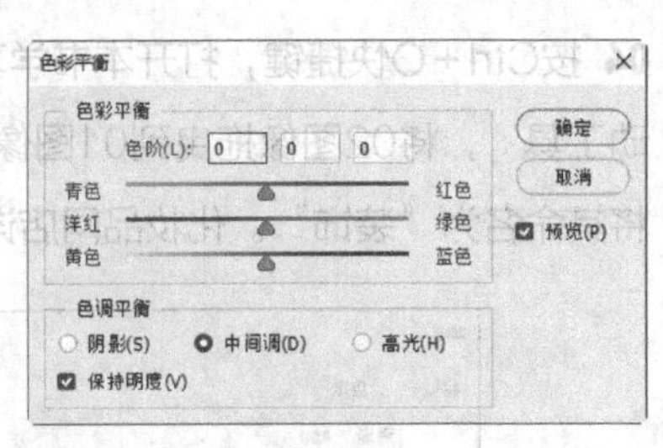

图8-13

色彩平衡：用于添加过渡色来平衡色彩效果，拖曳滑块可以调整整个图像的色彩，也可以在“色阶”选项的数值框中直接输入数值调整图像的色彩。

色调平衡：用于选取图像的调整区域，包括阴影、中间调和高光。

保持明度：勾选后，用于保持原图像的明度。

设置不同的色彩平衡参数值后，图像效果如图8-14所示。

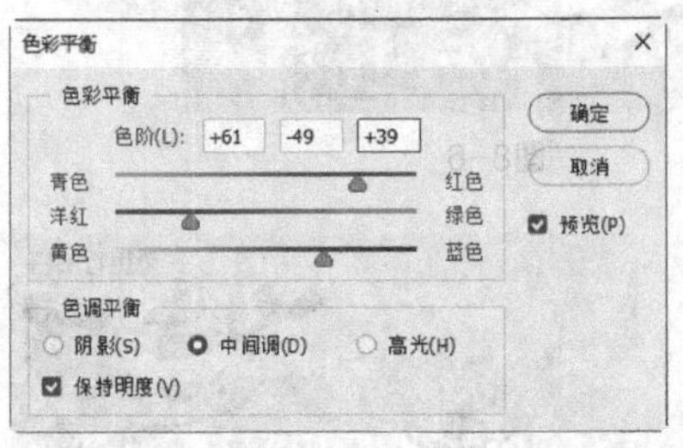

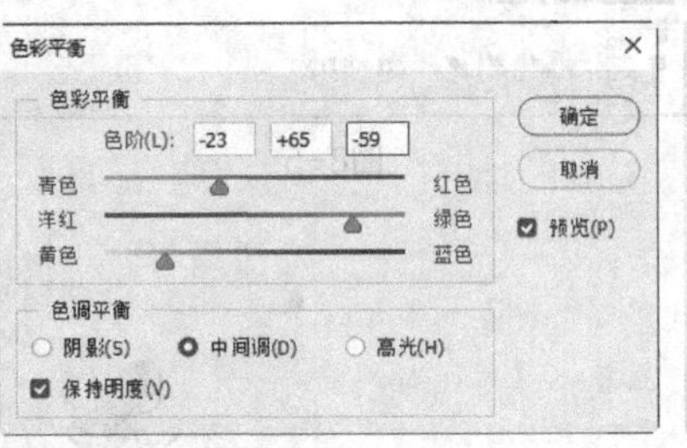

图8-14

8.1.4 反相

选择“图像 > 调整 > 反相”命令，或按Ctrl+I快捷键，可以将图像或选区的像素反转为补色，使其出现底片效果。不同色彩模式的图像反相后的效果如图8-15所示。

原图

RGB色彩模式反相后的效果

CMYK色彩模式反相后的效果

图8-15

提示 反相效果是对图像的每个颜色通道进行反相后的合成效果，不同色彩模式的图像反相后的效果是不同的。

8.1.5 自动色调

“自动色调”命令可以对图像的色调进行自动调整。按Shift+Ctrl+L快捷键，可以对图像的色调进行自动调整。

8.1.6 自动对比度

“自动对比度”命令可以对图像的对比度进行自动调整。按Alt+Shift+Ctrl+L快捷键，可以对图像的对比度进行自动调整。

8.1.7 自动颜色

“自动颜色”命令可以对图像的色彩进行自动调整。按Shift+Ctrl+B快捷键，可以对图像的色彩进行自动调整。

8.1.8 色调均化

“色调均化”命令用于调整图像或选区像素的过黑部分，使图像变得明亮，并将图像中其他的像素平均分配在亮度色谱中。

选择“图像 > 调整 > 色调均化”命令，在不同的色彩模式下图像将产生不同的效果，如图8-16所示。

原始图像

RGB色调均化后的效果

CMYK色调均化后的效果

Lab色调均化后的效果

图8-16

8.1.9 课堂案例——调整时尚女孩照片模板图

案例学习目标 使用图像调整命令调整图片。

案例知识要点 使用“色阶”“色相/饱和度”“照片滤镜”“色彩平衡”命令调整图片的颜色，使用横排文字工具和“字符”面板添加文字，最终效果如图8-17所示。

效果所在位置 Ch08\效果\调整时尚女孩照片模板图.psd。

图8-17

01 按Ctrl+O快捷键，打开本书学习资源中的“Ch08\素材\调整时尚女孩照片模板图\01”文件，如图8-18所示。选择“图像 > 调整 > 色阶”命令，在弹出的对话框中进行设置，如图8-19所示，单击“确定”按钮，效果如图8-20所示。

图8-18

图8-19

图8-20

02 选择“图像 > 调整 > 色相/饱和度”命令，在弹出的对话框中进行设置，如图8-21所示，单击“确定”按钮，效果如图8-22所示。

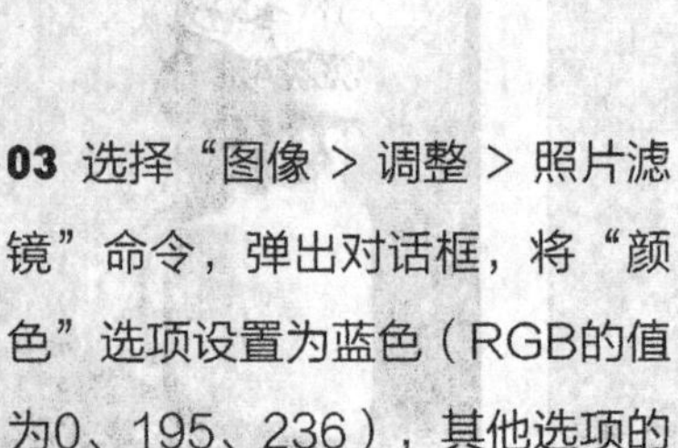

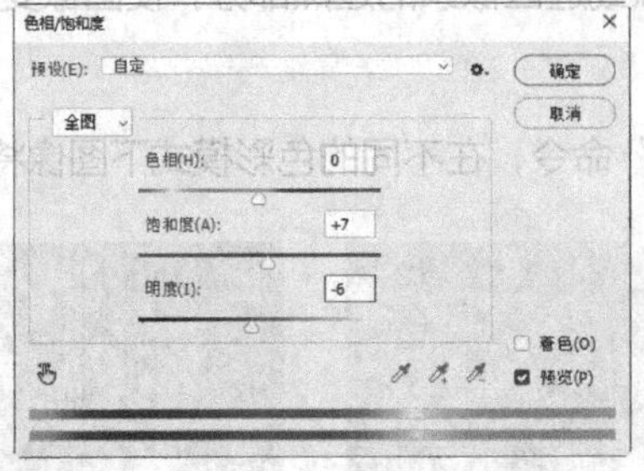

图8-21

图8-22

03 选择“图像 > 调整 > 照片滤镜”命令，弹出对话框，将“颜色”选项设置为蓝色（RGB的值为0、195、236），其他选项的设置如图8-23所示，单击“确定”按钮，效果如图8-24所示。

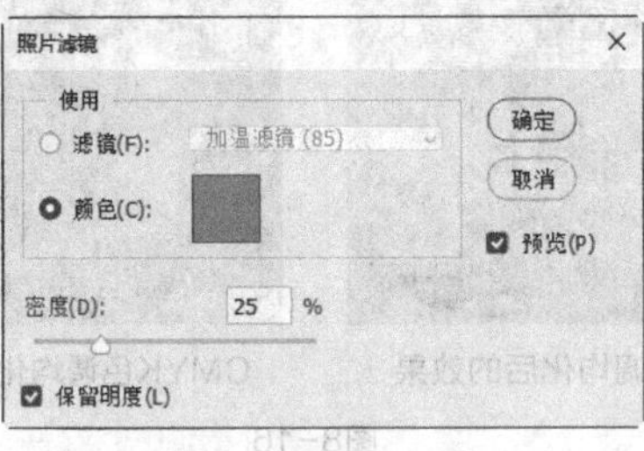

图8-23

图8-24

04 选择“图像 > 调整 > 色彩平衡”命令，在弹出的对话框中进行设置，如图8-25所示，单击“确定”按钮，效果如图8-26所示。

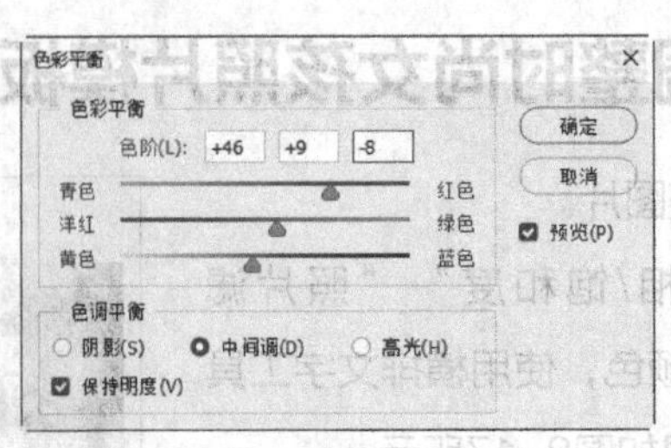

图8-25

图8-26

05 按Ctrl+N快捷键，弹出“新建文档”对话框，设置宽度为28.5cm，高度为16cm，分辨率为150像素/英寸，颜色模式为RGB，背景为白色，单击“创建”按钮，新建一个文件。

06 选择矩形工具，在属性栏的“选择工具模式”选项中选择“形状”，将“填充”颜色设为黑色，“描边”颜色设为无，在图像窗口中绘制一个矩形，如图8-27所示，“图层”面板中会生成新的形状图层“矩形1”。

07 选择移动工具，将01图像拖曳到新建的图像窗口中适当的位置，效果如图8-28所示，“图层”面板中会生成新的图层，将其命名为“人物”。

图8-27

图8-28

08 按Alt+Ctrl+G快捷键，创建剪贴蒙版，如图8-29所示。选择矩形工具，在图像窗口中绘制一个矩形。在属性栏中将“填充”颜色设为绿色（RGB的值为208、226、136），“描边”颜色设为无，如图8-30所示，“图层”面板中会生成新的形状图层“矩形2”。

图8-29

图8-30

09 选择横排文字工具，在适当的位置输入需要的文字并选取。选择“窗口 > 字符”命令，弹出“字符”面板，选项的设置如图8-31所示，效果如图8-32所示，“图层”面板中会生成新的文字图层。

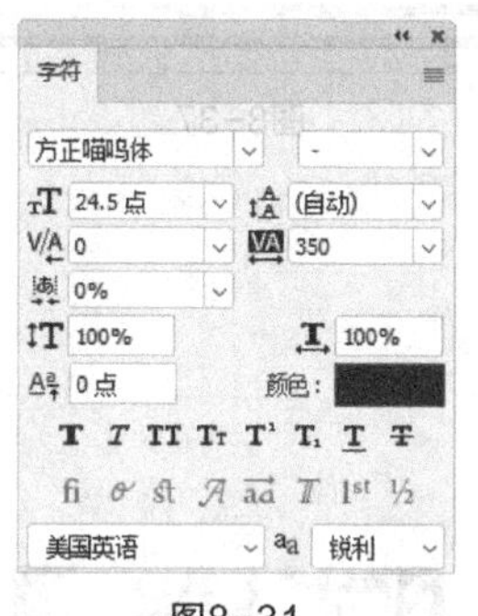

图8-31

图8-32

10 选择矩形工具，在图像窗口中绘制一个矩形，如图8-33所示，“图层”面板中会生成新的形状图层“矩形3”。选择横排文字工具，在适当的位置输入需要的文字并设置合适的字体和大小，如图8-34所示，“图层”面板中会生成新的文字图层。时尚女孩照片模板图制作完成。

图8-33

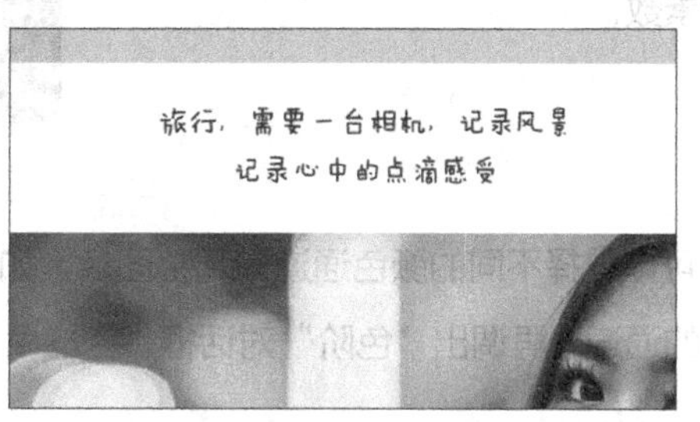

图8-34

8.1.10 色相/饱和度

打开一张图片。选择“图像 > 调整 > 色相/饱和度”命令，或按Ctrl+U快捷键，弹出“色相/饱和度”对话框，设置如图8-35所示。单击“确定”按钮，效果如图8-36所示。

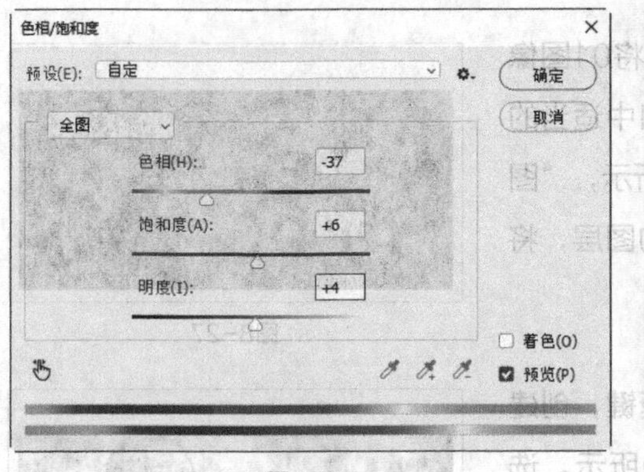

图8-35

图8-36

预设：用于选择预设的色彩样式，可以通过拖曳各选项中的滑块来调整图像的色相、饱和度和明度。着色：勾选后，图像的颜色会变为单一色调效果。

在对话框中勾选“着色”复选框，设置如图8-37所示，单击“确定”按钮，图像效果如图8-38所示。

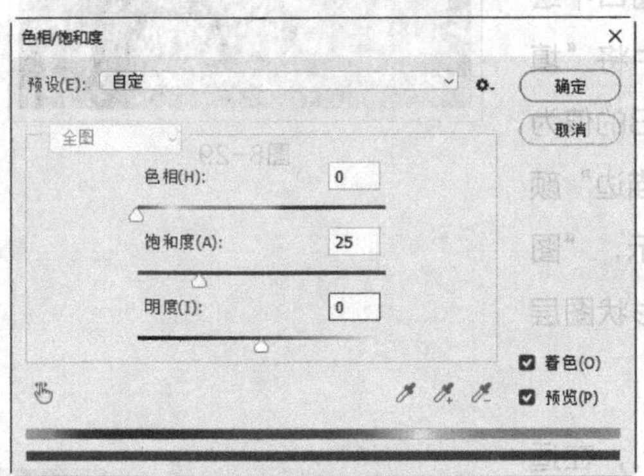

图8-37

图8-38

8.1.11 色阶

打开一张图片，如图8-39所示。选择“图像 > 调整 > 色阶”命令，或按Ctrl+L快捷键，弹出“色阶”对话框，如图8-40所示。对话框中间是一个直方图，其横坐标表示亮度值（数值范围为0~255），纵坐标为图像的像素数。

图8-39

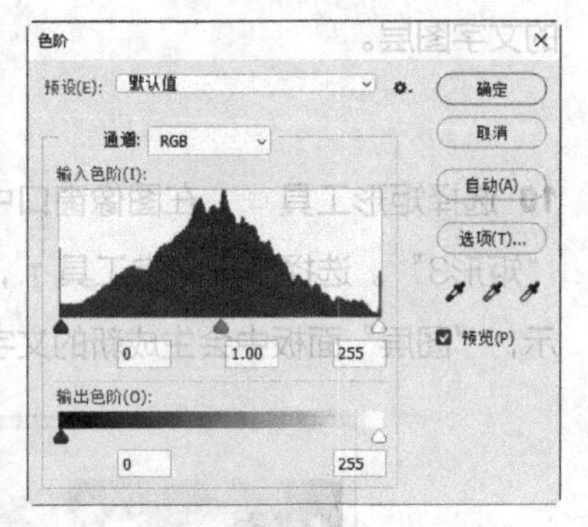

图8-40

通道：可以选择不同的颜色通道来调整图像。如果想选择两个以上的颜色通道，要先在“通道”面板中选择所需要的通道，再调出“色阶”对话框。

输入色阶：可以通过输入数值或拖曳滑块来调整图像。左侧的数值框和黑色滑块用于调整暗调，图像中低于该亮度值的所有像素将变为黑色；中间的数值框和灰色滑块用于调整中间调，其数值范围为0.01~9.99；右侧的数值框和白色滑块用于调整亮调，图像中高于该亮度值的所有像素将变为白色。

调整“输入色阶”选项的3个滑块后，图像将产生不同色彩效果，如图8-41所示。

输出色阶：可以通过输入数值或拖曳滑块来控制图像的亮度范围。左侧的数值框和黑色滑块用于调整图像中的暗调；右侧数值框和白色滑块用于调整图像中的亮调。

调整“输出色阶”选项的2个滑块后，图像将产生不同色彩效果，如图8-42所示。

自动(A)：可以自动调整图像。

选项(T)...：单击此按钮，弹出“自动颜色校正选项”对话框，可以对图像进行加亮或调暗操作，并可存储为默认值，应用于自动调整图像。

取消：按住Alt键，可转换为复位按钮，单击此按钮可以将调整过的色阶复位还原。

：分别为黑场工具、灰场工具和白场工具。选中黑场工具，用鼠标在图像中单击，图像中暗于单击点的所有像素都会变为黑色；选中灰场工具，可用于校正偏色；选中白场工具，在图像中单击，图像中亮于单击点的所有像素都会变为白色。双击任意工具，在弹出的对话框中可以设置目标颜色。

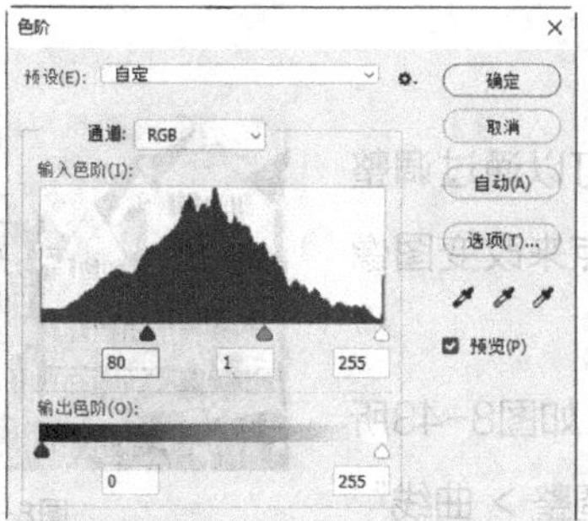

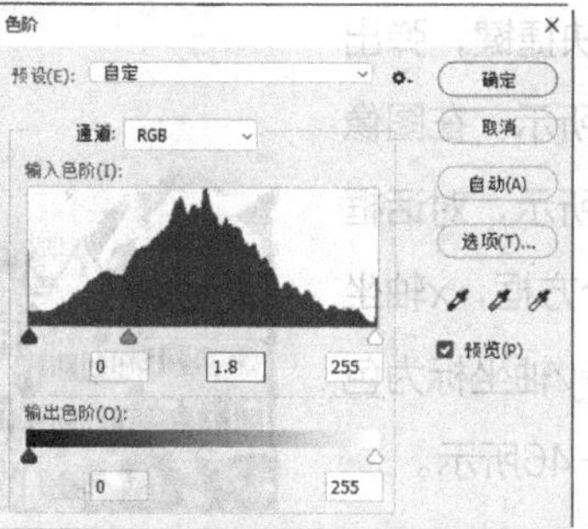

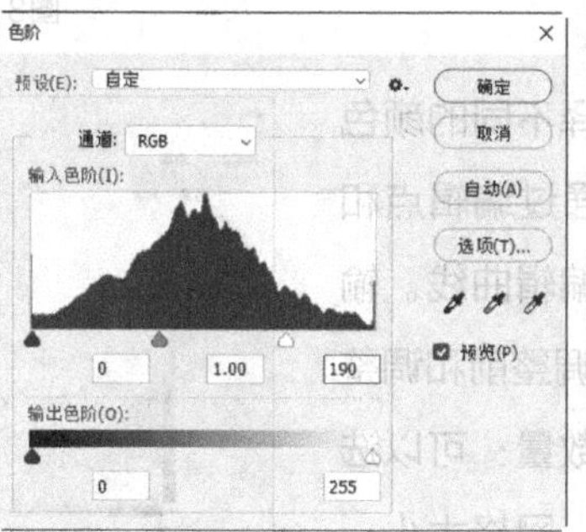

图8-41

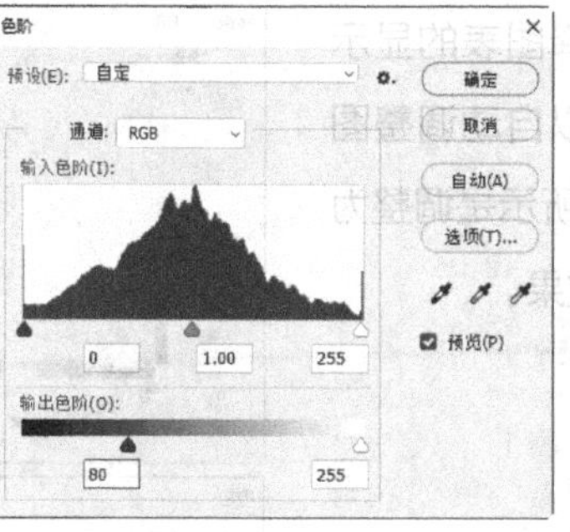

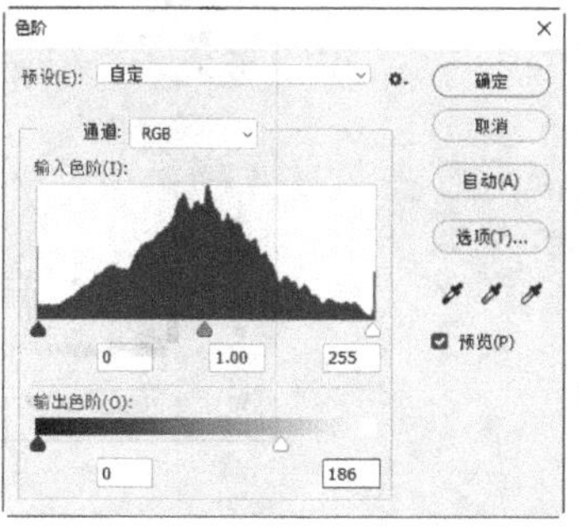

图8-42

8.1.12 曲线

“曲线”命令可以通过调整曲线上的任意一个点来改变图像的色彩。

打开一张图片，如图8-43所示。选择“图像 > 调整 > 曲线”命令，或按Ctrl+M快捷键，弹出对话框，如图8-44所示。在图像中单击，如图8-45所示，对话框的图表上会出现一个方框，*x*轴坐标为色彩的输入值，*y*轴坐标为色彩的输出值，如图8-46所示。

图8-43

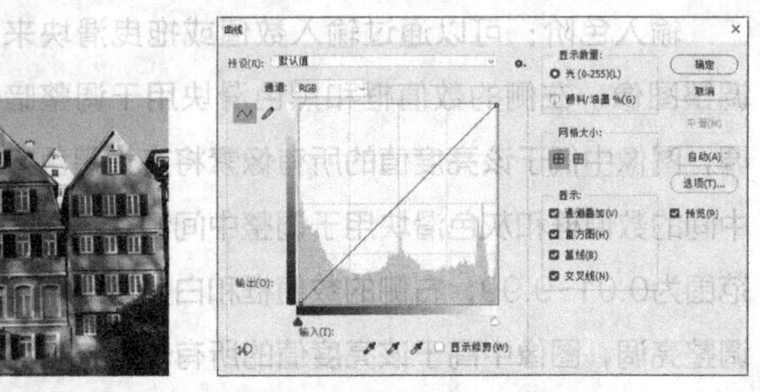

图8-44

图8-45

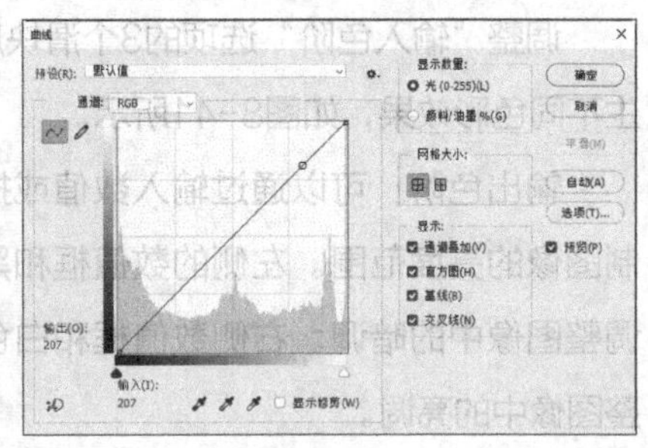

图8-46

通道：可以选择不同的颜色通道。~/✏：分别通过编辑点和自由绘制的方式来编辑曲线。输入/输出：分别显示调整前和调整后的亮度值。显示数量：可以选择图表的显示方式。网格大小：可以选择图表中网格的显示大小。显示：可以选择图表的显示内容。自动(A)：可以自动调整图像的亮度。图8-47所示是调整为不同曲线后的图像效果。

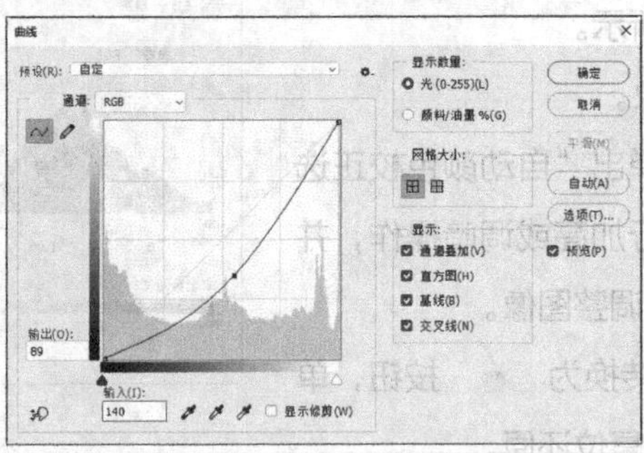

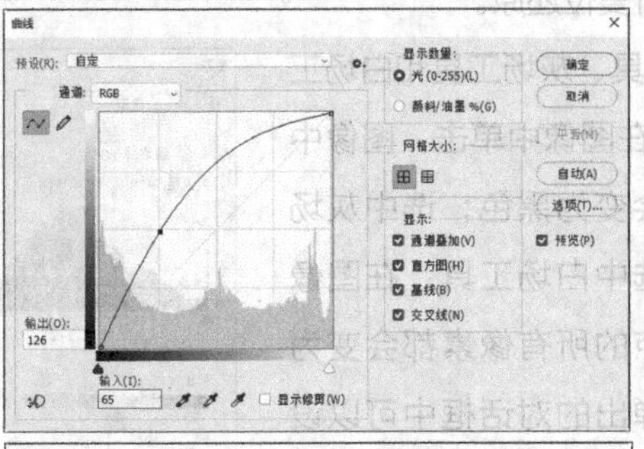

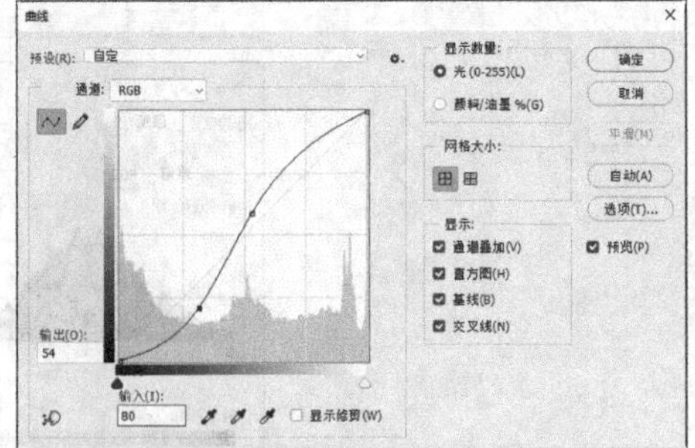

图8-47

8.1.13 渐变映射

打开一张图片，如图8-48所示。选择“图像 > 调整 > 渐变映射”命令，弹出“渐变映射”对话框，如图8-49所示。单击“点按可编辑渐变”按钮，在弹出的“渐变编辑器”对话框中设置渐变色，如图8-50所示。单击“确定”按钮，图像效果如图8-51所示。

图8-48

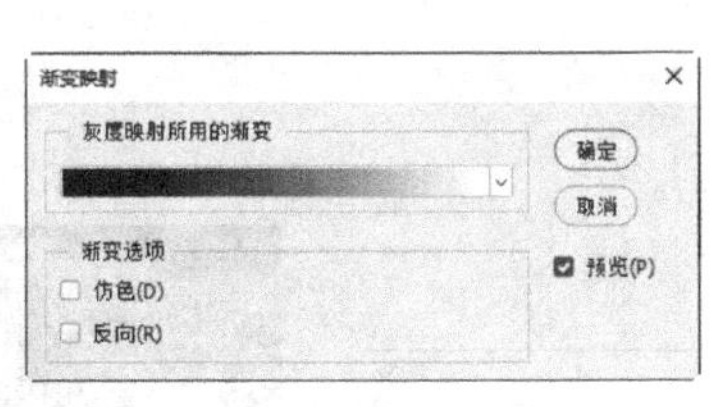

图8-49

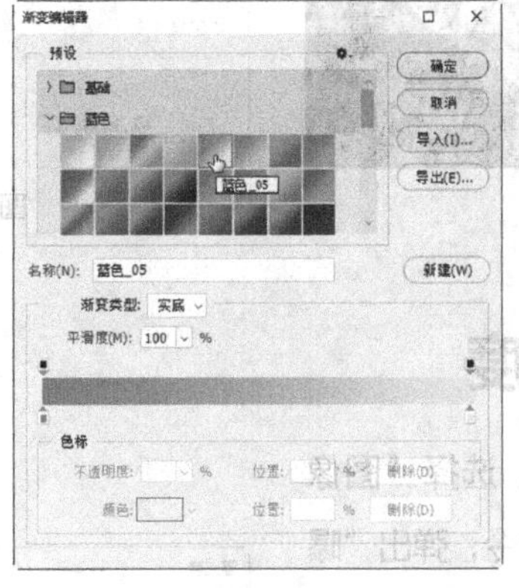

图8-50

图8-51

灰度映射所用的渐变：用于选择和设置渐变。仿色：勾选后，可使渐变效果更加平滑。反向：勾选后，用于反转渐变的填充方向。

8.1.14 阴影/高光

打开一张图片。选择“图像 > 调整 > 阴影/高光”命令，弹出“阴影/高光”对话框，设置如图8-52所示。单击“确定”按钮，效果如图8-53所示。

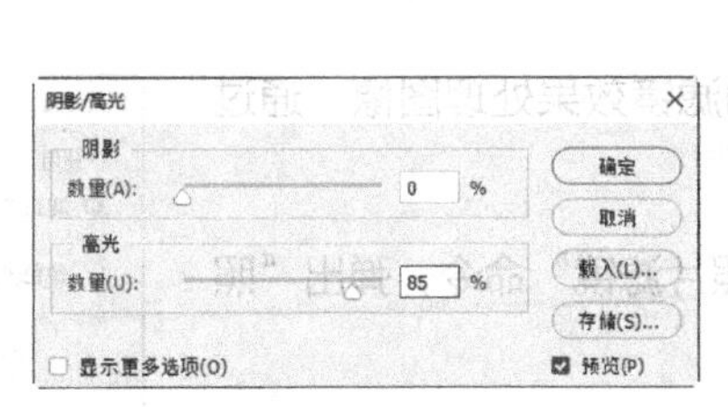

图8-52

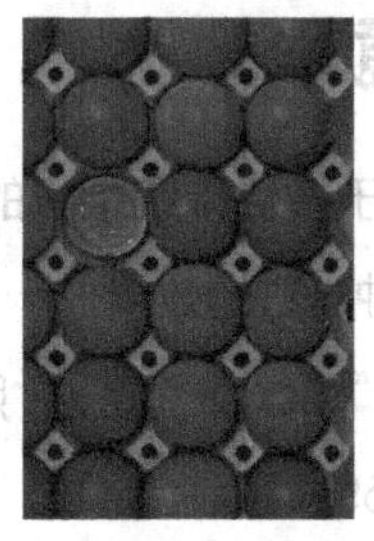

图8-53

8.1.15 可选颜色

打开一张图片，如图8-54所示。选择“图像 > 调整 > 可选颜色”命令，弹出“可选颜色”对话框，设置如图8-55所示。单击“确定”按钮，效果如图8-56所示。

颜色：可以选择图像中的色彩，通过拖曳滑块或输入数值调整青色、洋红、黄色、黑色的百分比。方法：可以选择调整方法，包括“相对”和“绝对”。

图8-54

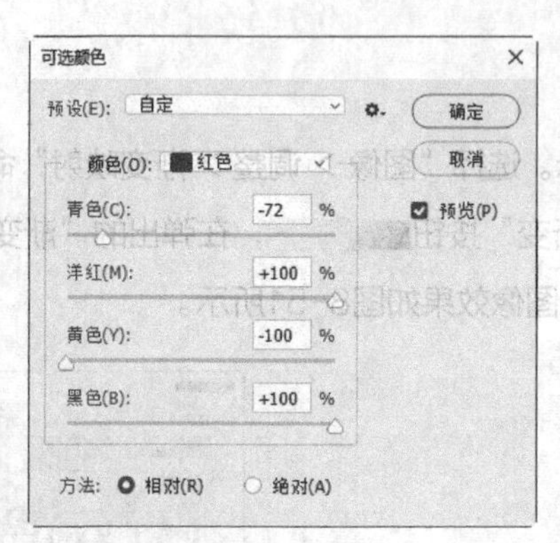

图8-55

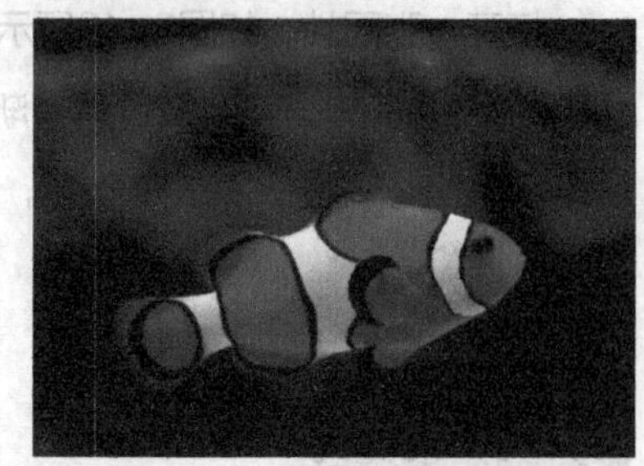

图8-56

8.1.16 曝光度

打开一张图片。选择“图像 > 调整 > 曝光度”命令，弹出“曝光度”对话框，设置如图8-57所示。单击“确定”按钮，效果如图8-58所示。

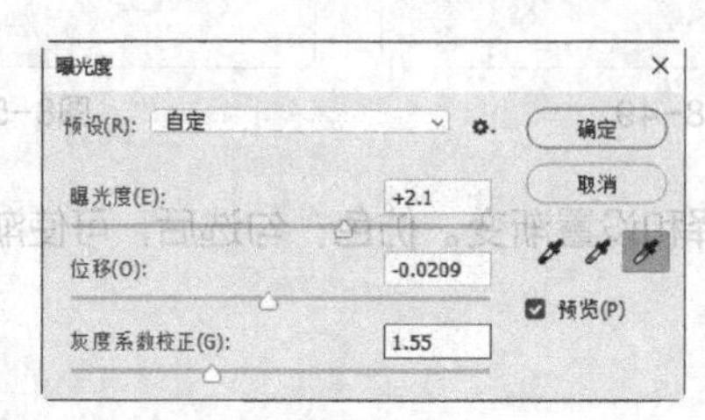

图8-57

图8-58

曝光度：可以调整色彩范围的高光端，对极限阴影的影响很轻微。位移：可以调整阴影和中间调，对高光的影响很轻微。灰度系数校正：可以使用乘方函数调整图像的灰度系数。

8.1.17 照片滤镜

“照片滤镜”命令用于模仿传统相机的滤镜效果处理图像，通过调整图片颜色可以获得各种丰富的效果。

打开一张图片。选择“图像 > 调整 > 照片滤镜”命令，弹出“照片滤镜”对话框，如图8-59所示。

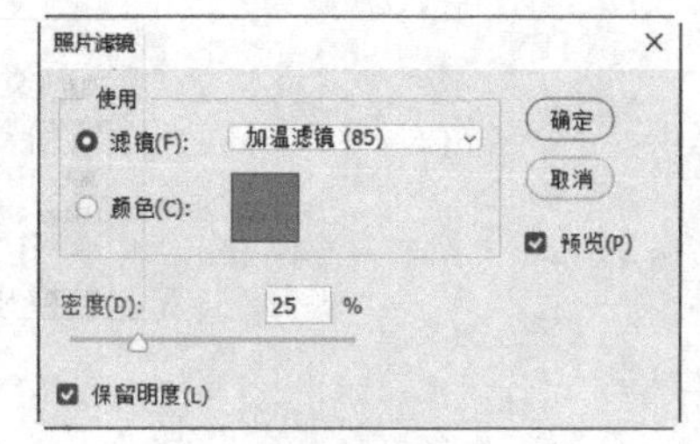

图8-59

滤镜：用于选择颜色调整的过滤模式。颜色：单击右侧的图标，弹出“拾色器”对话框，可以设置颜色值，对图像进行过滤。密度：可以设置过滤颜色的百分比。保留明度：勾选此复选框，图片的白色部分颜色保持不变；取消勾选此复选框，则图片的全部颜色都随之改变，效果如图8-60所示。

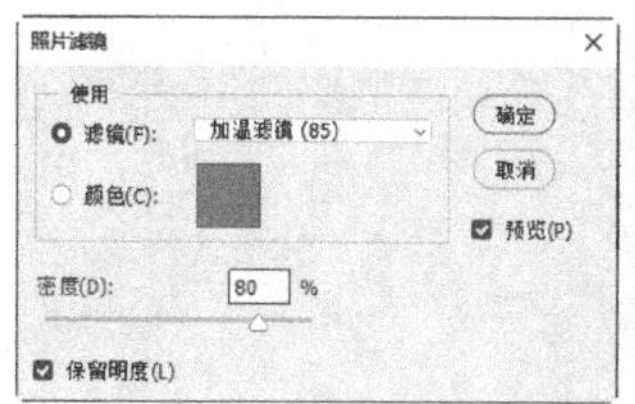

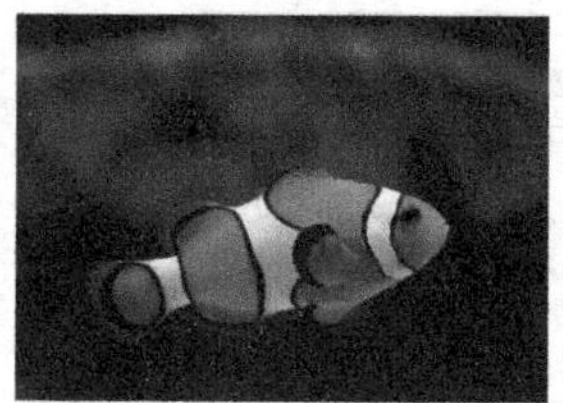
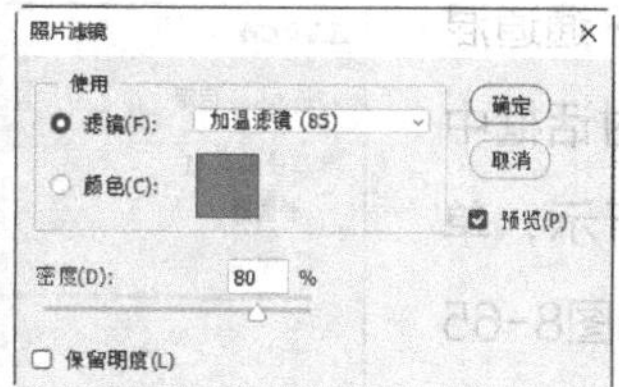

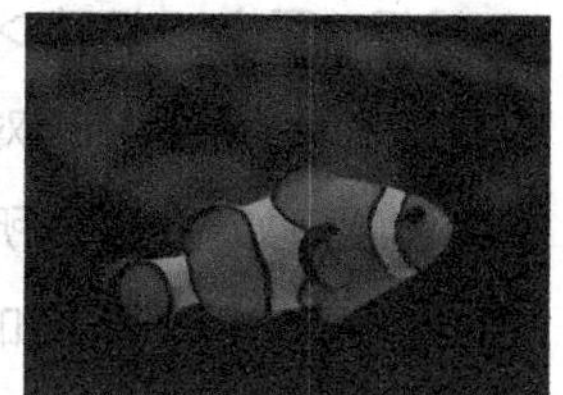

图8-60

8.2 特殊色调处理功能

特殊色调处理命令可以使图像产生独特的颜色变化。

8.2.1 课堂案例——制作冬日雪景效果海报

案例学习目标 使用“调整”命令调整冬日雪景效果。

案例知识要点 使用“通道混合器”命令和“黑白”命令调整图像，最终效果如图8-61所示。

效果所在位置 Ch08\效果\制作冬日雪景效果海报.psd。

图8-61

01 按Ctrl＋O快捷键，打开本书学习资源中的“Ch08\素材\制作冬日雪景效果海报\01”文件，如图8-62所示。将“背景”图层拖曳到“图层”面板下方的“创建新图层”按钮 上进行复制，生成新的图层“背景拷贝”，如图8-63所示。

图8-62

图8-63

02 选择“图像 > 调整 > 通道混合器”命令，在弹出的对话框中进行设置，如图8-64所示，单击“确定”按钮，效果如图8-65所示。

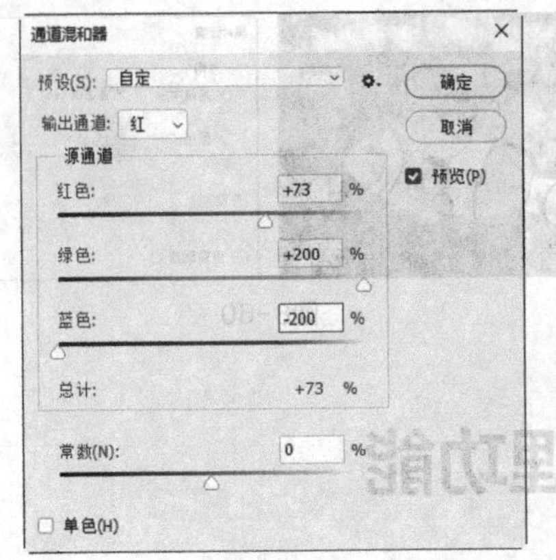

图8-64

图8-65

03 按Ctrl+J快捷键，复制“背景 拷贝”图层，生成新的图层并将其命名为“黑白”。选择“图像 > 调整 > 黑白”命令，在弹出的对话框中进行设置，如图8-66所示，单击“确定”按钮，效果如图8-67所示。

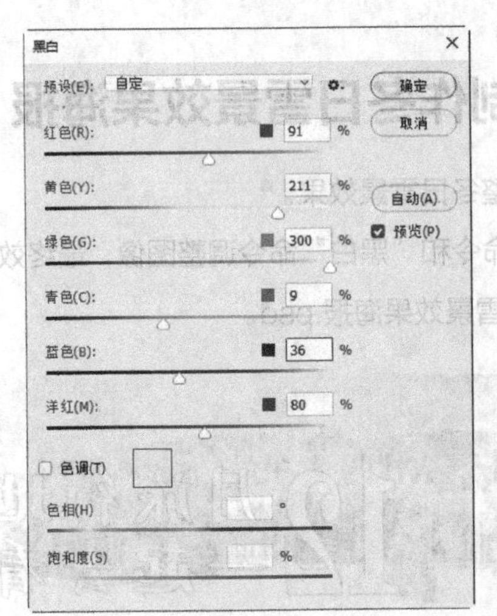

图8-66

图8-67

04 在“图层”面板上方，将“黑白”图层的混合模式选项设为“滤色”，如图8-68所示，效果如图8-69所示。

图8-68

图8-69

05 按住Ctrl键的同时，选择“黑白”图层和“背景 拷贝”图层。按Ctrl+E快捷键，合并图层并将其命名为“效果”。选择“图像 > 调整 > 色相/饱和度”命令，在弹出的对话框中进行设置，如图8-70所示，单击“确定”按钮，效果如图8-71所示。

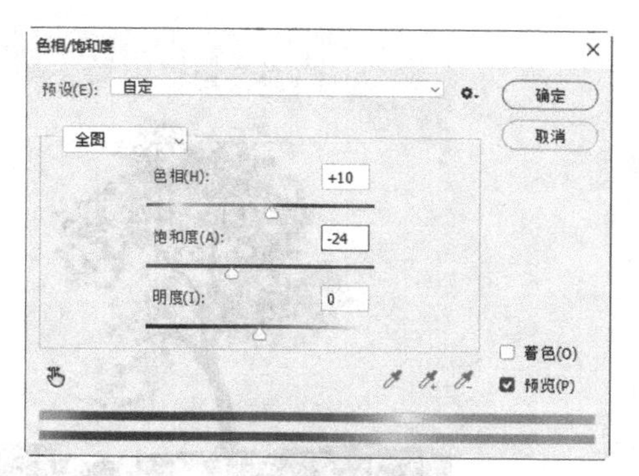

图8-70

图8-71

06 按Ctrl + O快捷键，打开本书学习资源中的“Ch08\素材\制作冬日雪景效果海报\02”文件。选择移动工具，将02图像拖曳到当前图像中适当的位置，效果如图8-72所示，“图层”面板中会生成新的图层，将其命名为“文字”。冬日雪景效果海报制作完成。

图8-72

8.2.2 去色

选择“图像 > 调整 > 去色”命令，或按Shift+Ctrl+U快捷键，可以去掉图像中的色彩，使图像变为灰度图，但图像的色彩模式并不改变。“去色”命令也可以将选区中的图像去色。

8.2.3 阈值

打开一张图片，如图8-73所示。选择“图像 > 调整 > 阈值”命令，弹出“阈值”对话框，设置如图8-74所示。单击“确定”按钮，效果如图8-75所示。

阈值色阶：可以通过拖曳滑块或输入数值改变图像的阈值。系统将使大于阈值的像素变为白色，小于阈值的像素变为黑色，使图像呈现高度反差效果。

图8-73

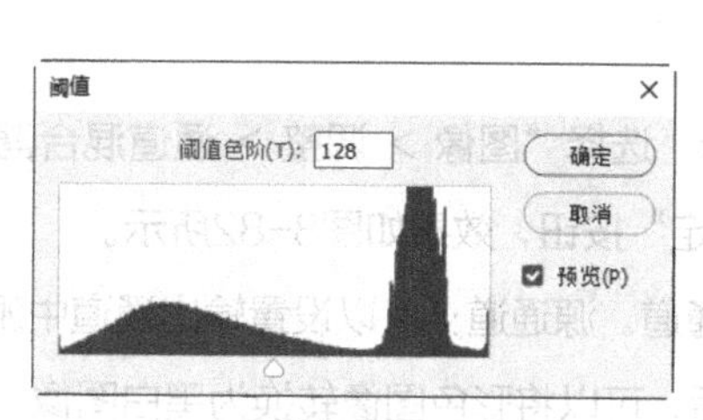

图8-74

图8-75

8.2.4 色调分离

打开一张图片。选择“图像 > 调整 > 色调分离”命令，弹出“色调分离”对话框，设置如图8-76所示。单击“确定”按钮，效果如图8-77所示。

色阶：可以指定色阶数，系统将以256级的亮度对图像中的像素亮度进行分配。色阶数值越高，图像产生的变化越小。

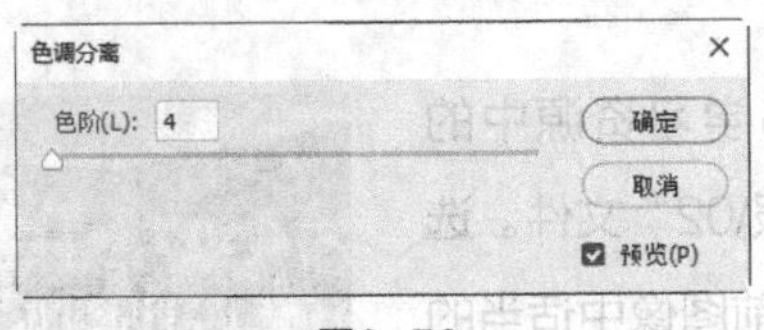

图8-76

图8-77

8.2.5 替换颜色

打开一张图片。选择“图像 > 调整 > 替换颜色”命令，弹出“替换颜色”对话框。在图像中单击吸取要替换的颜色，再调整色相、饱和度和明度，设置“结果”选项为橙色，其他选项的设置如图8-78所示。单击“确定”按钮，效果如图8-79所示。

图8-78

图8-79

8.2.6 通道混合器

打开一张图片，如图8-80所示。选择“图像 > 调整 > 通道混合器”命令，弹出“通道混合器”对话框，设置如图8-81所示。单击“确定”按钮，效果如图8-82所示。

输出通道：可以选择要调整的通道。源通道：可以设置输出通道中源通道所占的百分比。常数：可以调整输出通道的灰度值。单色：勾选后，可以将彩色图像转换为黑白图像。

图8-80

图8-81

图8-82

提示 所选图像的色彩模式不同，则“通道混合器”对话框中的内容也不同。

8.2.7 匹配颜色

“匹配颜色”命令用于对色调不同的图片进行调整，将其统一成一个协调的色调。

打开两张不同色调的图片，如图8-83和图8-84所示。选择需要调整的图片，选择“图像 > 调整 > 匹配颜色”命令，弹出“匹配颜色”对话框，在“源”选项中选择要匹配的文件的名称，再设置其他各选项，如图8-85所示，单击“确定”按钮，效果如图8-86所示。

图8-83

图8-84

图8-85

图8-86

目标：显示所选择的要调整的文件的名称。应用调整时忽略选区：如果当前调整的图中有选区，勾选此复选框，可以忽略图中的选区，调整整张图的颜色；不勾选此复选框，则只调整图像中选区内的颜色，效果如图8-87和图8-88所示。

图8-87

图8-88

图像选项：可以通过拖动滑块或输入数值来调整图像的明亮度、颜色强度和渐隐。中和：勾选后，可以中和色调。图像统计：可以设置图像的颜色来源。

课堂练习——调整箱包网店详情页主图

练习知识要点 使用“色相/饱和度”命令调整照片的色调，最终效果如图8-89所示。

效果所在位置 Ch08\效果\调整箱包网店详情页主图.psd。

图8-89

课后习题——调整时尚娱乐App引导页图片

习题知识要点 使用“色阶”和“阴影/高光”命令调整曝光不足的照片，最终效果如图8-90所示。

效果所在位置 Ch08\效果\调整时尚娱乐App引导页图片.psd。

图8-90

第 9 章

应用图层

本章介绍

本章主要介绍图层的应用技巧，讲解图层的混合模式、样式以及填充和调整图层、图层复合、盖印图层与智能对象图层。通过学习本章内容，可以掌握图层的高级应用技巧，制作出丰富的图像效果。

学习目标

●掌握图层混合模式和图层样式的使用方法。

●掌握填充和调整图层的应用技巧。

●了解图层复合、盖印图层和智能对象图层。

技能目标

●掌握“荷塘美景照片模板”的制作方法。

9.1 混合模式

图层混合模式在图像处理及效果制作中被广泛应用，特别是在多个图像合成方面更有其独特的作用及灵活性。

图层的混合模式用于通过图层间的混合制作特殊的合成效果。

在“图层”面板中，正常选项用于设置图层的混合模式，它包含有27种模式。打开一个PSD文件，如图9-1所示，“图层”面板如图9-2所示。

图9-1

图9-2

在对“鸟”图层应用不同的混合模式后，图像效果如图9-3所示。

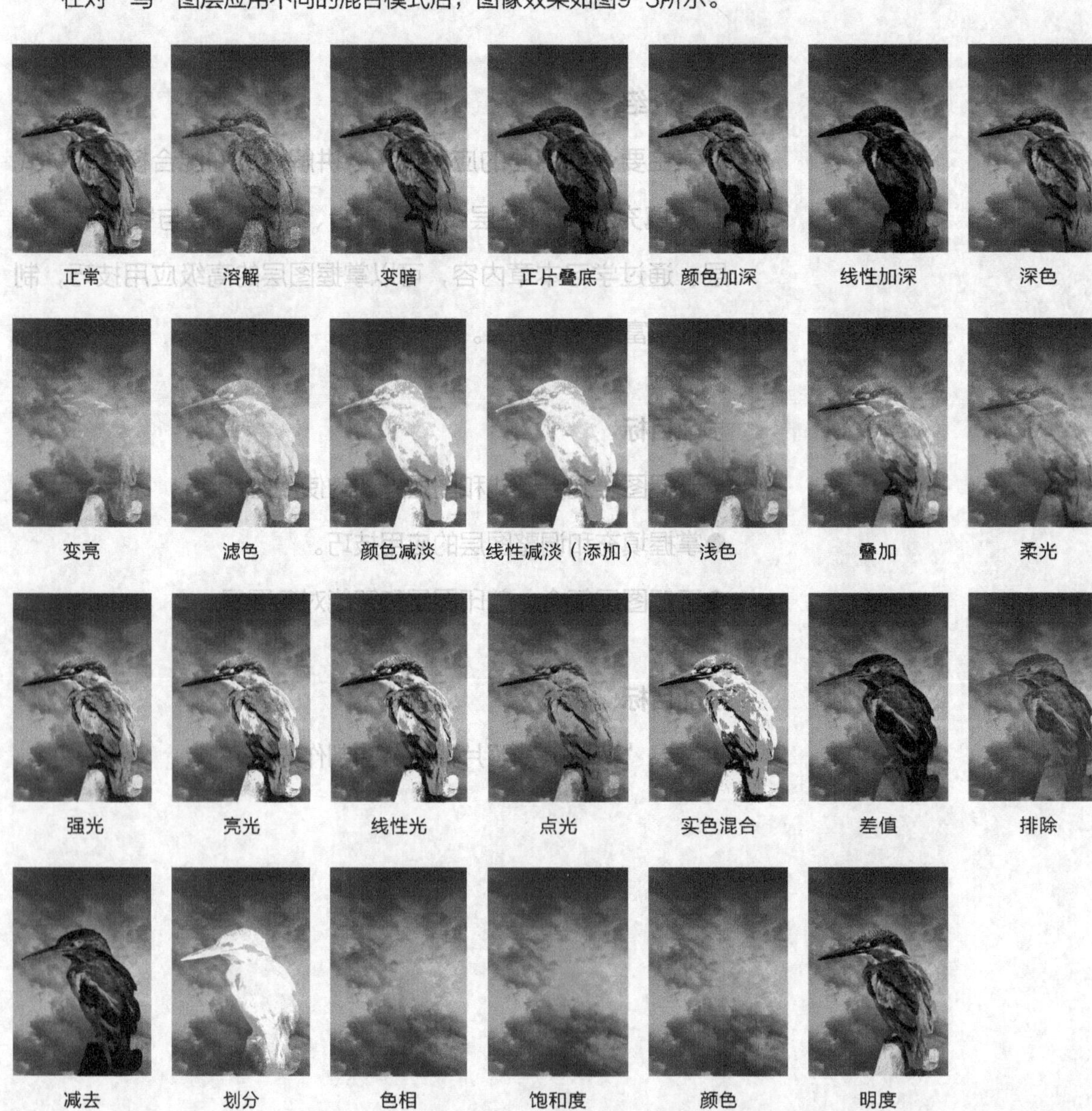

图9-3

9.2 图层样式

图层样式用于为图层中的图像添加斜面和浮雕、描边、发光和投影等效果，制作具有丰富质感的图像。

9.2.1 “样式”面板

“样式”面板用于存储各种图层特效，并将其快速地套用在要编辑的对象中，可节省操作步骤和操作时间。

打开一张图片，如图9-4所示。选择要添加样式的图层。选择“窗口 > 样式”命令，弹出“样式”面板，单击右上方的≡图标，在弹出的菜单中选择“旧版样式及其他”命令，如图9-5所示，选择“凹凸”样式，如图9-6所示，图形被添加样式，效果如图9-7所示。

图9-4

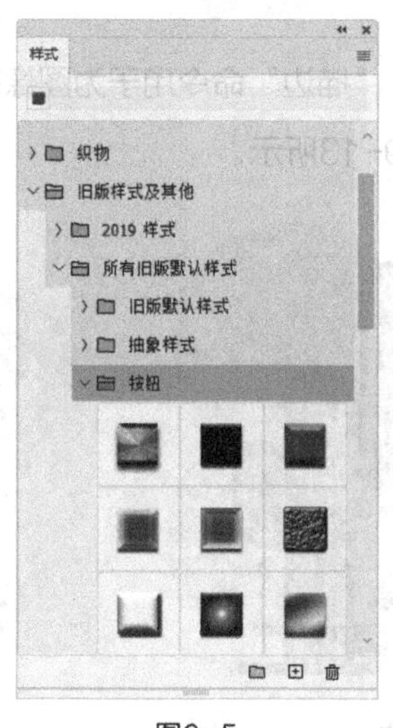

图9-5

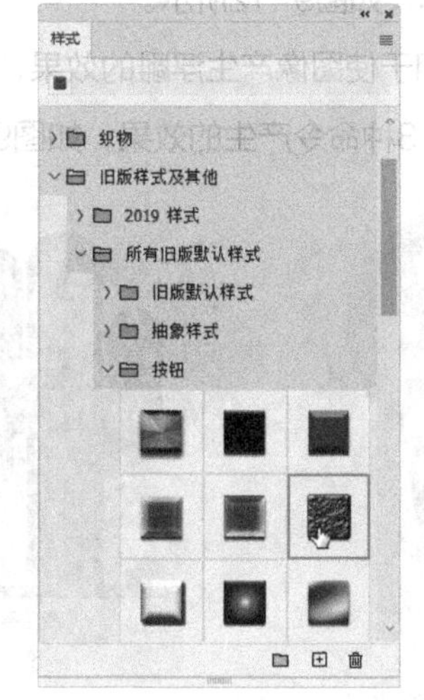

图9-6

图9-7

样式添加完成后，“图层”面板如图9-8所示。如果要删除其中某个样式，将其直接拖曳到面板下方的“删除图层”按钮🗑上，如图9-9所示，删除后的效果如图9-10所示。

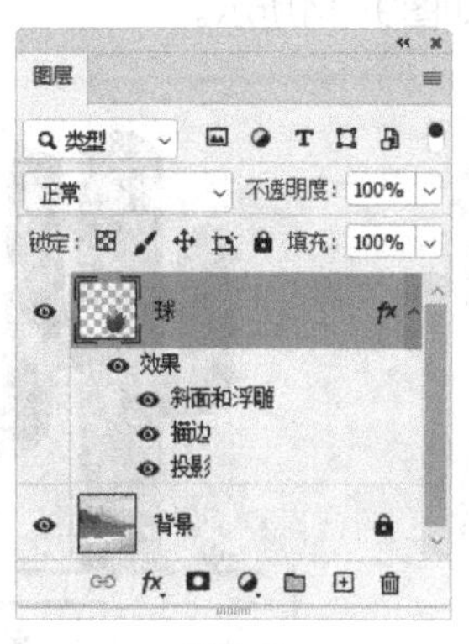

图9-8

图9-9

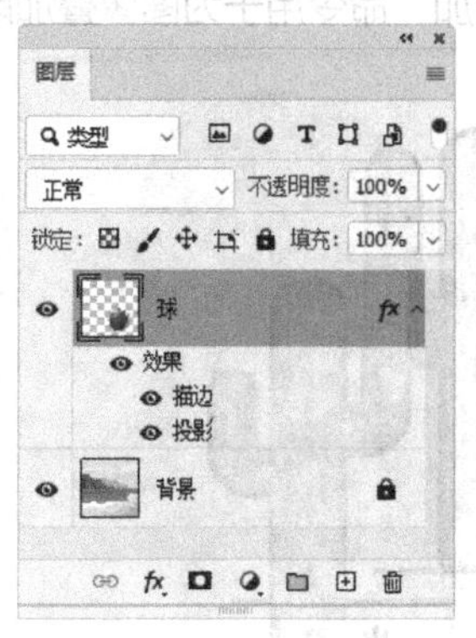

图9-10

9.2.2 图层样式

Photoshop提供了多种图层样式，读者可以为图像添加一种样式，还可以同时为图像添加多种样式。

单击“图层”面板右上方的≡图标，弹出面板菜单，选择“混合选项”命令，弹出对话框，如图9-11所示。还可以单击“图层”面板下方的“添加图层样式”按钮fx，弹出其菜单，如图9-12所示。

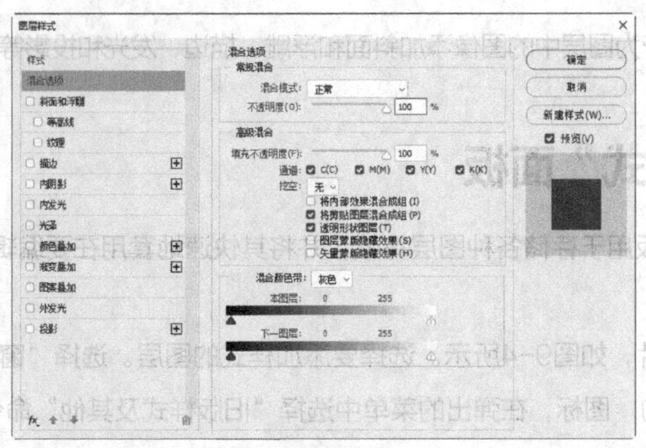

图9-11

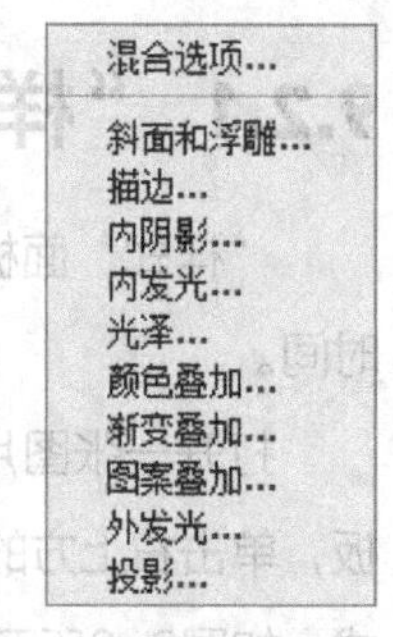

图9-12

“斜面和浮雕”命令用于使图像产生浮雕的效果，“描边”命令用于为图像描边，“内阴影”命令用于使图像内部产生阴影效果，3种命令产生的效果，如图9-13所示。

斜面和浮雕

描边

内阴影

图9-13

“内发光”命令用于在图像的边缘内部产生一种辉光效果，“光泽”命令用于使图像产生一种光泽的效果，“颜色叠加”命令用于为图像叠加颜色，3种命令产生的效果，如图9-14所示。

内发光

光泽

颜色叠加

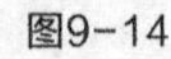

图9-14

"渐变叠加"命令用于为图像叠加渐变，"图案叠加"命令用于在图像上添加图案效果，两种命令产生的效果，如图9-15所示。

"外发光"命令用于在图像的边缘外部产生一种辉光效果，"投影"命令用于使图像产生阴影效果，两种命令产生的效果如图9-16所示。

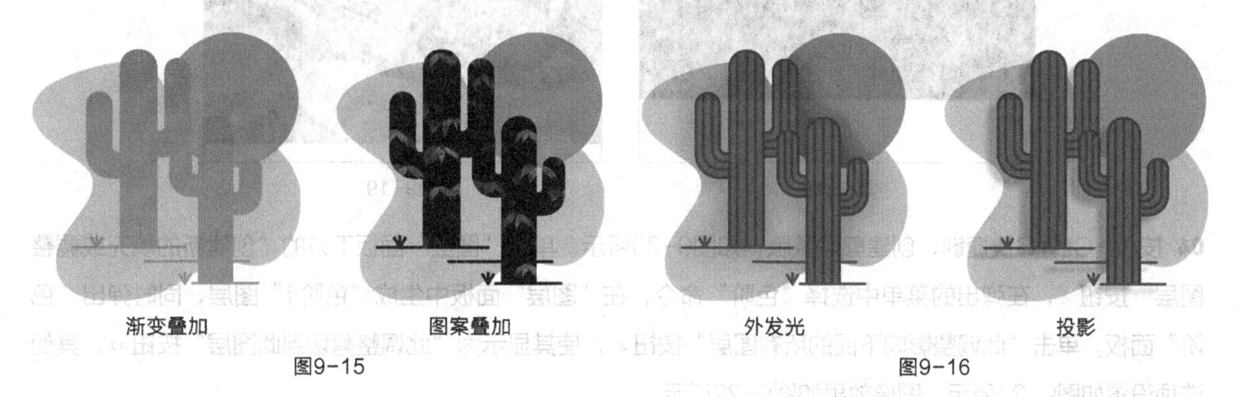

图9-15　　图9-16

9.3 新建填充和调整图层

填充图层包括纯色、渐变和图案3种类型。调整图层可将某些调整命令应用于图层。两种调整都可以在不改变原图层像素的前提下创建特殊的图像效果。

9.3.1 课堂案例——制作荷塘美景照片模板

案例学习目标 使用调整图层制作照片模板。

案例知识要点 使用矩形工具、移动工具配合剪贴蒙版制作照片，使用"色阶""色相/饱和度""色彩平衡""照片滤镜""亮度/对比度"和"曝光度"调整图层调整图片颜色，使用横排文字工具添加文字，最终效果如图9-17所示。

效果所在位置 Ch09\效果\制作荷塘美景照片模板.psd。

图9-17

01 按Ctrl+N快捷键，弹出"新建文档"对话框，设置宽度为28.5cm，高度为16cm，分辨率为72像素/英寸，颜色模式为RGB，背景内容为白色，单击"创建"按钮，新建一个文件。

02 选择矩形工具□，在属性栏的"选择工具模式"选项中选择"形状"，将"填充"颜色设为黑色，"描边"颜色设为无，在图像窗口中绘制一个矩形，如图9-18所示，在"图层"面板中生成新的形状图层"矩形1"。

03 按Ctrl+O快捷键，打开本书学习资源中的"Ch09\素材\制作荷塘美景照片模板\01"文件。选择移动工

具 ，将01人物图片拖曳到新建的图像窗口中适当的位置，效果如图9-19所示，"图层"面板中会生成新的图层，将其命名为"照片1"。

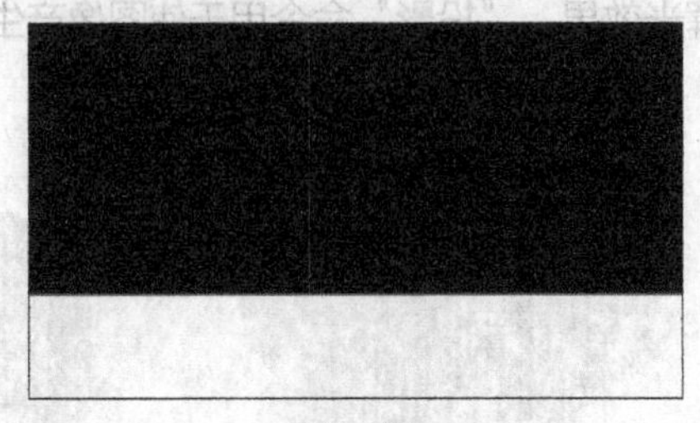
图9-18

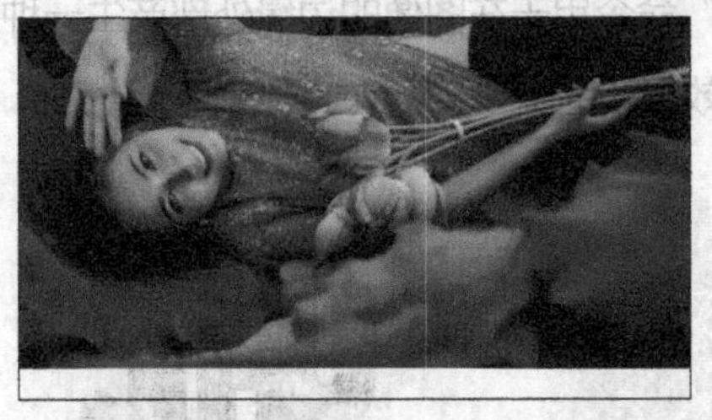
图9-19

04 按Alt+Ctrl+G快捷键，创建剪贴蒙版，如图9-20所示。单击"图层"面板下方的"创建新的填充或调整图层"按钮 ，在弹出的菜单中选择"色阶"命令，在"图层"面板中生成"色阶1"图层，同时弹出"色阶"面板，单击"此调整影响下面的所有图层"按钮 ，使其显示为"此调整剪切到此图层"按钮 ，其他选项设置如图9-21所示，图像效果如图9-22所示。

图9-20

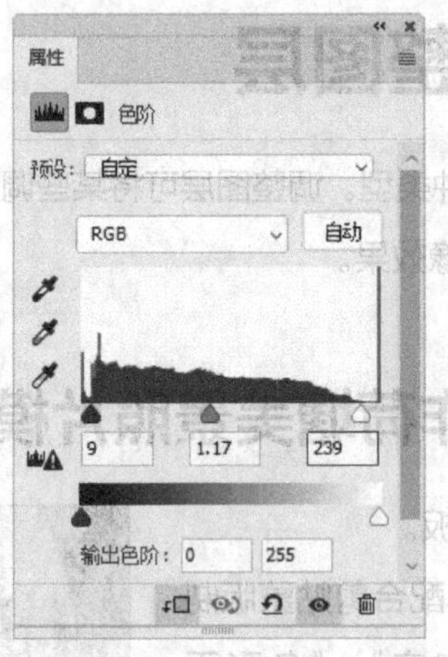

图9-21

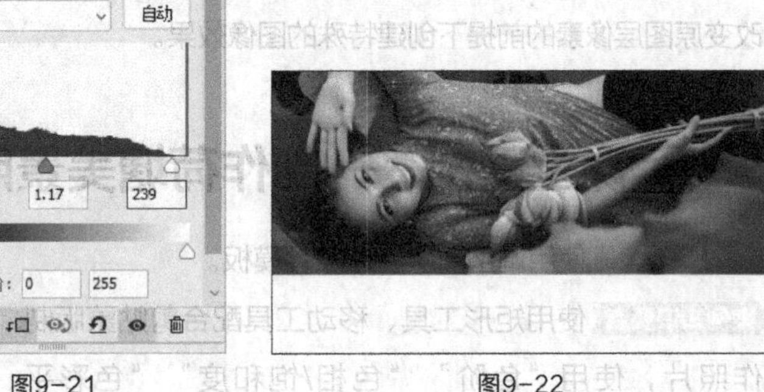
图9-22

05 单击"图层"面板下方的"创建新的填充或调整图层"按钮 ，在弹出的菜单中选择"色相/饱和度"命令，"图层"面板中会生成"色相/饱和度1"图层，同时弹出"色相/饱和度"面板，单击"此调整影响下面的所有图层"按钮 ，使其显示为"此调整剪切到此图层"按钮 ，其他选项设置如图9-23所示，图像效果如图9-24所示。

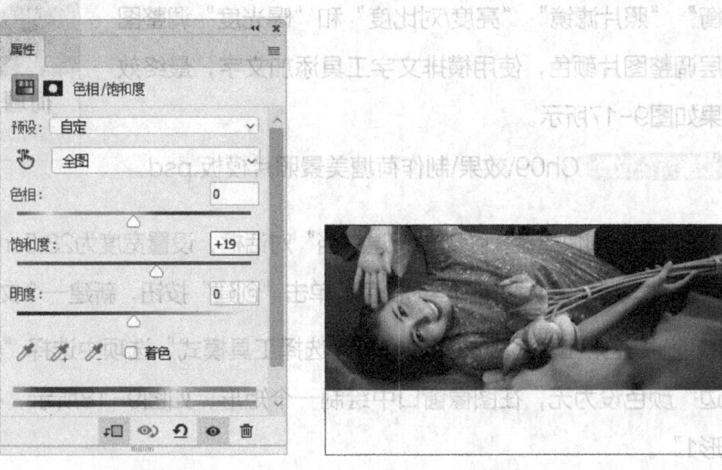

图9-23

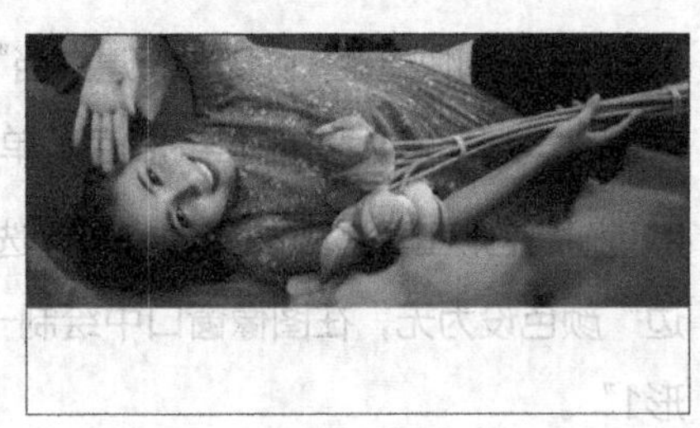
图9-24

06 单击“图层”面板下方的“创建新的填充或调整图层”按钮，在弹出的菜单中选择“色彩平衡”命令，“图层”面板中会生成“色彩平衡1”图层，同时弹出“色彩平衡”面板，单击“此调整影响下面的所有图层”按钮，使其显示为“此调整剪切到此图层”按钮，其他选项设置如图9-25所示，图像效果如图9-26所示。

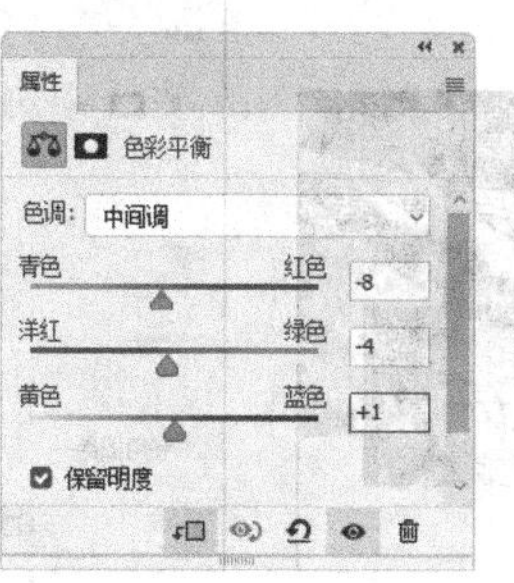

图9-25

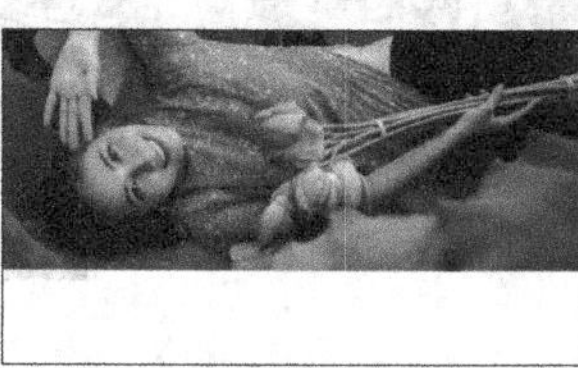

图9-26

07 单击“图层”面板下方的“创建新的填充或调整图层”按钮，在弹出的菜单中选择“照片滤镜”命令，在“图层”面板中会生成“照片滤镜1”图层，同时弹出“照片滤镜”面板，单击“此调整影响下面的所有图层”按钮，使其显示为“此调整剪切到此图层”按钮，设置“颜色”选项为浅绿色（RGB的值为114、255、210），其他选项设置如图9-27所示，图像效果如图9-28所示。

图9-27

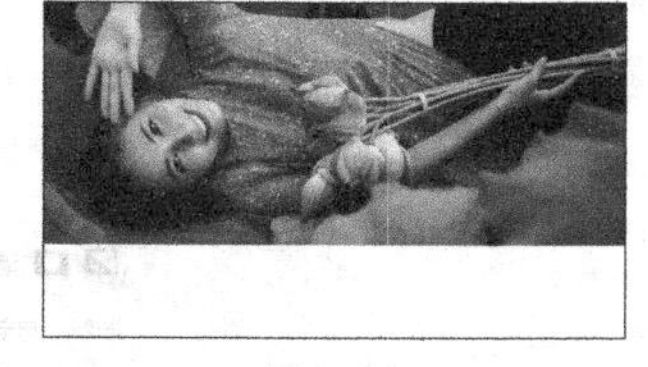

图9-28

08 选择矩形工具，在图像窗口中绘制一个矩形，如图9-29所示，在“图层”面板中生成新的形状图层“矩形2”。按Ctrl+O快捷键，打开本书学习资源中的“Ch09\素材\制作荷塘美景照片模板\02”文件。选择移动工具，将02人物图片拖曳到当前窗口中适当的位置，效果如图9-30所示，“图层”面板中会生成新的图层，将其命名为“照片2”。

图9-29

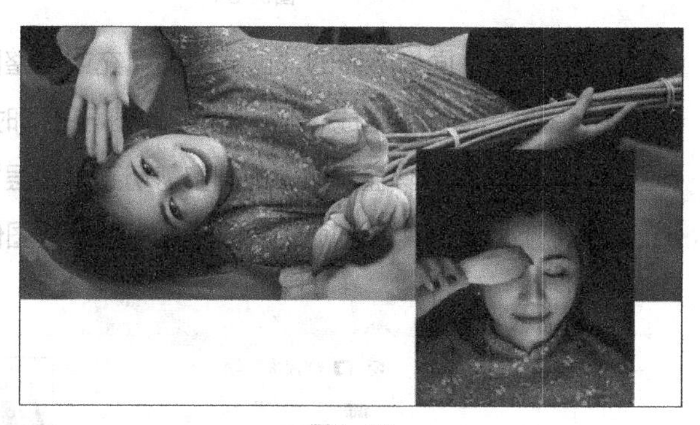

图9-30

09 按Alt+Ctrl+G快捷键，创建剪贴蒙版，如图9-31所示。单击“图层”面板下方的“创建新的填充或调整图层”按钮，在弹出的菜单中选择“亮度/对比度”命令，“图层”面板中会生成“亮度/对比度1”图层，同时弹出“亮度/对比度”面板，单击“此调整影响下面的所有图层”按钮，使其显示为“此调整剪切到此图层”按钮，其他选项设置如图9-32所示，图像效果如图9-33所示。

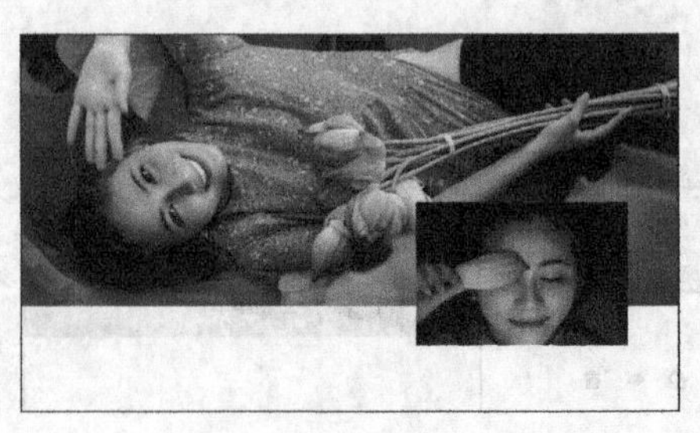
图9-31

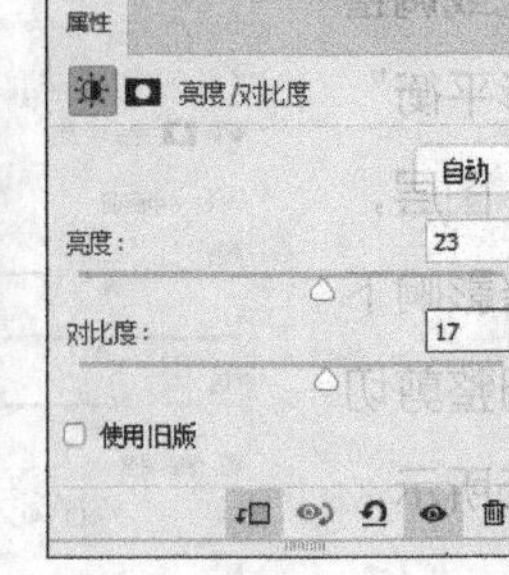

图9-32

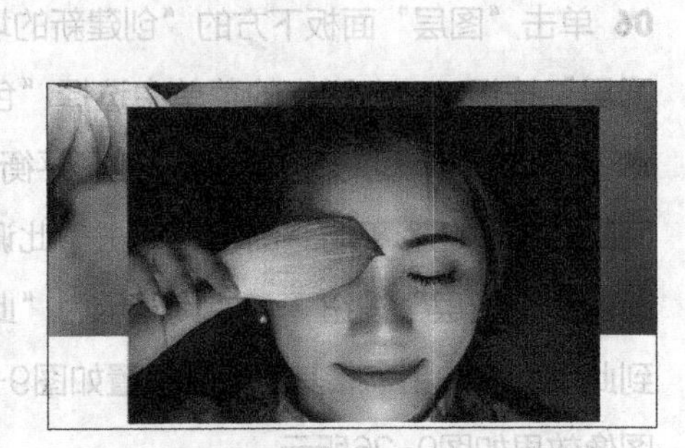
图9-33

10 单击“图层”面板下方的“创建新的填充或调整图层”按钮 ，在弹出的菜单中选择“曝光度”命令，“图层”面板中会生成“曝光度1”图层，同时弹出“曝光度”面板，单击“此调整影响下面的所有图层”按钮 ，使其显示为“此调整剪切到此图层”按钮 ，其他选项设置如图9-34所示，图像效果如图9-35所示。

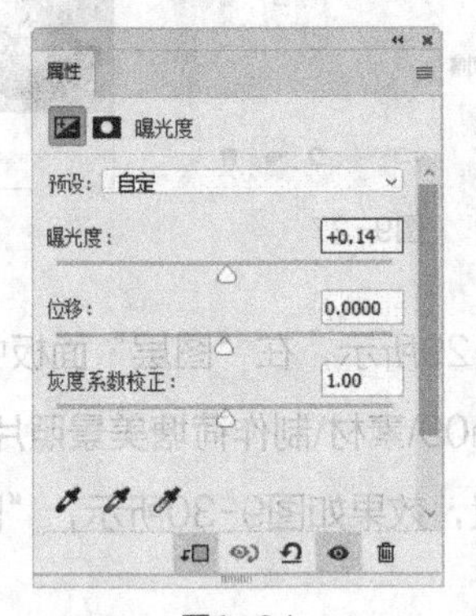

图9-34

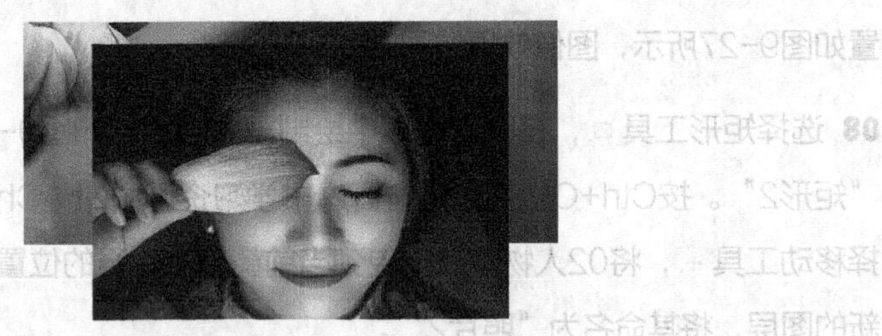
图9-35

11 单击“图层”面板下方的“创建新的填充或调整图层”按钮 ，在弹出的菜单中选择“照片滤镜”命令，在“图层”面板中生成“照片滤镜2”图层，同时弹出“照片滤镜”面板，单击“此调整影响下面的所有图层”按钮 ，使其显示为“此调整剪切到此图层”按钮 ，设置“颜色”选项为淡绿色（RGB的值为61、252、196），其他选项设置如图9-36所示，图像效果如图9-37所示。

图9-36

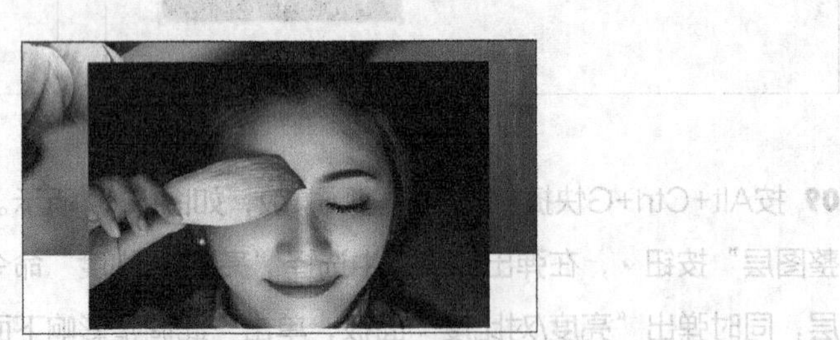
图9-37

12 将前景色设为黑色。选择横排文字工具 T ，在适当的位置分别输入需要的文字并选取，在属性栏中选择合适的字体并分别设置大小，效果如图9-38所示，“图层”面板中会生成新的文字图层。荷塘美景照片模板制作完成，效果如图9-39所示。

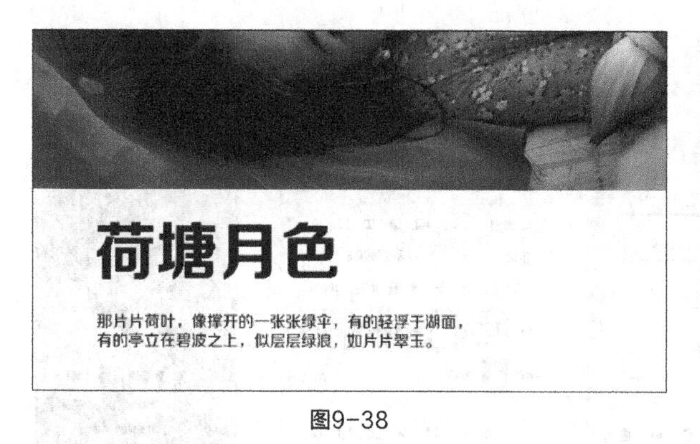

图9-38

图9-39

9.3.2 填充图层

选择“图层 > 新建填充图层”命令，或单击“图层”面板下方的“创建新的填充和调整图层”按钮，弹出菜单，如图9-40所示，选择其中的一个命令，将弹出“新建图层”对话框。这里以选择“渐变”命令为例，如图9-41所示，单击“确定”按钮，弹出“渐变填充”对话框，如图9-42所示。单击“确定”按钮，“图层”面板和图像的效果分别如图9-43和图9-44所示。

图9-40

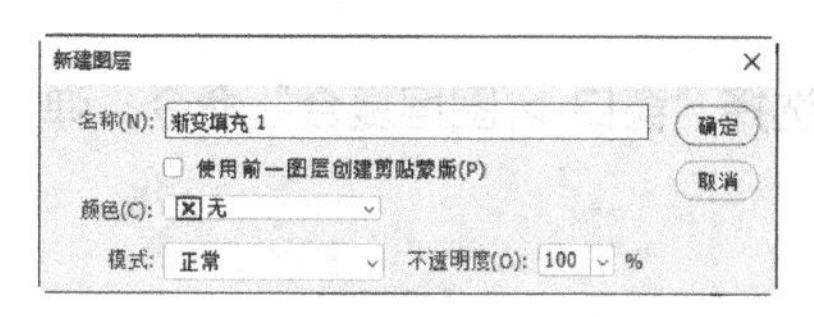

图9-41

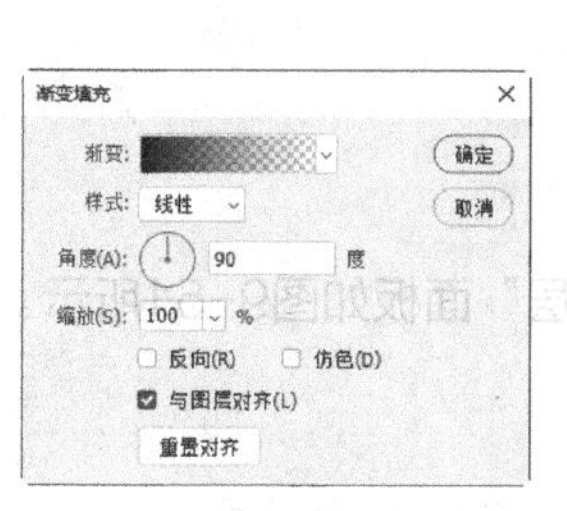

图9-42

图9-43

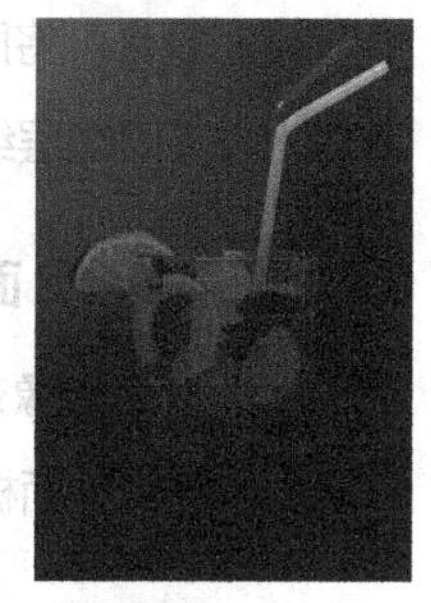
图9-44

9.3.3 调整图层

选择“图层 > 新建调整图层”命令，或单击“图层”面板下方的“创建新的填充或调整图层”按钮，弹出菜单，其中包括多个调整图层命令，如图9-45所示，选择不同的调整图层命令，将弹出“新建图层”对话框，如图9-46所示，单击“确定”按钮，将弹出不同的调整面板。这里以选择“色相/饱和度”命令为例，设置如图9-47所示，“图层”面板和图像的效果分别如图9-48和图9-49所示。

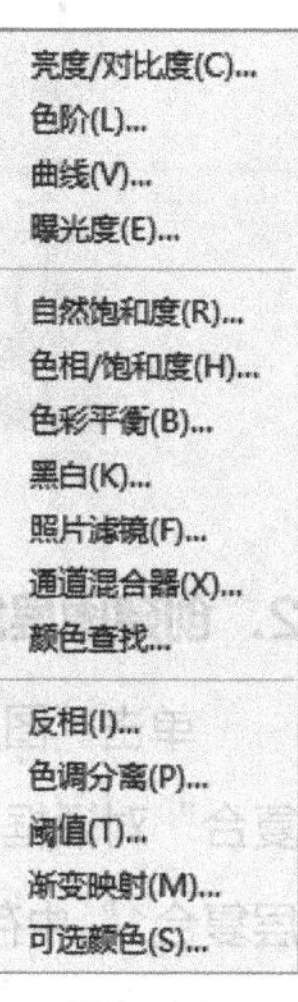

图9-45

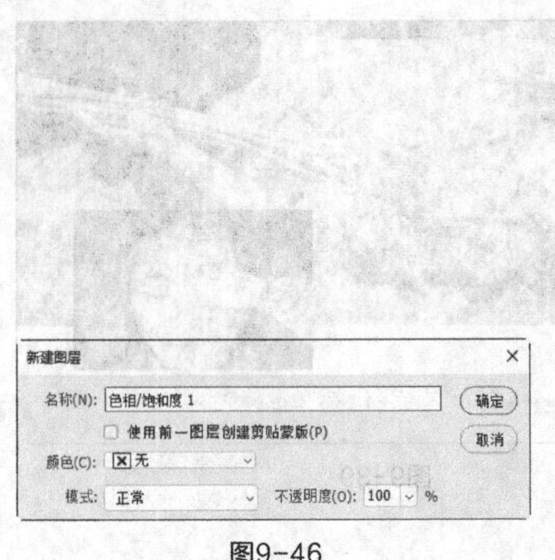

图9-46

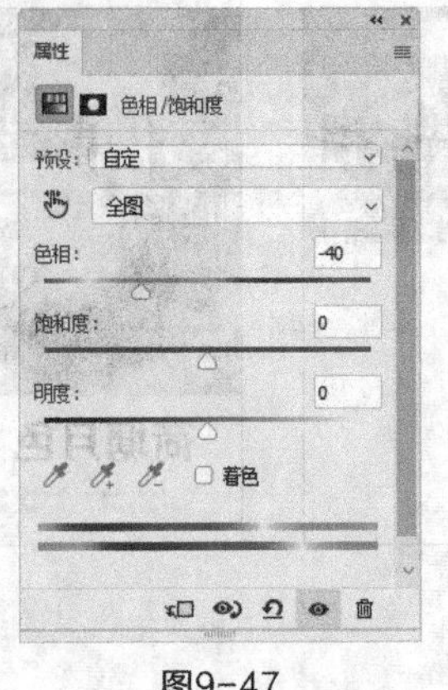

图9-47

图9-48

图9-49

9.4 图层复合、盖印图层与智能对象图层

应用图层复合、盖印图层与智能对象图层可以提高制作图像的效率，快速地得到需要的效果。

9.4.1 图层复合

图层复合可将同一文件中的不同图层效果组合并另存为多个“图层效果组合”，可以更加方便快捷地展示和比较不同图层组合设计的视觉效果。

1. “图层复合”面板

设计好的图像效果如图9-50所示，“图层”面板如图9-51所示。选择“窗口 > 图层复合”命令，弹出“图层复合”面板，如图9-52所示。

图9-50

图9-51

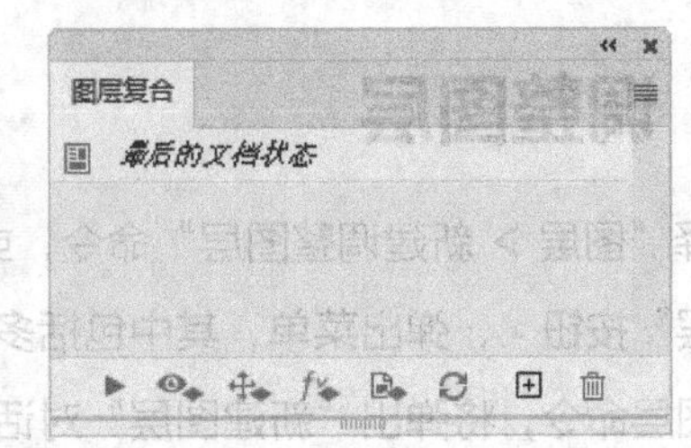

图9-52

2. 创建图层复合

单击“图层复合”面板右上方的≡图标，在弹出的菜单中选择“新建图层复合”命令，弹出“新建图层复合”对话框，如图9-53所示，单击“确定”按钮，建立“图层复合1”，如图9-54所示，所建立的“图层复合1”中存储的是当前制作的效果。

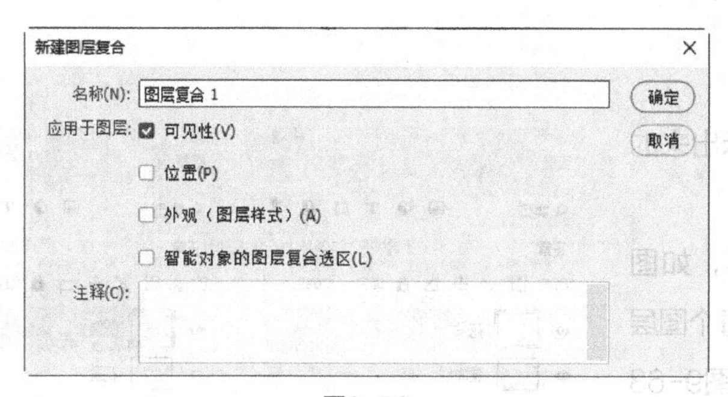

图9-53

图9-54

对图像进行修饰和编辑，图像效果如图9-55所示，“图层”面板如图9-56所示。选择“新建图层复合”命令，建立“图层复合2”，如图9-57所示，所建立的“图层复合2”中存储的是修饰和编辑后的效果。

图9-55

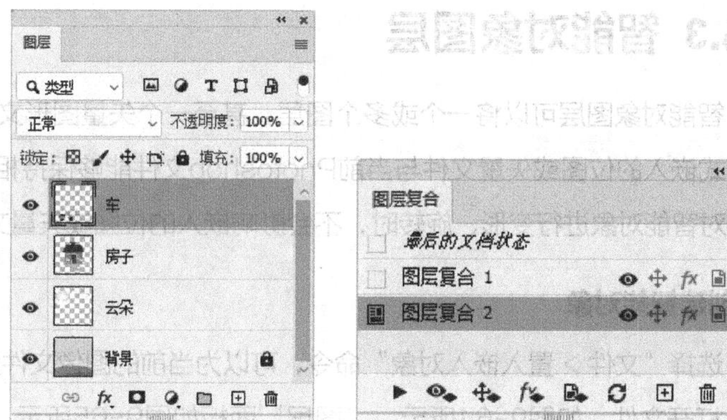

图9-56

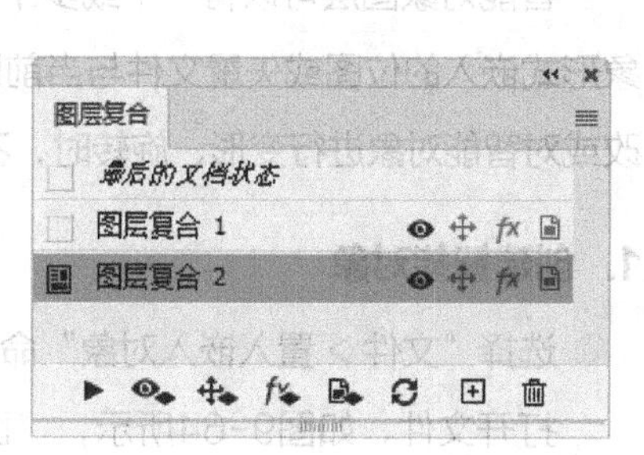

图9-57

3. 查看图层复合

在“图层复合”面板中，单击“图层复合1”左侧的方框，显示图标，如图9-58所示，可以观察“图层复合1”中的图像，效果如图9-59所示；单击“图层复合2”左侧的方框，显示图标，如图9-60所示，可以观察“图层复合2”中的图像，效果如图9-61所示。

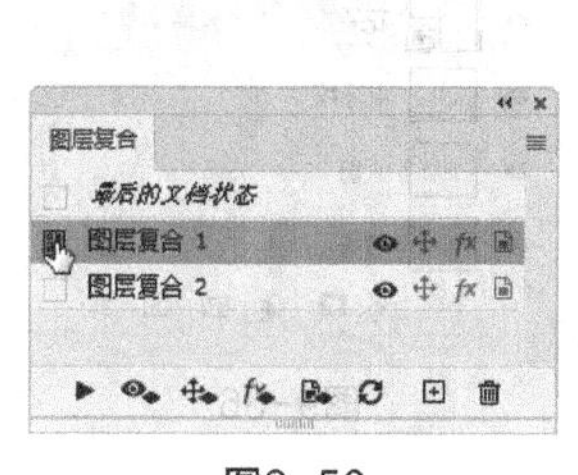

图9-58

图9-59

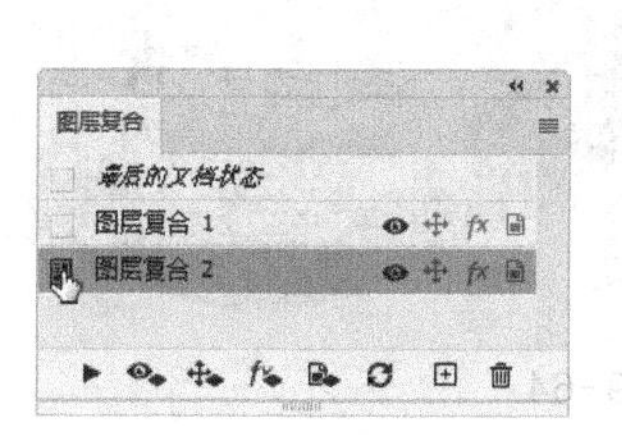

图9-60

图9-61

单击“应用选中的下一图层复合”按钮▸，可以快速地对图像编辑效果进行比较。

9.4.2 盖印图层

盖印图层是将图像窗口中所有当前显示出来的图像合并到一个新的图层中。

在“图层”面板中选中一个可见图层，如图9-62所示。按Alt+Shift+Ctrl+E快捷键，将每个图层中的图像复制并合并到一个新的图层中，如图9-63所示。

图9-62

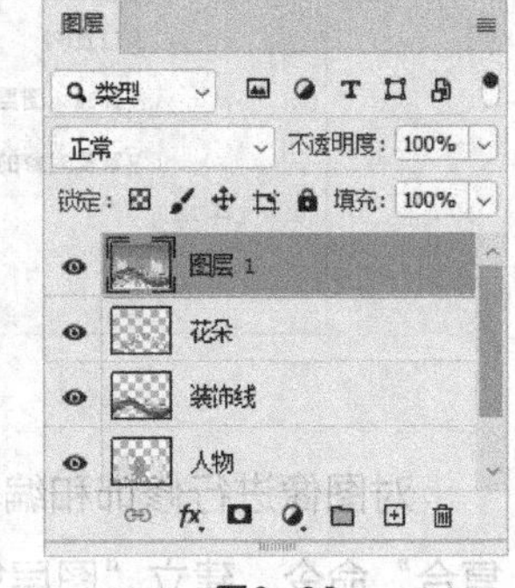

图9-63

提示 在执行此操作时，必须选择一个可见的图层，否则将无法实现此操作。

9.4.3 智能对象图层

智能对象图层可以将一个或多个图层，甚至一个矢量图形文件包含在Photoshop的文件中。以智能对象形式嵌入的位图或矢量文件与当前Photoshop文件能够保持相对的独立性。当对Photoshop文件进行修改或对智能对象进行变形、旋转时，不会影响嵌入的位图或矢量文件。

1. 创建智能对象

选择“文件 > 置入嵌入对象”命令，可以为当前的图像文件置入一个矢量文件或位图文件。

打开文件，如图9-64所示，“图层”面板如图9-65所示。选择“图层 > 智能对象 > 转换为智能对象”命令，可以将选中的图层转换为智能对象图层，如图9-66所示。

图9-64

图9-65

图9-66

在Illustrator软件中拷贝矢量对象，再回到Photoshop软件中将拷贝的对象粘贴，也可以创建智能对象图层。

2. 编辑智能对象

双击“花朵”图层的缩览图，弹出对话框，如图9-67所示，单击“确定”按钮，Photoshop将打开一个新文件，即智能对象“花朵”，如图9-68所示。此智能对象文件包含一个普通图层，如图9-69所示。

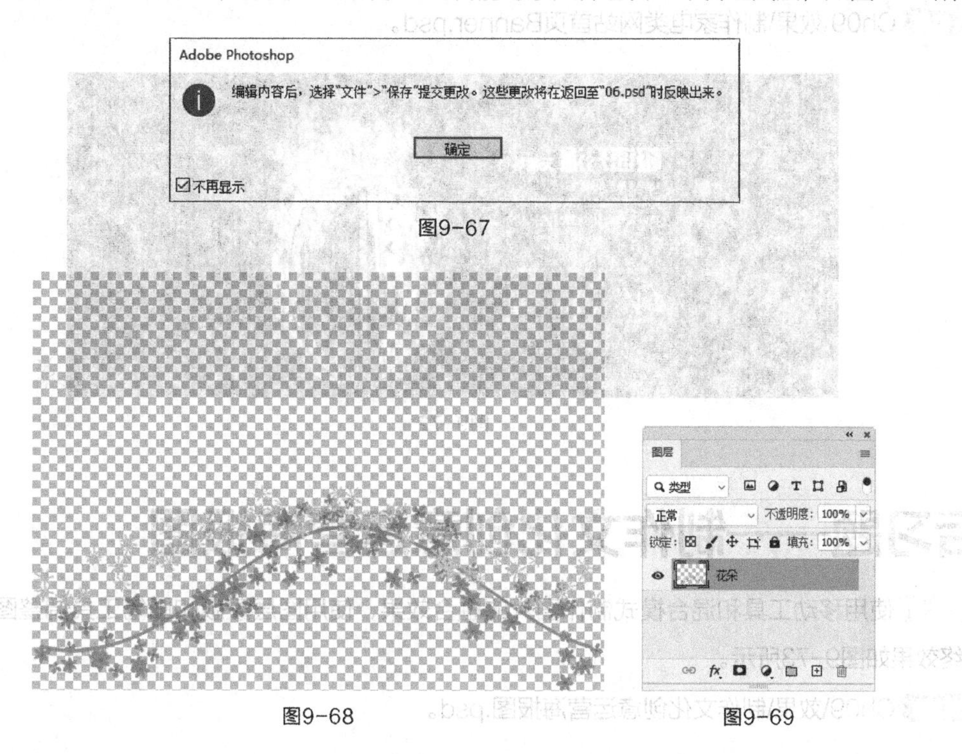

图9-67

图9-68　　图9-69

在智能对象文件中对图像进行修改并保存，效果如图9-70所示。保存后，修改操作将影响嵌入此智能对象文件的图像的最终效果，如图9-71所示。

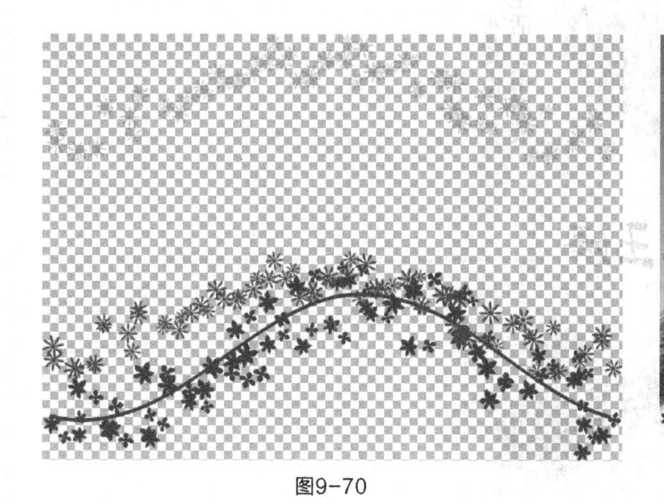

图9-70

图9-71

课堂练习——制作家电类网站首页Banner

练习知识要点 使用移动工具添加图片，使用混合模式和图层蒙版制作火焰，最终效果如图9-72所示。

效果所在位置 Ch09\效果\制作家电类网站首页Banner.psd。

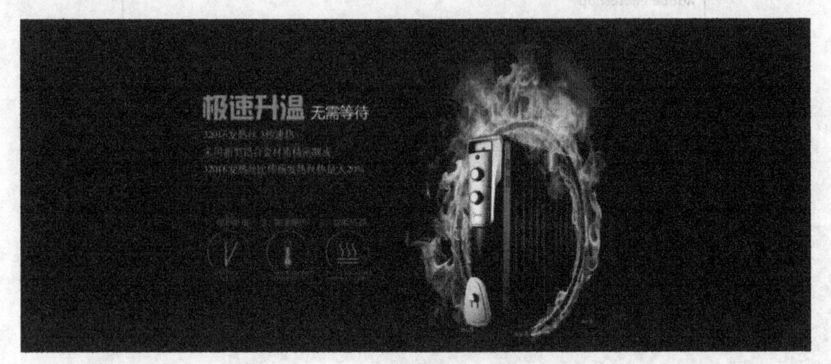

图9-72

课后习题——制作文化创意运营海报图

习题知识要点 使用移动工具和混合模式制作图片的融合效果，使用图层蒙版和画笔工具调整图片的融合效果，最终效果如图9-73所示。

效果所在位置 Ch09\效果\制作文化创意运营海报图.psd。

图9-73

第 10 章

应用文字

本章介绍

本章主要介绍Photoshop中文字的应用技巧。通过学习本章内容，要了解并掌握文字的功能及特点，熟练掌握点文字、段落文字的输入方法以及变形文字和路径文字的制作技巧。

学习目标

●熟练掌握文字输入和编辑的技巧。

●掌握创建变形文字与路径文字的技巧。

技能目标

●掌握“家装网站Banner”的制作方法。

●掌握“招牌面宣传海报”的制作方法。

10.1 文字的输入与编辑

应用文字工具输入文字并使用“字符”和“段落”面板对文字进行编辑和调整。

10.1.1 课堂案例——制作家装网站Banner

案例学习目标 使用文字工具结合“字符”面板制作家装网站Banner。

案例知识要点 使用移动工具添加素材图片，使用图层样式为图片和文字添加特殊效果，使用矩形工具、横排文字工具、直排文字工具和“字符”面板制作活动信息，最终效果如图10-1所示。

效果所在位置 Ch10\效果\制作家装网站Banner.psd。

图10-1

01 按Ctrl+N快捷键，弹出“新建文档”对话框，设置宽度为968像素，高度为390像素，分辨率为72像素/英寸，颜色模式为RGB，背景为白色，单击“创建”按钮，新建一个文件。

02 选择渐变工具，单击属性栏中的“点按可编辑渐变”按钮，弹出“渐变编辑器”对话框，在“位置”选项中分别设置0、100两个位置点，并分别设置两个位置点颜色的RGB值为0（149、205、194）、100（175、245、241）。选中“颜色中点”，在“位置”选项中进行设置，如图10-2所示。单击“确定”按钮。在图像窗口中从下到上拖曳渐变色，效果如图10-3所示。

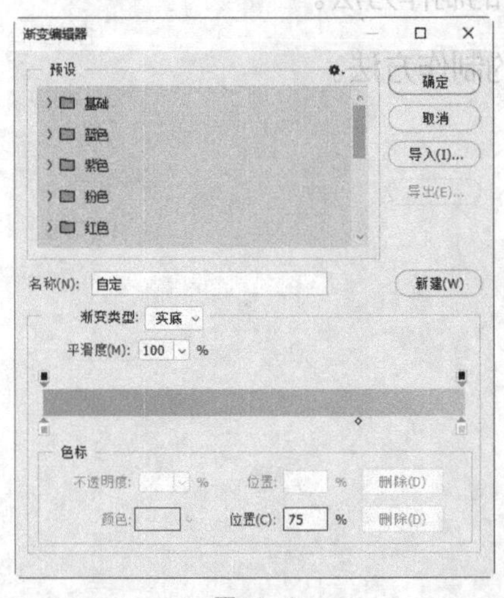

图10-2

图10-3

03 选择矩形工具▢，在属性栏的“选择工具模式”选项中选择“形状”，将“填充”颜色设为淡绿色（RGB的值为219、235、235），“描边”颜色设为无。在图像窗口中绘制一个矩形，效果如图10-4所示，“图层”面板中会生成新的形状图层“矩形1”。

图10-4

04 单击“图层”面板下方的“添加图层样式”按钮fx，在弹出的菜单中选择“描边”命令，在弹出的对话框中进行设置，如图10-5所示，单击“确定”按钮，效果如图10-6所示。

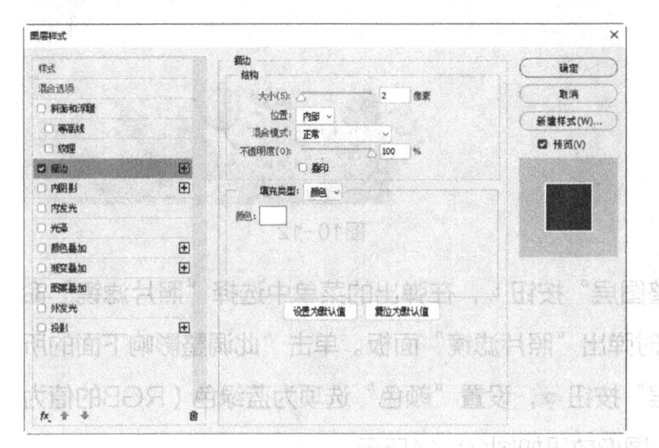

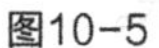

图10-5

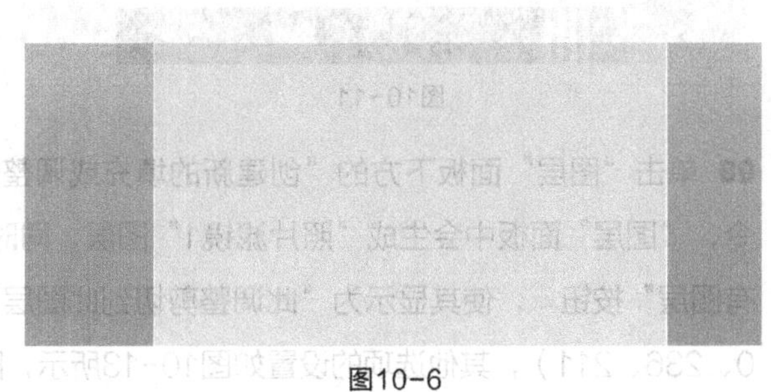

图10-6

05 选择矩形工具▢，在图像窗口中适当的位置绘制一个矩形。在属性栏中将“填充”颜色设为深绿色（RGB的值为23、96、87），效果如图10-7所示，“图层”面板中会生成新的形状图层“矩形2”。按Alt+Ctrl+G快捷键，为“矩形2”图层创建剪贴蒙版，效果如图10-8所示。

图10-7

图10-8

06 选择矩形工具▢，在图像窗口中适当的位置绘制一个矩形。在属性栏中将“填充”颜色设为浅绿色（RGB的值为190、216、215），效果如图10-9所示，“图层”面板中会生成新的形状图层“矩形3”。选择移动工具✥，按住Alt+Shift组合键的同时，拖曳矩形到适当的位置，复制矩形，效果如图10-10所示，“图层”面板中会生成新的形状图层“矩形3 拷贝”。

图10-9

图10-10

07 使用相同的方法再次复制两个矩形，效果如图10-11所示，“图层”面板中会生成新的形状图层。按Ctrl+O快捷键，打开本书学习资源中的“Ch10\素材\制作家装网站Banner\01、02”文件。选择移动工具，分别将01和02图像拖曳到当前图像窗口中适当的位置，效果如图10-12所示，“图层”面板中会生成新的图层，分别命名为“花”和“立方体”。

图10-11

图10-12

08 单击“图层”面板下方的“创建新的填充或调整图层”按钮，在弹出的菜单中选择“照片滤镜”命令，“图层”面板中会生成“照片滤镜1”图层，同时弹出“照片滤镜”面板。单击“此调整影响下面的所有图层”按钮，使其显示为“此调整剪切到此图层”按钮，设置“颜色”选项为蓝绿色（RGB的值为0、236、211），其他选项的设置如图10-13所示，图像效果如图10-14所示。

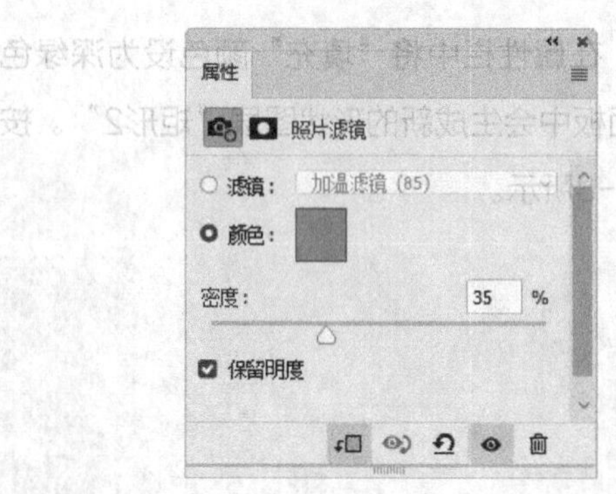

图10-13

图10-14

09 按Ctrl+O快捷键，打开本书学习资源中的“Ch10\素材\制作家装网站Banner\03”文件。选择移动工具，将03图像拖曳到新建图像窗口中适当的位置并调整大小，效果如图10-15所示，“图层”面板中会生成新的图层并将其命名为“落地灯”。

10 按Ctrl+T快捷键，图像周围出现变换框，将鼠标指针放在变换框任意一角的外侧，指针变为旋转形状，拖曳鼠标将图像旋转到适当的角度，按Enter键确认操作，效果如图10-16所示。

图10-15

图10-16

11 使用相同的方法分别添加04、05、06和07图片，并调整图片的位置、大小和角度，“图层”面板中分别生成新的图层，并将它们重命名，如图10-17所示，图像效果如图10-18所示。

图10-17

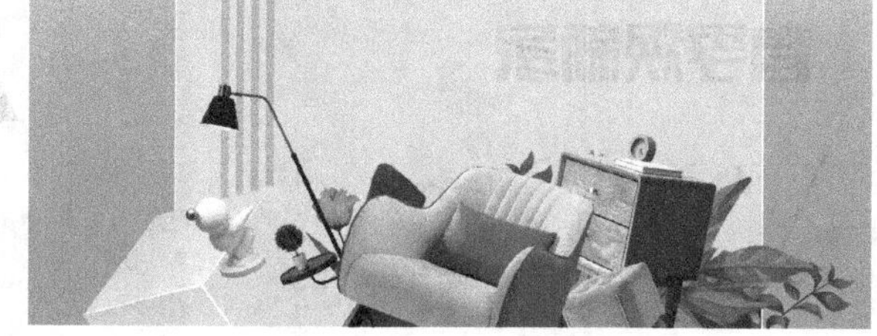

图10-18

12 选中“摆件”图层。单击“图层”面板下方的“添加图层样式”按钮 fx，在弹出的菜单中选择“投影”命令，弹出对话框，将阴影颜色设为深绿色（RGB的值为2、68、58），其他选项的设置如图10-19所示，单击“确定”按钮，效果如图10-20所示。

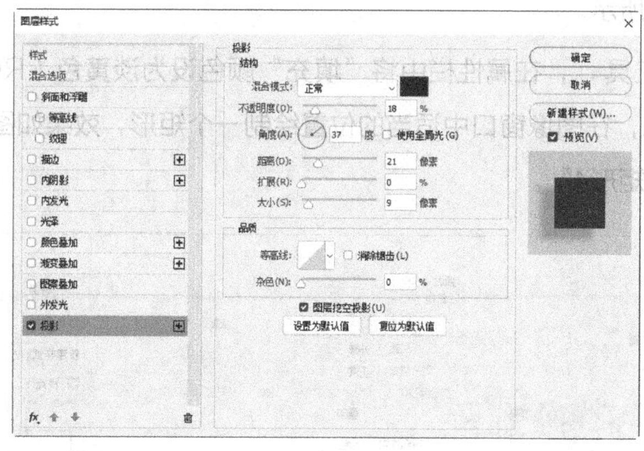

图10-19

图10-20

13 选中“沙发”图层。将前景色设为深绿色（RGB的值为6、71、67），选择横排文字工具 T，在适当的位置输入需要的文字并选取，在属性栏中选择合适的字体并设置大小，效果如图10-21所示，“图层”面板中会生成新的文字图层。保持文字为选中状态，按Ctrl+T快捷键，打开“字符”面板，选项的设置如图10-22所示，效果如图10-23所示。

14 选择移动工具，按Ctrl+J快捷键，复制图层，“图层”面板中会生成新的文字图层“春季焕新家 拷贝”，并微调文字到适当的位置，效果如图10-24所示。

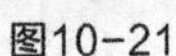
图10-21

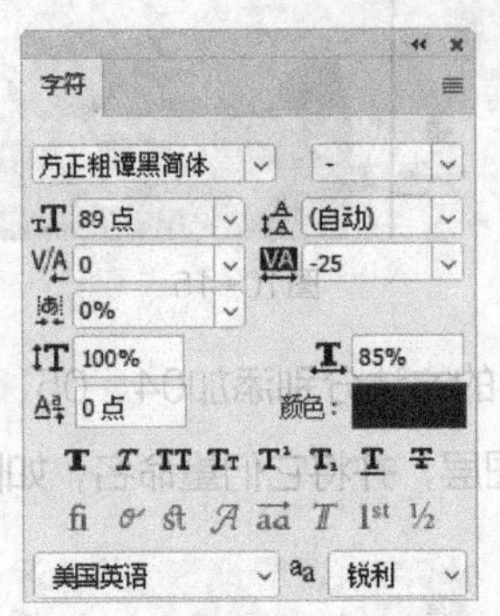

图10-22

图10-23

图10-24

15 在“图层”面板上方，将“春季换新家 拷贝”图层的“填充”选项设为0，并拖曳到“春季焕新家”图层的下方，如图10-25所示。单击“图层”面板下方的“添加图层样式”按钮，在弹出的菜单中选择“描边”命令，弹出对话框，将描边颜色设为深绿色（RGB的值为6、71、67），其他选项的设置如图10-26所示，单击“确定”按钮，效果如图10-27所示。

16 选中“春季焕新家”图层。选择矩形工具，在属性栏中将“填充”颜色设为淡黄色（RGB的值为254、229、145），“描边”颜色设为无，在图像窗口中适当的位置绘制一个矩形，效果如图10-28所示，“图层”面板中会生成新的形状图层“矩形4”。

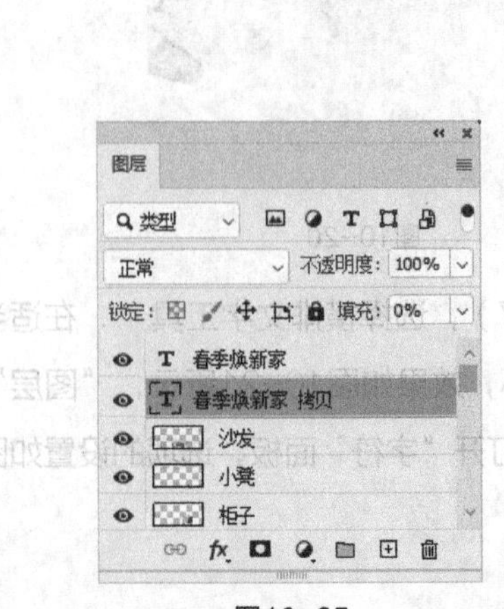

图10-25

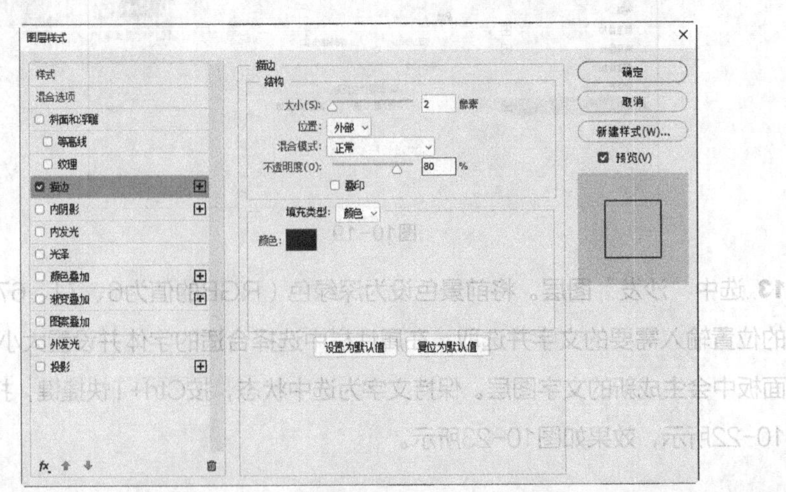

图10-26

图10-27

图10-28

17 选择横排文字工具T，在适当的位置输入需要的文字并选取，在属性栏中选择合适的字体并设置文字大小，将文本颜色设为红色（RGB的值为207、0、0），效果如图10-29所示，"图层"面板中会生成新的文字图层。

18 选择矩形工具□，在属性栏中将"填充"颜色设为深绿色（RGB的值为6、71、67），"描边"颜色设为无，在图像窗口中适当的位置绘制一个矩形，效果如图10-30所示，"图层"面板中会生成新的形状图层"矩形5"。

图10-29

图10-30

19 选择直排文字工具IT，在适当的位置输入需要的文字并选取，在属性栏中选择合适的字体并设置文字大小，将文本颜色设为白色，"图层"面板中会生成新的文字图层。在"字符"面板中，选项的设置如图10-31所示，效果如图10-32所示。家装网站Banner制作完成。

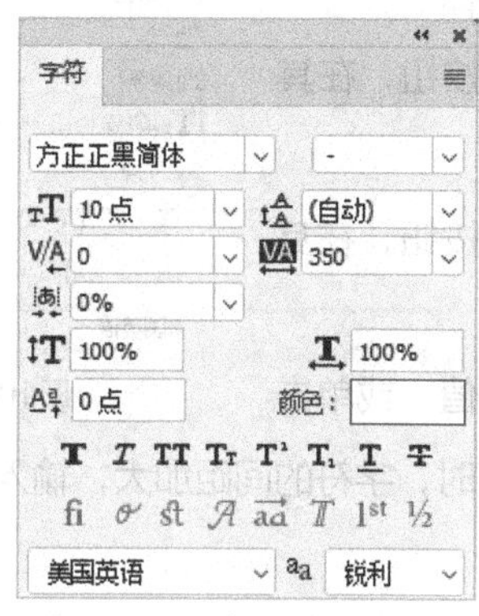

图10-31

图10-32

10.1.2 输入水平、垂直文字

选择横排文字工具T，或按T键，其属性栏状态如图10-33所示。

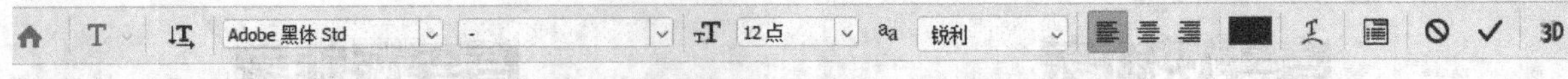

图10-33

：用于切换文字输入的方向。Adobe 黑体 Std - ：用于设置文字的字体及属性。12点：用于设置文字的大小。锐利：用于设置消除锯齿的方式。：用于设置文字的段落格式，分别是左对齐、居中对齐和右对齐。：用于设置文字的颜色。：用于对文字进行变形操作。：用于打开"段落"和"字符"面板。：用于取消对文字的操作。：用于确定对文字的操作。：用于从文本图层中创建3D对象。

选择直排文字工具，可以在图像中建立纵向文本，直排文字工具属性栏和横排文字工具属性栏的功能基本相同，这里不再赘述。

10.1.3 创建文字形状选区

横排文字蒙版工具：可以在图像中建立横向文本的选区，横排文字蒙版工具属性栏和横排文字工具属性栏的功能基本相同，这里不再赘述。

直排文字蒙版工具：可以在图像中建立纵向文本的选区，直排文字蒙版工具属性栏和横排文字工具属性栏的功能基本相同，这里不再赘述。

10.1.4 字符设置

"字符"面板用于编辑文本字符。

选择"窗口 > 字符"命令，弹出"字符"面板，如图10-34所示。

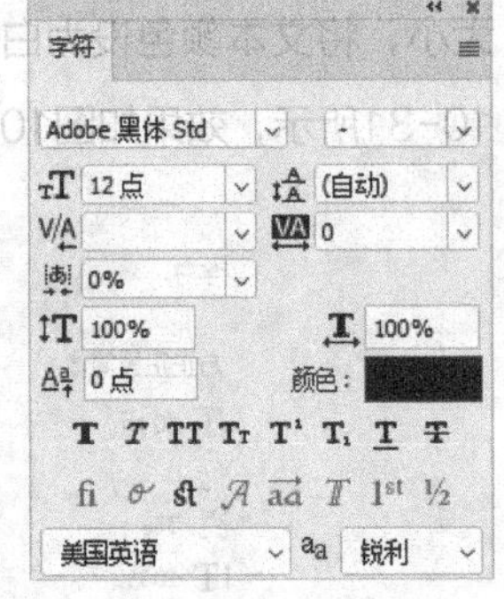

图10-34

Adobe 黑体 Std：单击选项右侧的按钮，可在其下拉列表中选择字体。

12点：在此数值框中直接输入数值，或单击选项右侧的按钮，在其下拉列表中选择学号。

(自动)：在此数值框中直接输入数值，或单击选项右侧的按钮，在其下拉列表中选择需要的行距数值，可以调整文本段落的行距。

0：在两个字符间插入光标，在选项的数值框中输入数值，或单击选项右侧的按钮，在其下拉列表中选择需要的字距数值。输入正值时，字符的间距加大；输入负值时，字符的间距缩小。

0：在此数值框中直接输入数值，或单击选项右侧的按钮，在其下拉列表中选择字距数值，可以调整文本段落的字距。输入正值时，字距加大；输入负值时，字距缩小。

0%：在此下拉列表中选择百分比数值，可以对所选字符的比例间距进行细微的调整。

100%：在此数值框中输入数值，可以调整字符的高度。

100%：在此数值框中输入数值，可以调整字符的宽度。

A♯ 0点 ：选中字符，在选项的数值框中直接输入数值，可以上下移动字符。输入正值时，水平字符上移，直排的字符右移；输入负值时，水平字符下移，直排的字符左移。

颜色：■■：在图标上单击，弹出"拾色器（文本颜色）"对话框，在对话框中设置需要的颜色后，单击"确定"按钮，改变文字的颜色。

T T TT Tr T' T, T T：从左到右依次为"仿粗体"按钮T、"仿斜体"按钮T、"全部大写字母"按钮TT、"小型大写字母"按钮Tr、"上标"按钮T'、"下标"按钮T,、"下划线"按钮T和"删除线"按钮T。

美国英语 ：单击选项右侧的按钮，在其下拉列表中选择需要的语言，主要用于拼写检查和连字的设置。

aa 锐利 ：可以选择无、锐利、犀利、浑厚、平滑、Windows LCD和Windows共7种消除锯齿的方式。

10.1.5 输入段落文字

建立段落文字图层就是以段落文字框的方式建立文字图层。

选择横排文字工具T，将鼠标指针移动到图像窗口中，鼠标指针变为形状。按住鼠标左键不放拖曳鼠标，在图像窗口中创建一个定界框，如图10-35所示。定界框具有自动换行的功能，如果输入的文字较多，则当文字遇到定界框时，会自动换到下一行。输入文字，效果如图10-36所示。

如果输入的文字需要分段落，可以按Enter键进行操作。此外，还可以对定界框进行旋转、拉伸等操作。

图10-35

图10-36

10.1.6 段落设置

"段落"面板用于编辑文本段落。

选择"窗口＞段落"命令，弹出"段落"面板，如图10-37所示。

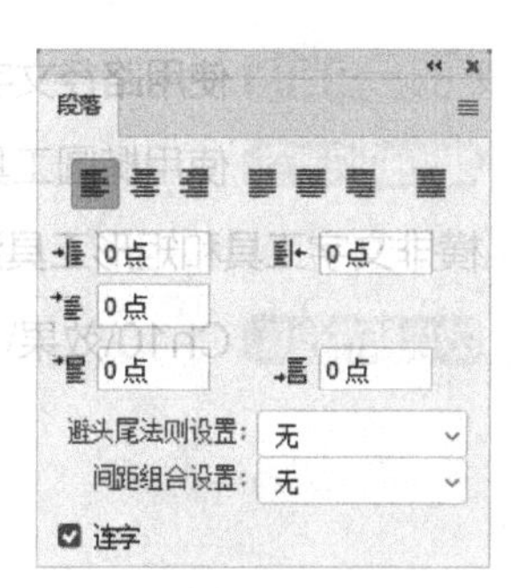

图10-37

：用于调整文本段落中文字的对齐方式，包括左对齐、居中对齐、右对齐。

：用于调整段落最后一行文字的对齐方式，包括段落最后一行左对齐、段落最后一行居中对齐、段落最后一行右对齐。

：用于使整个段落两端对齐。

：在选项中输入数值可以设置段落左端的缩进量。

：在选项中输入数值可以设置段落右端的缩进量。

：在选项中输入数值可以设置段落第一行左端的缩进量。

：在选项中输入数值可以设置当前段落与前一段落的距离。

：在选项中输入数值可以设置当前段落与后一段落的距离。

避头尾法则设置、间距组合设置：用于设置段落的避头尾和间距组合的方式。

连字：用于确定文字是否用连字符连接。

10.1.7 栅格化文字

"图层"面板如图10-38所示。选择"文字 > 栅格化文字图层"命令，可以将文字图层转换为图像图层，如图10-39所示；也可用鼠标右键单击文字图层，在弹出的菜单中选择"栅格化文字"命令。

图10-38

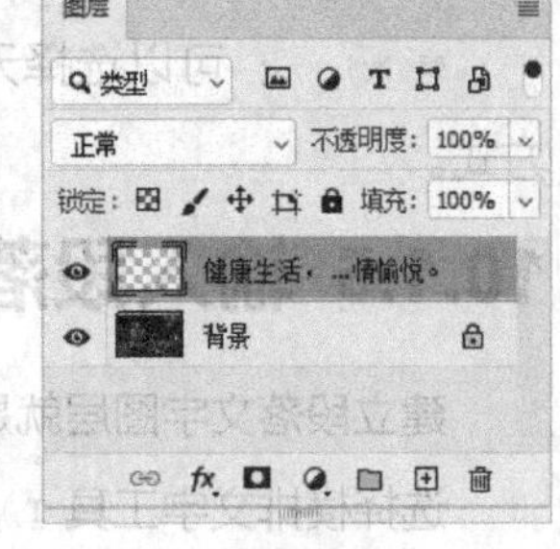

图10-39

10.1.8 载入文字选区

按住Ctrl键的同时，单击文字图层的缩览图，即可载入文字选区。

10.2 创建变形与路径文字

在Photoshop中可以应用创建变形文字与路径文字制作出多样的文字效果。

10.2.1 课堂案例——制作招牌面宣传海报

案例学习目标 使用路径文字制作招牌面宣传文字。

案例知识要点 使用椭圆工具、横排文字工具和"字符"面板制作路径文字，使用横排文字工具和矩形工具添加其他相关信息，最终效果如图10-40所示。

效果所在位置 Ch10\效果\制作招牌面宣传海报.psd。

图10-40

01 按Ctrl+O快捷键，打开本书学习资源中的“Ch10\素材\制作招牌面宣传海报\01、02”文件。选择移动工具，将02图像拖曳到01图像窗口中适当的位置，效果如图10-41所示，“图层”面板中会生成新的图层并将其命名为“面”。

02 单击“图层”面板下方的“添加图层样式”按钮，在弹出的菜单中选择“投影”命令，弹出对话框，选项的设置如图10-42所示，单击“确定”按钮，效果如图10-43所示。

图10-41

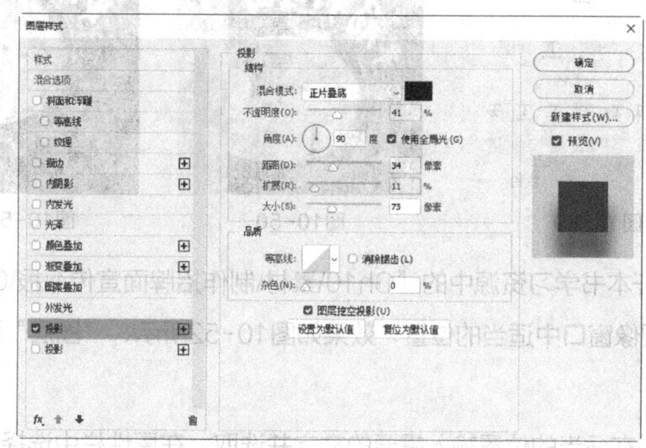

图10-42

图10-43

03 选择椭圆工具，在属性栏的“选择工具模式”选项中选择“路径”，在图像窗口中绘制一个椭圆形路径，效果如图10-44所示。

04 选择横排文字工具，将鼠标指针放置在路径上时其会变为形状，单击进入文字输入状态，输入需要的文字并选取，在属性栏中选择合适的字体并设置大小，效果如图10-45所示，“图层”面板中会生成新的文字图层。

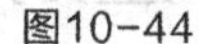

图10-44

图10-45

05 选取文字，按Ctrl+T快捷键，弹出“字符”面板，选项的设置如图10-46所示，效果如图10-47所示。选取文字“筋半肉面”，在属性栏中设置文字大小，效果如图10-48所示。

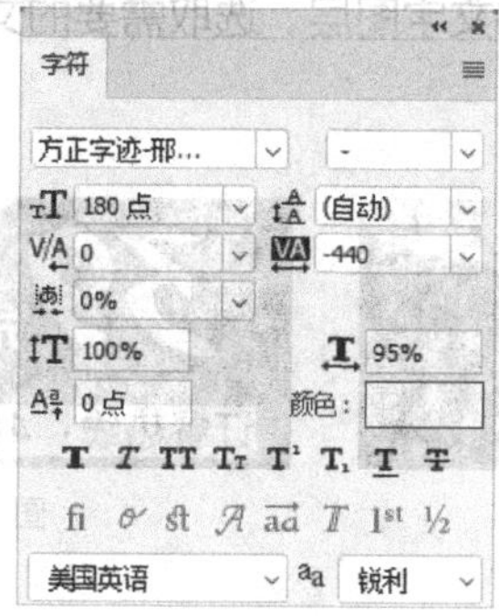

图10-46

图10-47

图10-48

06 在文字“肉”右侧单击插入光标，在“字符”面板中，设置两个字符间的字距 为60，如图10-49所示，效果如图10-50所示。用上述的方法制作其他路径文字，效果如图10-51所示。

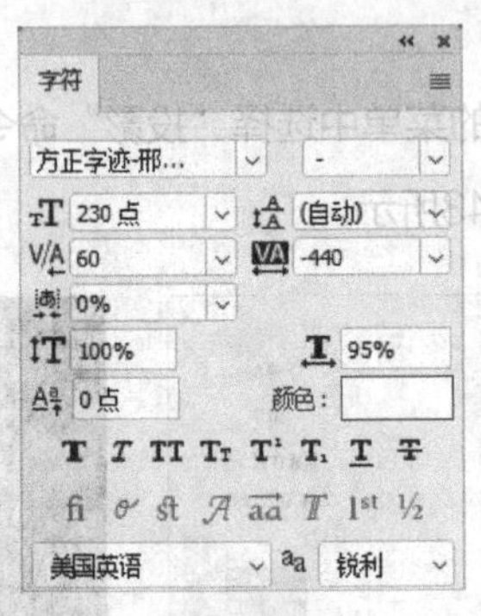

图10-49

图10-50

图10-51

07 按Ctrl+O快捷键，打开本书学习资源中的“Ch10\素材\制作招牌面宣传海报\03”文件。选择移动工具 ，将03图像拖曳到01图像窗口中适当的位置，效果如图10-52所示，“图层”面板中会生成新的图层，将其命名为“筷子”。

08 选择横排文字工具 ，在适当的位置输入需要的文字并选取，在属性栏中选择合适的字体并设置文字大小，将文本颜色设为浅棕色（RGB的值为209、192、165），“图层”面板中会生成新的文字图层。在“字符”面板中，选项的设置如图10-53所示，效果如图10-54所示。

图10-52

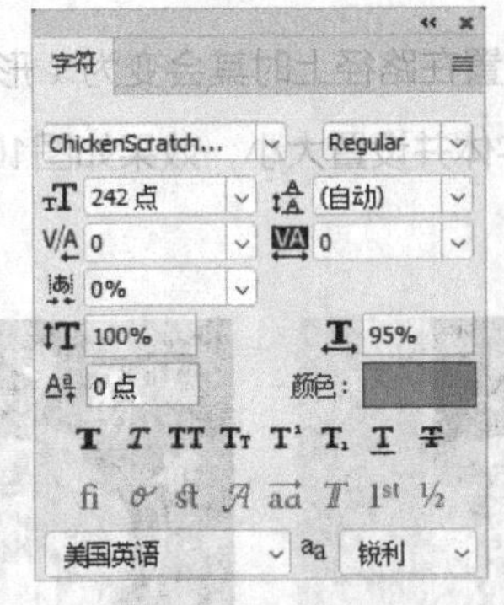

图10-53

图10-54

09 分别输入需要的文字并选取，在属性栏中选择合适的字体并设置文字大小，将文本颜色设为白色，效果如图10-55所示，“图层”面板中会生成新的文字图层。选取需要的文字，在“字符”面板中，设置字距  为75，效果如图10-56所示。

图10-55

图10-56

10 选取文字“400-78**89**”。在“字符”面板中选择合适的字体并设置大小，如图10-57所示，效果如图10-58所示。选取符号“**”，在“字符”面板中，设置基线偏移 为-15，效果如图10-59所示。用相同的方法调整另一组符号的基线偏移，效果如图10-60所示。

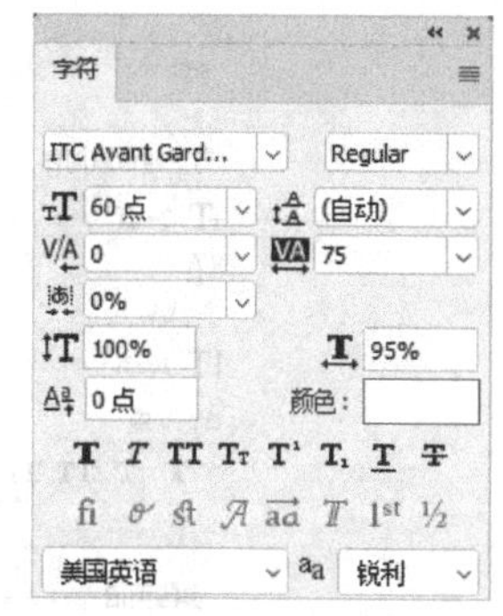

图10-57

图10-58

图10-59

图10-60

11 选择横排文字工具 ，在适当的位置输入需要的文字并选取。在“字符”面板中，将“颜色”设置为浅棕色（RGB的值为209、192、165），字距 设置为340，其他选项的设置如图10-61所示，效果如图10-62所示，“图层”控制面板中会生成新的文字图层。

12 选择矩形工具 ，在属性栏的“选择工具模式”选项中选择“形状”，将“填充”颜色设为浅棕色（RGB的值为209、192、165），“描边”颜色设为无，在图像窗口中绘制一个矩形，效果如图10-63所示，“图层”面板中会生成新的形状图层“矩形1”。

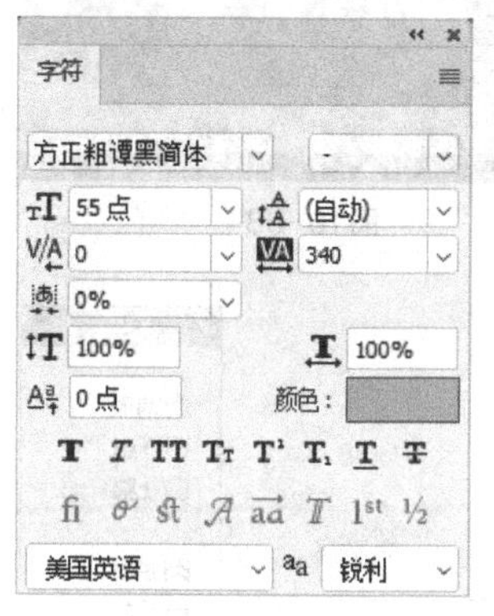

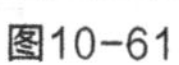

图10-61

图10-62

图10-63

13 选择横排文字工具 ，在适当的位置输入需要的文字并选取。在“字符”面板中，将“颜色”设置为黑色，字距 设置为340，其他选项的设置如图10-64所示，效果如图10-65所示，“图层”面板中会生成新的文字图层。招牌面宣传海报制作完成，效果如图10-66所示。

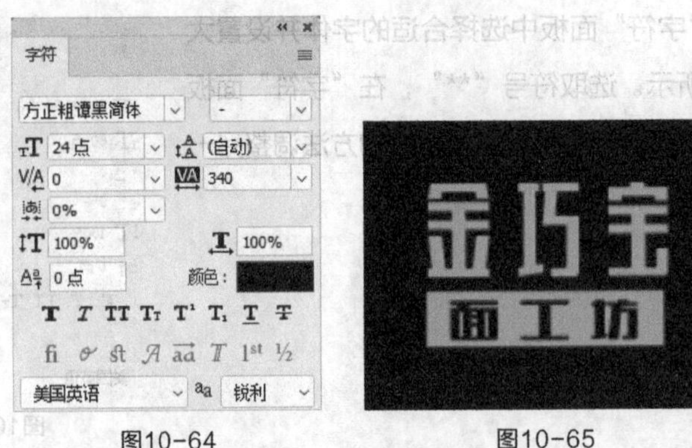

图10-64

图10-65

图10-66

10.2.2 变形文字

“创建文字变形”按钮可以对文字进行多种样式的变形，如扇形、旗帜、波浪、膨胀、扭转等。

1. 制作扭曲变形文字

打开一幅图像。选择横排文字工具 T，在属性栏中设置文字的属性，如图10-67所示，将鼠标指针移动到图像窗口中，鼠标指针将变成⌶状态。在图像窗口中单击，此时出现一个文字的插入点，输入需要的文字，效果如图10-68所示。

图10-67

图10-68

单击属性栏中的“创建文字变形”按钮，弹出“变形文字”对话框，如图10-69所示，其中“样式”选项中有15种文字的变形效果，如图10-70所示。

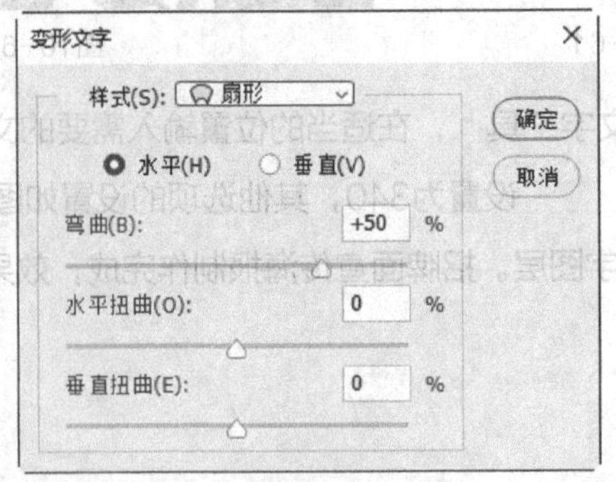

图10-69

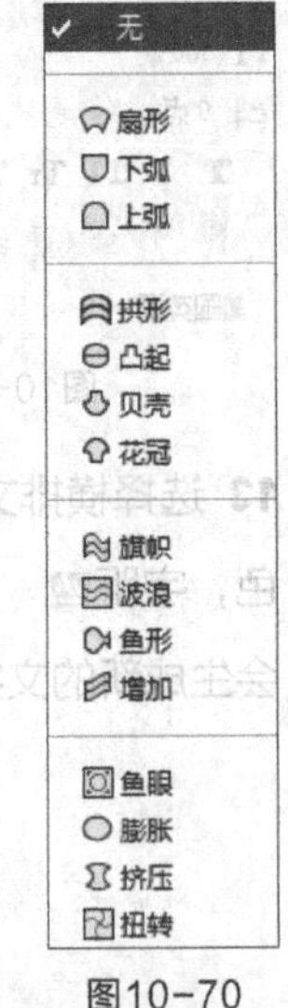

图10-70

应用不同的样式可得到文字的多种变形效果，如图10-71所示。

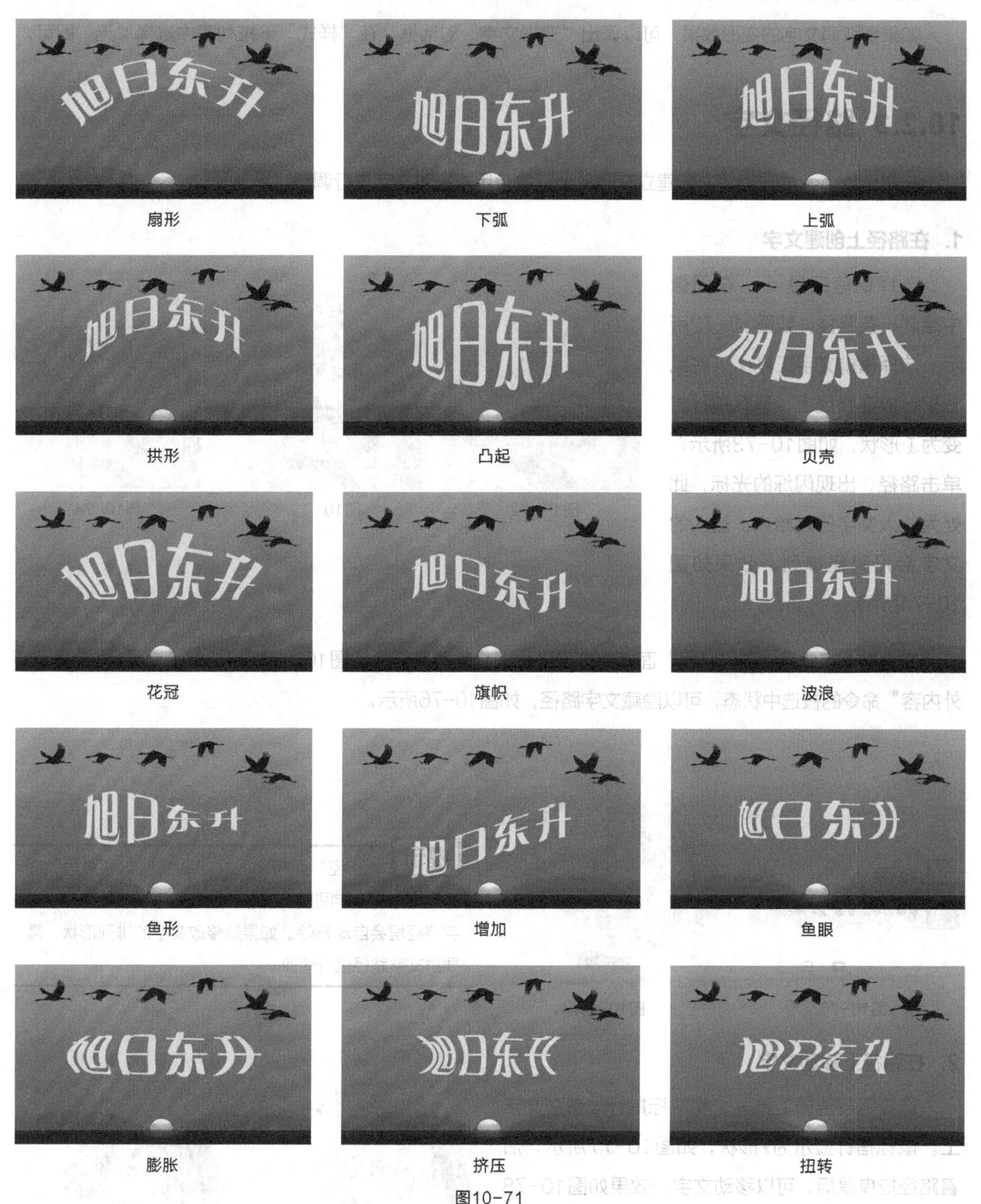

图10-71

2. 设置变形选项

如果要修改文字的变形效果，可以调出“变形文字”对话框，在对话框中重新设置样式或更改当前应用样式的数值。

3. 取消文字变形效果

如果要取消文字的变形效果，可以调出“变形文字”对话框，在“样式”下拉列表中选择“无”即可。

10.2.3 路径文字

在Photoshop中可以将文字建立在路径上，并应用路径对文字进行调整。

1. 在路径上创建文字

选择钢笔工具，在图像中绘制一条路径，如图10-72所示。选择横排文字工具，将鼠标指针放在路径上，鼠标指针将变为形状，如图10-73所示，单击路径，出现闪烁的光标，此处为输入文字的起始点。输入的文字会沿路径排列，效果如图10-74所示。

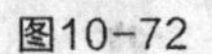

图10-72

图10-73

图10-74

文字输入完成后，在“路径”面板中会自动生成文字路径层，如图10-75所示。取消“视图 > 显示额外内容”命令的被选中状态，可以隐藏文字路径，如图10-76所示。

图10-75

图10-76

提示 “路径”面板中的文字路径层与“图层”面板中相对的文字图层是相链接的，删除文字图层时，文字路径层会自动删除。如果要修改文字的排列形状，需要对文字路径进行修改。

2. 在路径上移动文字

选择路径选择工具，将鼠标指针放置在文字上，鼠标指针显示为形状，如图10-77所示，沿着路径拖曳鼠标，可以移动文字，效果如图10-78所示。

图10-77

图10-78

3. 在路径上翻转文字

选择路径选择工具，将鼠标指针放置在文字上，鼠标指针显示为形状，如图10-79所示，将文字向路径另一侧拖曳，可以沿路径翻转文字，效果如图10-80所示。

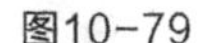
图10-79

图10-80

4. 修改排列形态

选择直接选择工具，在路径上单击，路径上显示出控制手柄，拖曳控制手柄可修改路径的形状，如图10-81所示，文字会按照修改后的路径排列，效果如图10-82所示。

图10-81

图10-82

课堂练习——制作爱宝课堂宣传画

练习知识要点 使用横排文字工具和“创建文字变形”按钮制作宣传文字，使用图层样式为文字添加特殊效果，使用椭圆工具绘制装饰图形，最终效果如图10-83所示。

效果所在位置 Ch10\效果\制作爱宝课堂宣传画.psd。

图10-83

课后习题——制作休闲鞋详情页主图

习题知识要点 使用横排文字工具输入文字，使用“创建文字变形”按钮制作变形文字，使用图层蒙版和画笔工具绘制音符，最终效果如图10-84所示。

效果所在位置 Ch10\效果\制作休闲鞋详情页主图.psd。

图10-84

第 11 章

通道与蒙版

本章介绍

本章主要介绍Photoshop中通道与蒙版的使用方法。通过学习本章内容，可以掌握通道的基本操作和运算方法，以及各种蒙版的创建和使用技巧，从而快速、准确地创作出精美的图像。

学习目标

●掌握通道、蒙版的使用方法和通道的运算方法。

●熟练掌握图层蒙版的使用技巧。

●掌握剪贴蒙版和矢量蒙版的创建方法。

技能目标

●掌握“婚纱摄影类运营海报”的制作方法。

●掌握“新款手表宣传Banner”的制作方法。

●掌握“图像创意横版海报”的制作方法。

11.1 通道的操作

应用通道控制面板可以对通道进行创建、复制、删除、分离、合并等操作。

11.1.1 课堂案例——制作婚纱摄影类运营海报

案例学习目标 使用“通道”面板抠出婚纱。

案例知识要点 使用钢笔工具抠图，使用“色阶”命令调整图片，使用“通道”面板配合“计算”命令抠出婚纱，使用移动工具添加文字素材，最终效果如图11-1所示。

效果所在位置 Ch11\效果\制作婚纱摄影类运营海报.psd。

图11-1

01 按Ctrl+O快捷键，打开本书学习资源中的“Ch11\素材\制作婚纱摄影类运营海报\01”文件，如图11-2所示。

02 选择钢笔工具，在属性栏的“选择工具模式”选项中选择“路径”，沿着人物的轮廓绘制路径，绘制时要避开半透明的婚纱，如图11-3所示。继续绘制路径，效果如图11-4所示。

图11-2

图11-3

图11-4

03 按Ctrl+Enter快捷键，将路径转换为选区，如图11-5所示。单击“通道”面板下方的“将选区存储为通道”按钮，将选区存储为通道，如图11-6所示。按Ctrl+D快捷键，取消选区。将“蓝”通道拖曳到面板下方的“创建新通道”按钮上，复制通道，如图11-7所示。

图11-5

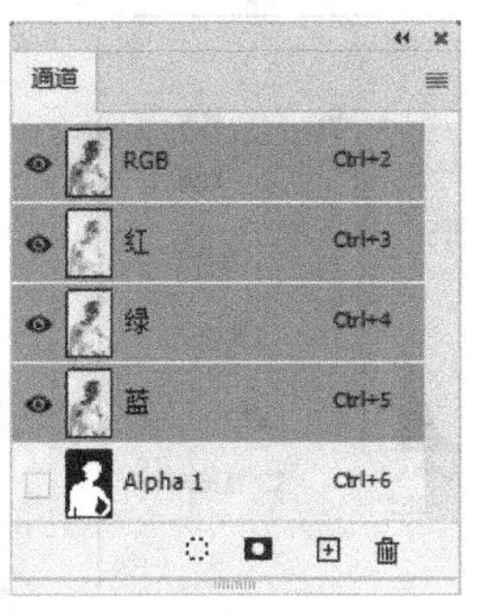

图11-6

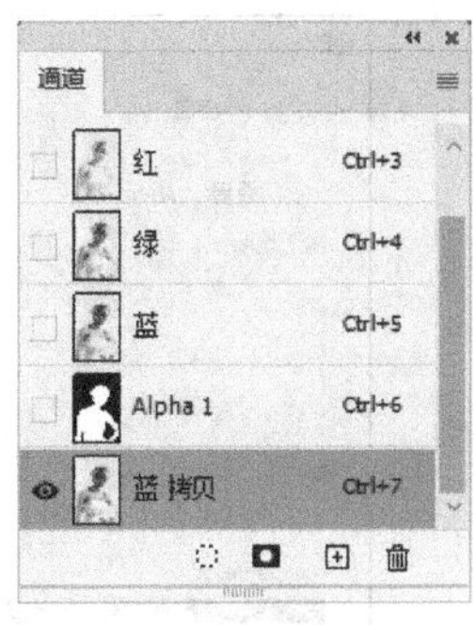

图11-7

04 选择钢笔工具，在图像窗口中绘制路径，如图11-8所示。按Ctrl+Enter快捷键，将路径转换为选区，效果如图11-9所示。

图11-8

图11-9

05 将前景色设为黑色。按Alt+Delete快捷键，用前景色填充选区。按Ctrl+D快捷键，取消选区，效果如图11-10所示。选择“图像 > 计算”命令，在弹出的对话框中进行设置，如图11-11所示，单击“确定”按钮，得到新的通道图像，效果如图11-12所示。

图11-10

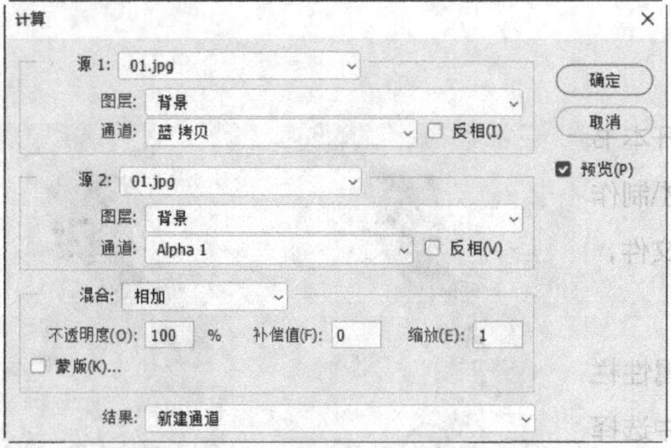

图11-11

图11-12

06 选择“图像 > 调整 > 色阶”命令，在弹出的对话框中进行设置，如图11-13所示，单击“确定”按钮。按住Ctrl键的同时，单击“Alpha 2”通道的缩览图，如图11-14所示，载入婚纱选区，效果如图11-15所示。

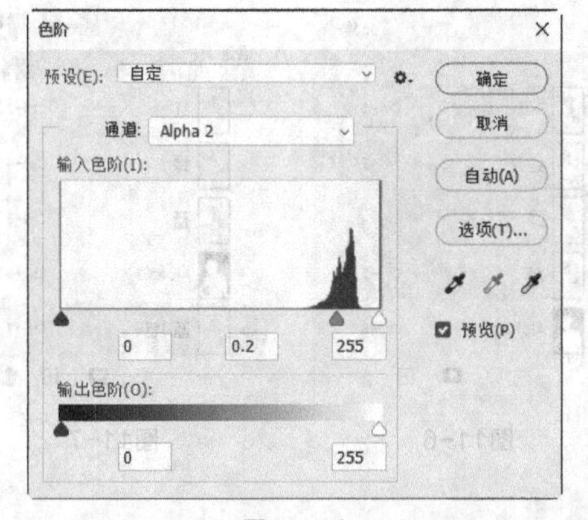

图11-13

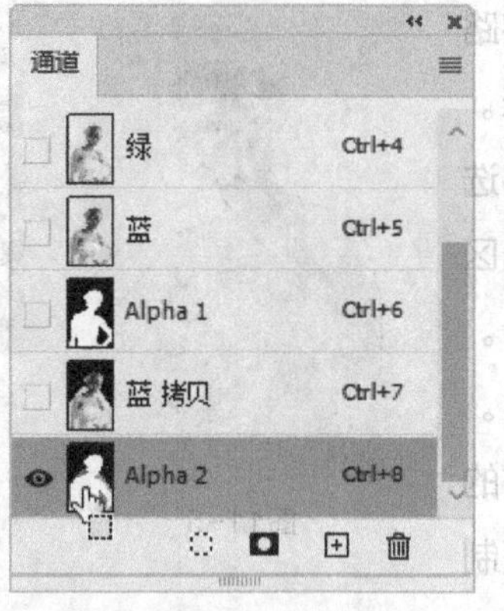

图11-14

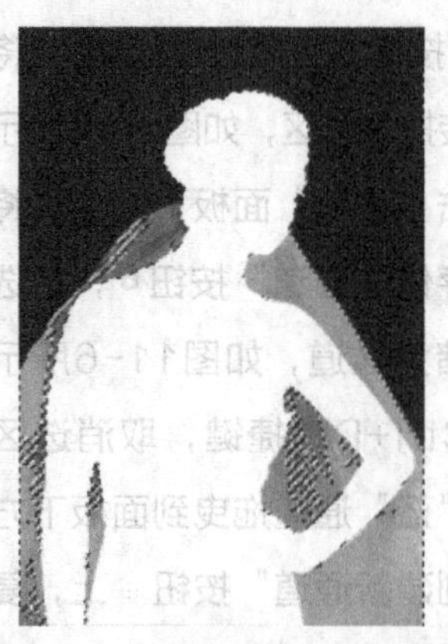

图11-15

07 单击“RGB”通道，显示彩色图像。单击“图层”面板下方的“添加图层蒙版”按钮◘，添加图层蒙版，如图11-16所示，抠出婚纱图像，效果如图11-17所示。

08 按住Ctrl键的同时，单击“图层”面板下方的“创建新图层”按钮⊞，在当前图层的下方生成新的图层并将其命名为“背景”。将前景色设为灰色（RGB的值为142、153、165）。按Alt+Delete快捷键，用前景色填充背景图层，效果如图11-18所示。

图11-16

图11-17

图11-18

09 选中“图层0”图层并将其重命名为“婚纱照”。按Ctrl+L快捷键，弹出“色阶”对话框，选项的设置如图11-19所示，单击“确定”按钮，图像效果如图11-20所示。

10 按Ctrl+O快捷键，打开本书学习资源中的“Ch11\素材\制作婚纱摄影类运营海报\02”文件。选择移动工具✥，将02图像拖曳到01图像窗口中适当的位置，效果如图11-21所示，“图层”面板中会生成新的图层，将其命名为“文字”。婚纱摄影类运营海报制作完成。

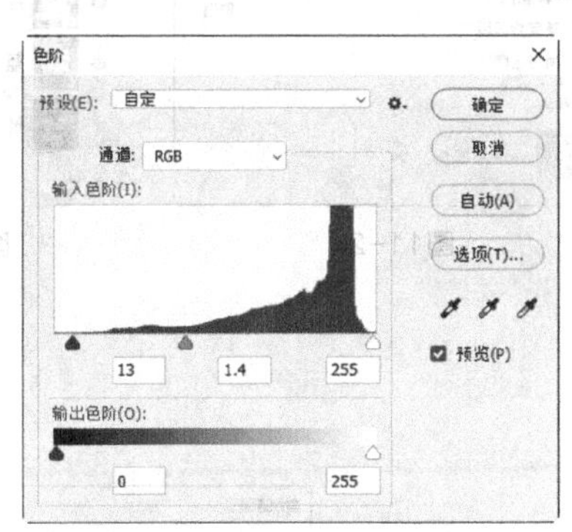

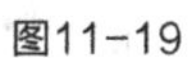

图11-19

图11-20

图11-21

11.1.2 “通道”面板

“通道”面板可以管理所有的通道并对通道进行编辑。

选择“窗口 > 通道”命令，弹出“通道”面板，如图11-22所示。在面板中，放置区用于存放当前图像中存在的所有通道。在放置区中，被选中的通道上会出现灰色条。如果想选中多个通道，可以按住Shift键，再单击其他通道。通道左侧的眼睛图标👁用于显示或隐藏颜色通道。

“通道”面板的底部有4个工具按钮，如图11-23所示。

◌：用于将通道作为选择区域调出。◘：用于将选择区域存入通道中。⊞：用于创建或复制新的通道。🗑：用于删除图像中的通道。

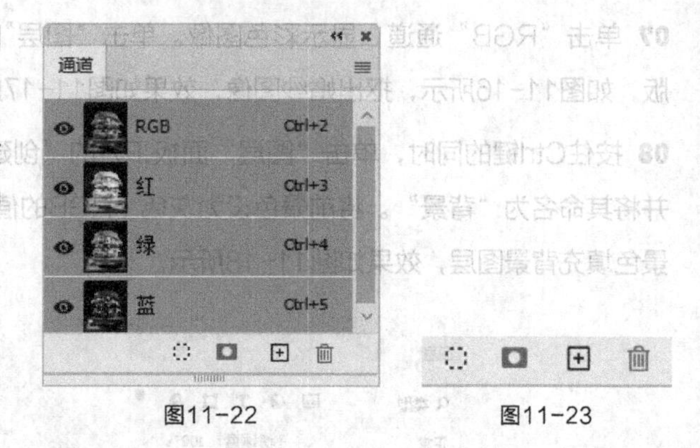

图11-22　图11-23

11.1.3 创建新通道

在编辑图像的过程中，可以建立新的通道。

单击“通道”面板右上方的≡图标，弹出其面板菜单，选择“新建通道”命令，弹出“新建通道”对话框，如图11-24所示。

名称：用于设置新通道的名称。色彩指示：用于选择色彩的指示区域。颜色：用于设置新通道的颜色。不透明度：用于设置新通道的不透明度。

单击“确定”按钮，“通道”面板中将创建一个新通道，即“Alpha 1”，面板如图11-25所示。

单击“通道”面板下方的“创建新通道”按钮⊞，也可以创建一个新通道。

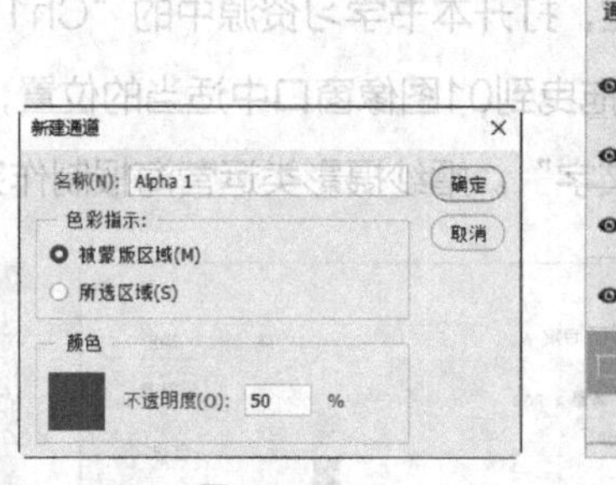
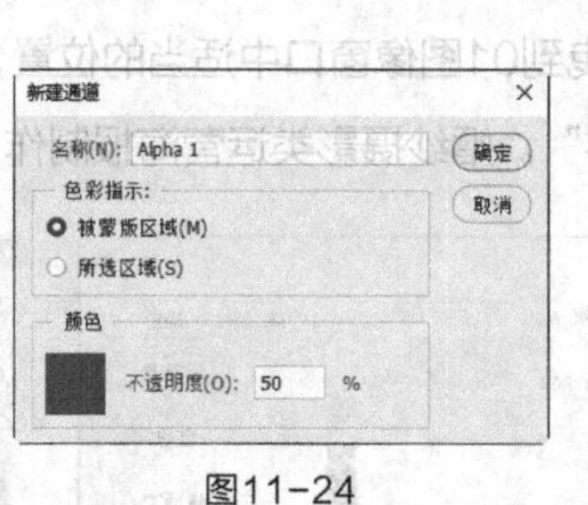

图11-24　图11-25

11.1.4 复制通道

“复制通道”命令用于将现有的通道复制。

单击“通道”面板右上方的≡图标，弹出其面板菜单，选择“复制通道”命令，弹出“复制通道”对话框，如图11-26所示。

为：用于设置复制出的新通道的名称。文档：用于设置复制通道的文件来源。

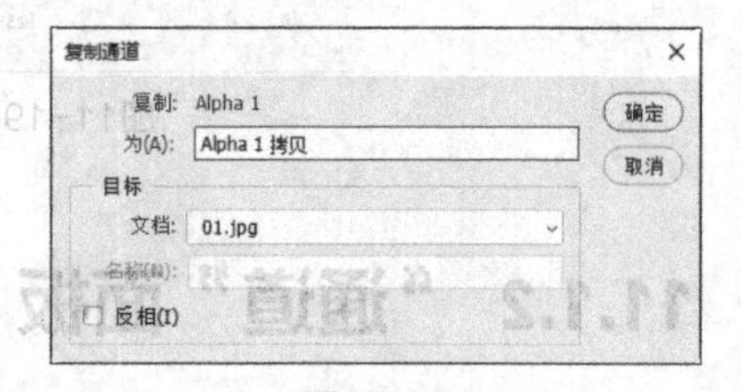

图11-26

将需要复制的通道拖曳到面板下方的“创建新通道”按钮⊞上，即可将所选的通道复制，得到一个新的通道。

11.1.5 删除通道

单击“通道”面板右上方的≡图标，弹出其面板菜单，选择“删除通道”命令，即可将通道删除。

单击“通道”面板下方的“删除当前通道”按钮，弹出提示对话框，如图11-27所示，单击“是”按钮，即可将通道删除。也可将需要删除的通道直接拖曳到“删除当前通道”按钮上进行删除。

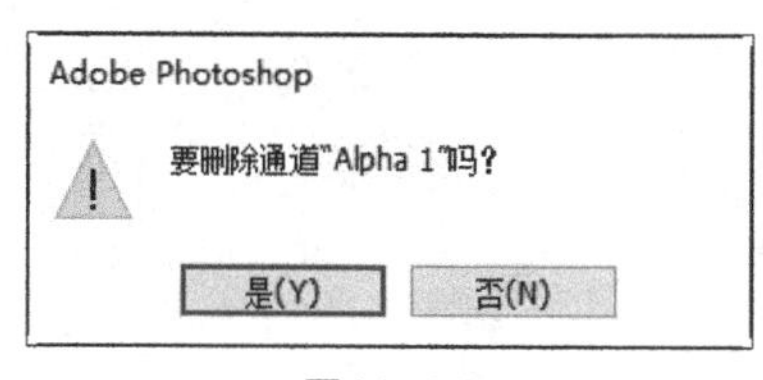

图11-27

11.1.6 通道选项

单击“通道”面板右上方的≡图标，弹出其面板菜单，在弹出的菜单中选择“通道选项”命令，弹出“通道选项”对话框，如图11-28所示。

名称：用于设置通道名称。被蒙版区域：表示被蒙区域为深色。所选区域：表示所选区域为深色。专色：表示专色的使用范围。颜色：用于设置填充蒙版的颜色。不透明度：用于设置蒙版的不透明度。

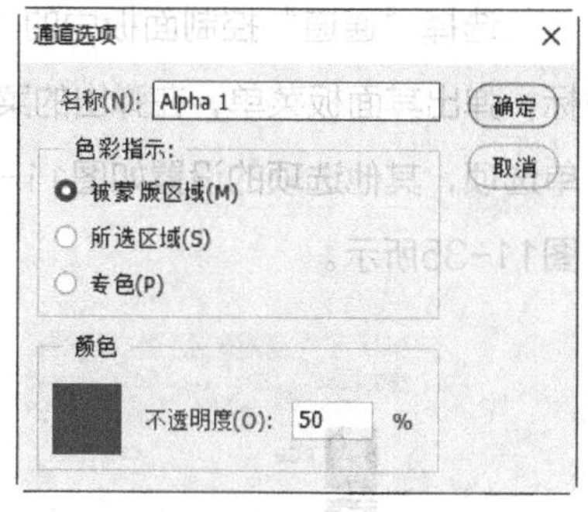

图11-28

11.1.7 专色通道

专色通道是指在CMYK4色以外单独制作的通道，用来放置金色、银色或者一些特别要求的其他专色。

1. 新建专色通道

单击“通道”面板右上方的≡图标，弹出其面板菜单，在弹出的菜单中选择“新建专色通道”命令，弹出“新建专色通道”对话框，如图11-29所示。

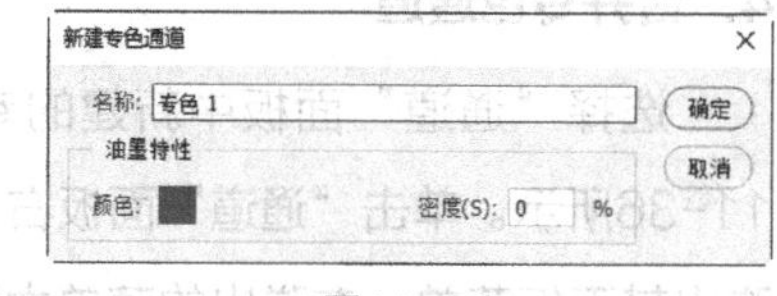

图11-29

名称：用于输入新通道的名称。颜色：用于选择特别的颜色。密度：用于设置专色的浓度，数值范围为0%~100%。

2. 绘制专色

单击“通道”面板中新建的专色通道。选择画笔工具，在其工具属性栏中进行设置，如图11-30所示，在图像中进行绘制，效果如图11-31所示，“通道”面板如图11-32所示。

提示 前景色为黑色，绘制的专色是完全的；前景色是其他中间色，绘制的专色是不同透明度的特别色；前景色为白色，绘制的专色是透明的。

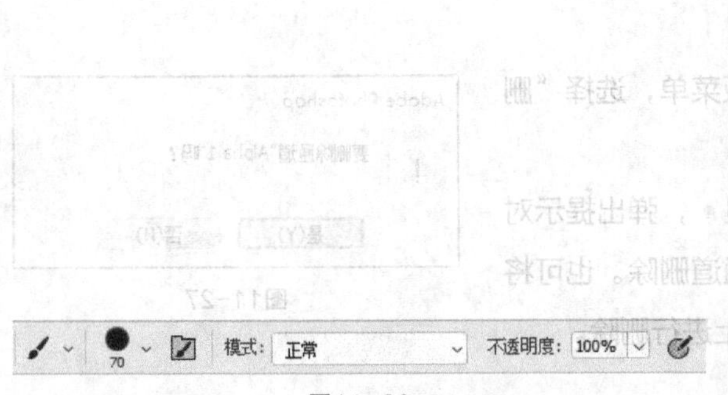

图11-30

图11-31

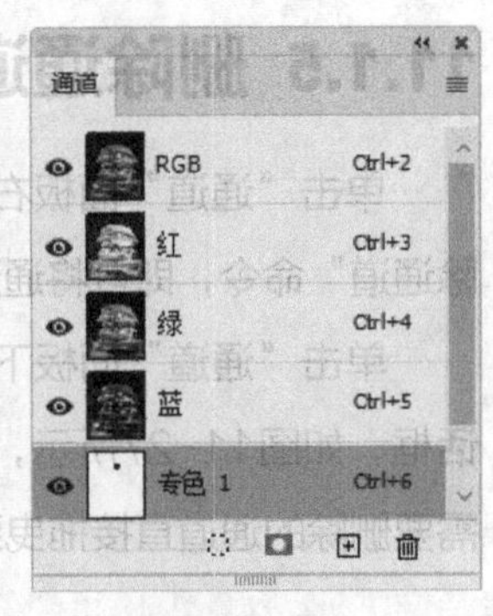

图11-32

3. 将新通道转换为专色通道

选择“通道”控制面板中的“Alpha 1”通道，如图11-33所示。单击“通道”面板右上方的≡图标，弹出其面板菜单，在弹出的菜单中选择“通道选项”命令，弹出“通道选项”对话框，选中“专色”单选项，其他选项的设置如图11-34所示。单击“确定”按钮，将“Alpha 1”通道转换为专色通道，如图11-35所示。

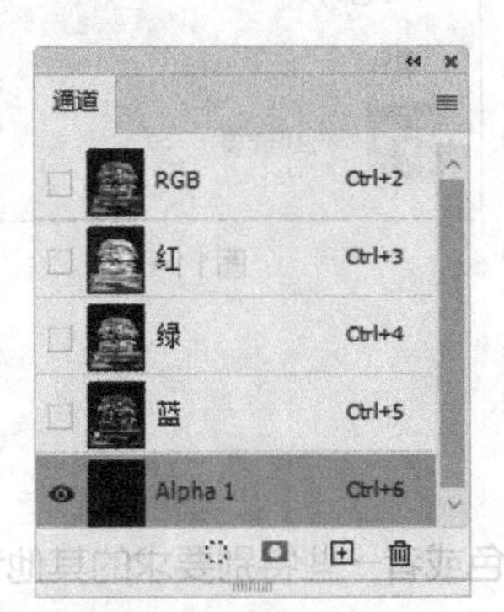

图11-33

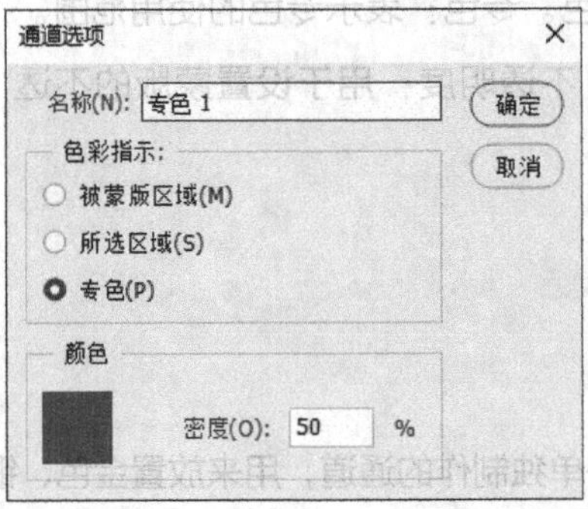

通道选项

名称(N): 专色 1 确定

色彩指示: 取消

被蒙版区域(M)

所选区域(S)

专色(P)

颜色

密度(O): 50 %

图11-34

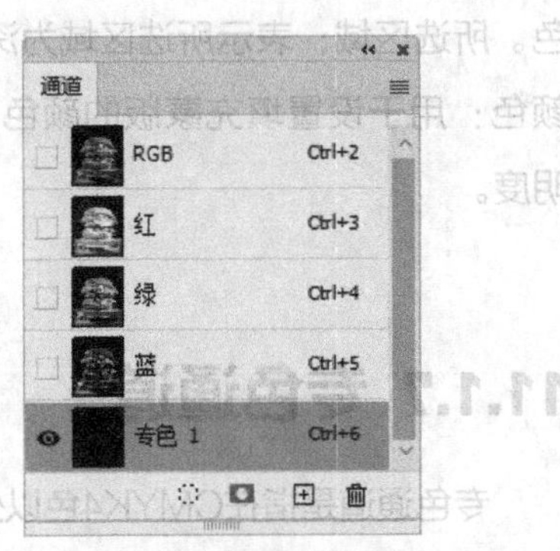

图11-35

4. 合并专色通道

选择“通道”面板中新建的专色通道，如图11-36所示。单击“通道”面板右上方的≡图标，弹出其面板菜单，在弹出的菜单中选择“合并专色通道”命令，将专色通道合并，如图11-37所示。

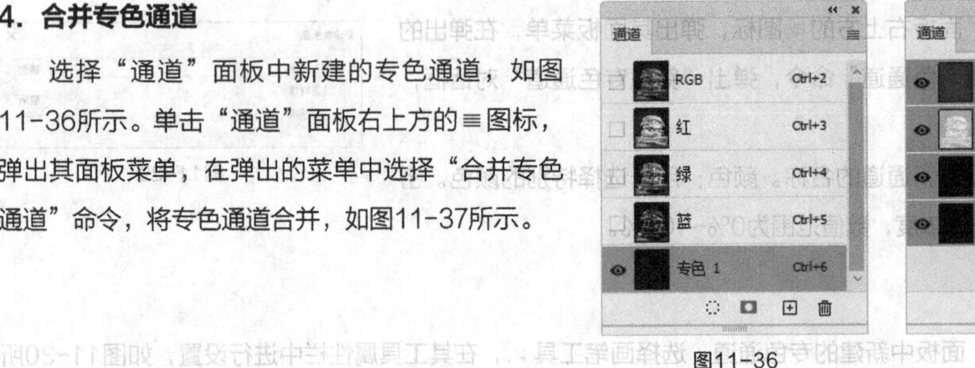

图11-36

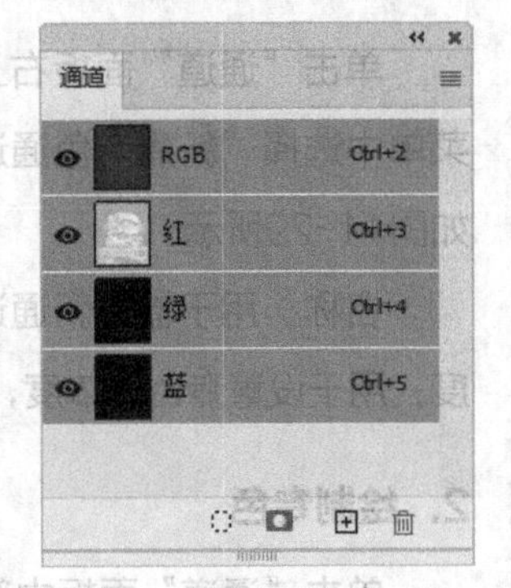

图11-37

11.1.8 分离与合并通道

单击“通道”面板右上方的≡图标，弹出其面板菜单，在弹出的菜单中选择“分离通道”命令，可将图像中的每个通道分离成各自独立的8 bit灰度图像。图像原始效果如图11-38所示，分离后的效果如图11-39所示。

单击“通道”面板右上方的≡图标，弹出其面板菜单，选择“合并通道”命令，弹出“合并通道”对话框，如图11-40所示。设置完成后单击“确定”按钮，弹出“合并RGB通道”对话框，如图11-41所示，可以在选定的色彩模式中为每个通道指定一幅灰度图像，被指定的图像可以是同一幅图像，也可以是不同的图像，但这些图像的大小必须是相同的。在合并之前，所有要合并的图像都必须是打开的，尺寸要保持一致，且为灰度图像，单击“确定”按钮，效果如图11-42所示。

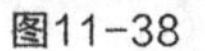
图11-38

图11-39

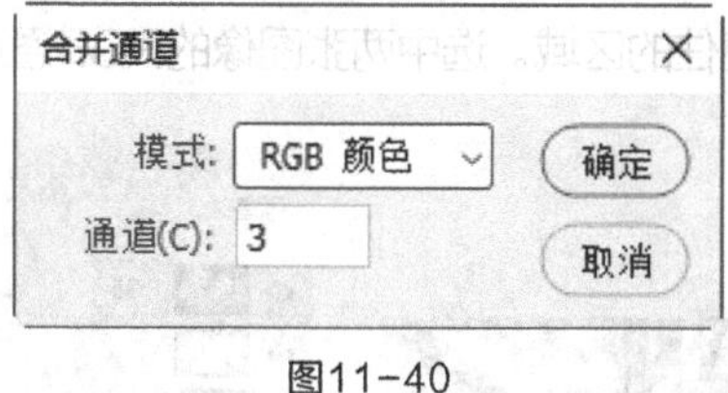

图11-40

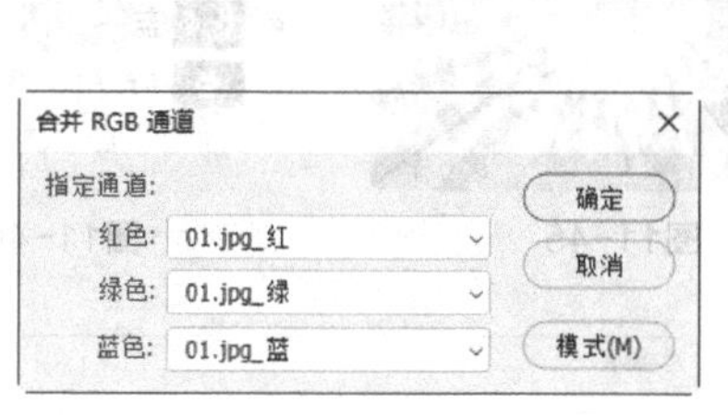

图11-41

图11-42

11.2 通道运算

通道运算可以按照各种合成方式合成单个或几个通道中的图像，要进行通道运算的图像尺寸必须一致。

11.2.1 应用图像

选择“图像 > 应用图像”命令，弹出“应用图像”对话框，如图11-43所示。

源：用于选择源文件。图层：用于选择源文件的图层。通道：用于选择源通道。反相：用于确定是否反转通道的内容。目标：能显示出目标文件的名称、图层、通道及色彩模式等信息。混合：用于选择混合模式，即选择两个通道对应像素的计算方法。不透明度：用于设置图像的不透明度。蒙版：用于加入蒙版以限定选区。

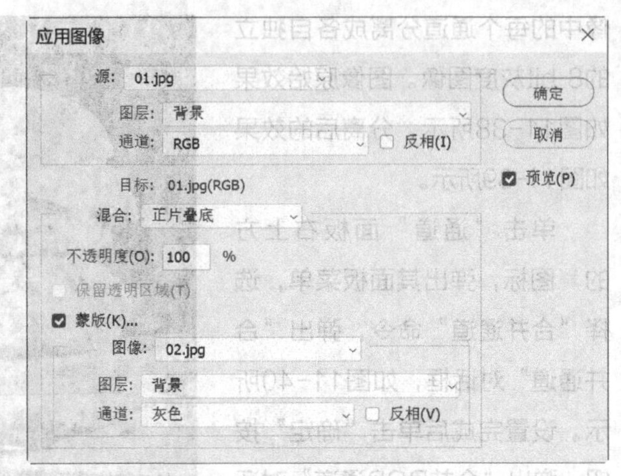

图11-43

提示 “应用图像”命令要求源文件与目标文件的尺寸必须相同，因为参加计算的两个通道内的像素是一一对应的。

打开两幅尺寸相同的图像（02图像和03图像），如图11-44和图11-45所示。在两幅图像的“通道”面板中分别建立通道蒙版，其中黑色表示遮住的区域。选中两张图像的RGB通道，如图11-46和图11-47所示。

图11-44

图11-45

图11-46

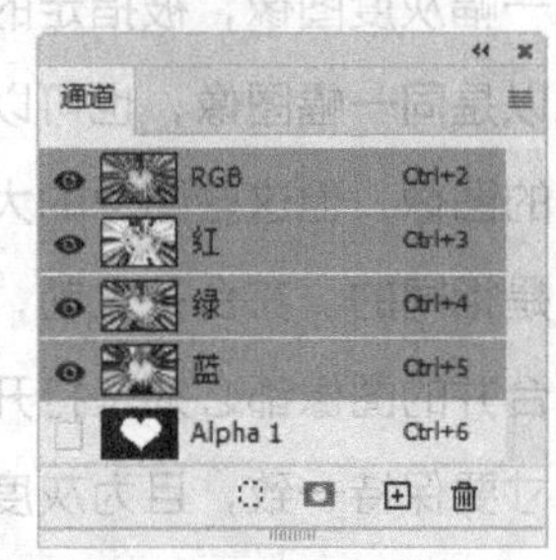

图11-47

选择03图像。选择“图像 > 应用图像”命令，弹出“应用图像”对话框，设置如图11-48所示。单击“确定”按钮，两幅图像混合后的效果如图11-49所示。

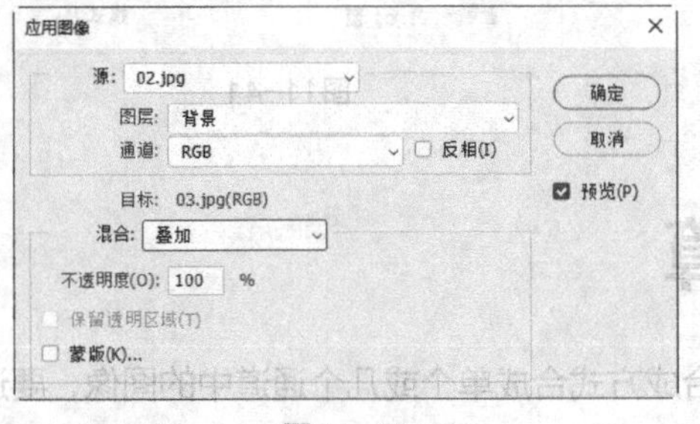

图11-48

图11-49

在“应用图像”对话框中，勾选“蒙版”复选框，显示其他选项，如图11-50所示。设置好后，单击“确定”按钮，两幅图像混合后的效果如图11-51所示。

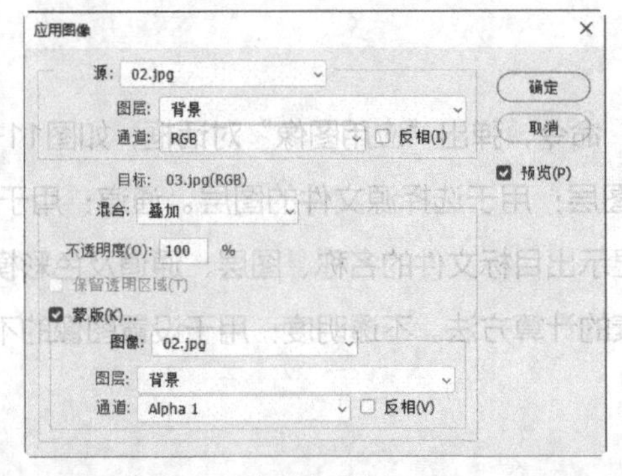

图11-50

图11-51

11.2.2 计算

选择“图像 > 计算”命令，弹出“计算”对话框，如图11-52所示。

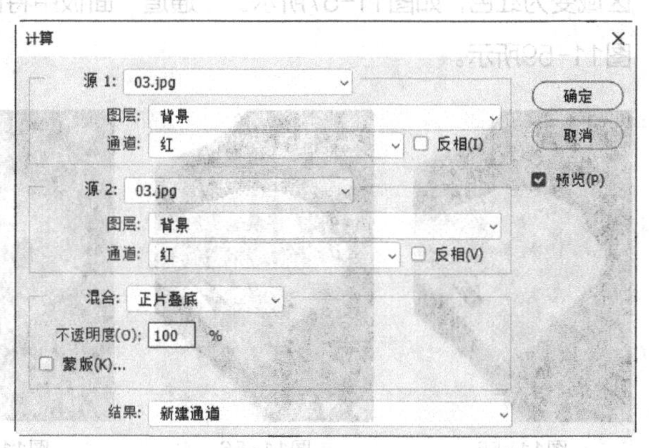

图11-52

第1个选项组的“源1”选项用于选择源文件1，“图层”选项用于选择源文件1的图层，“通道”选项用于选择源文件1的通道，“反相”选项用于反转。第2个选项组的“源2”“图层”“通道”“反相”选项分别用于选择源文件2、源文件2的图层和通道及反转。第3个选项组的“混合”选项用于选择混合模式，“不透明度”选项用于设置不透明度。“结果”选项用于指定处理结果的存放形式。

选择“图像 > 计算”命令，弹出“计算”对话框，设置如图11-53所示，单击“确定”按钮，两张图像通道运算后的面板和图像效果如图11-54所示。

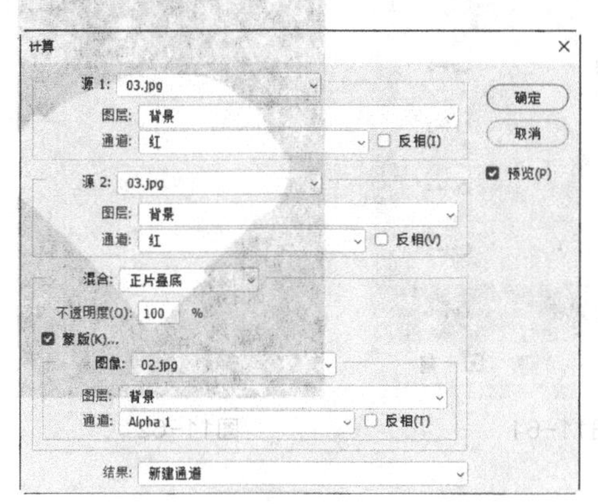

图11-53

图11-54

提示 “计算”命令虽然与“应用图像”命令一样，都是对两个通道的相应内容进行计算处理，但是二者也有区别。用“应用图像”命令处理后的结果可作为源文件或目标文件使用；而用“计算”命令处理后的结果则存成一个通道，如存成Alpha通道。

11.3 通道蒙版

11.3.1 快速蒙版的制作

打开一张图片，如图11-55所示。选择快速选择工具，拖曳鼠标为帽子创建选区，如图11-56所示。

单击工具箱下方的“以快速蒙版模式编辑”按钮，进入蒙版状态，选区暂时消失，图像的未被选择区域变为红色，如图11-57所示。“通道”面板中将自动生成快速蒙版，如图11-58所示，通道图像效果如图11-59所示。

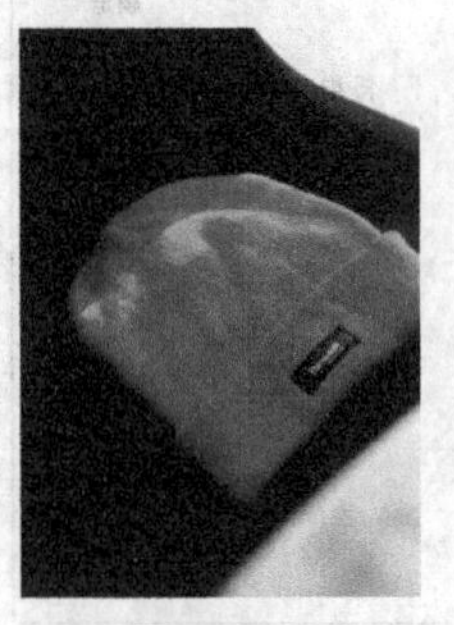
图11-55

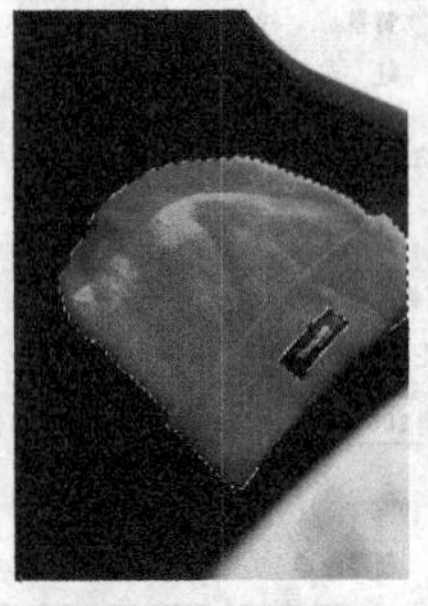
图11-56

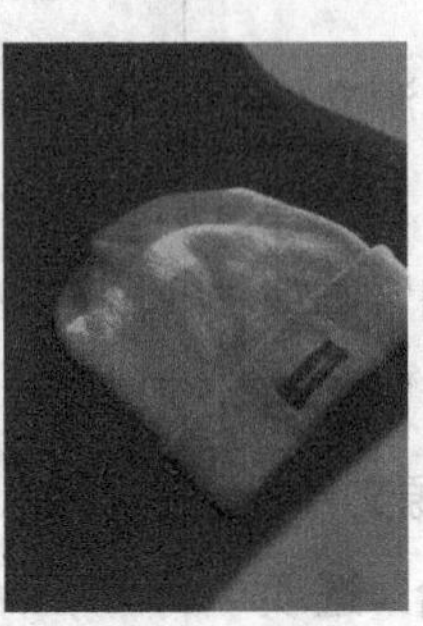
图11-57

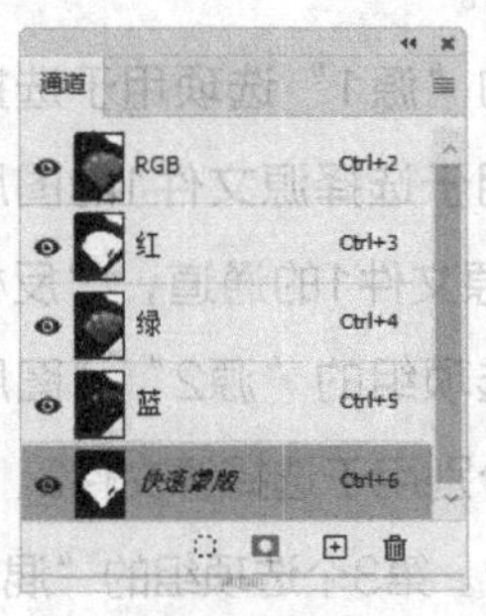

图11-58

图11-59

提示 系统预设蒙版颜色为半透明的红色。

选择画笔工具，在属性栏中进行设置，如图11-60所示。将快速蒙版中商标的矩形区域绘制成白色，通道图像效果和“通道”面板分别如图11-61和图11-62所示。

图11-60

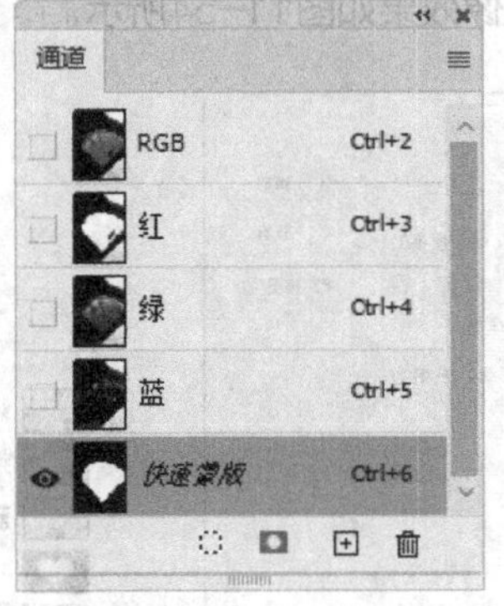

图11-61

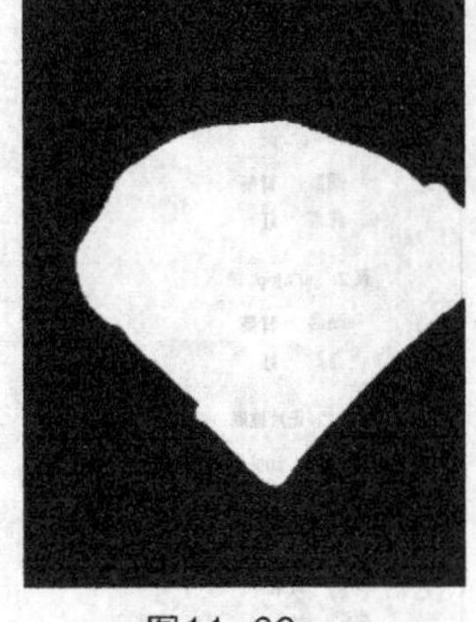
图11-62

11.3.2 在Alpha通道中存储蒙版

在图像中绘制选区，如图11-63所示。选择“选择 > 存储选区”命令，弹出“存储选区”对话框，设置如图11-64所示，单击“确定”按钮，或单击“通道”面板中的“将选区存储为通道”按钮，建立通道蒙版“帽子”，面板和通道图像效果分别如图11-65和图11-66所示。

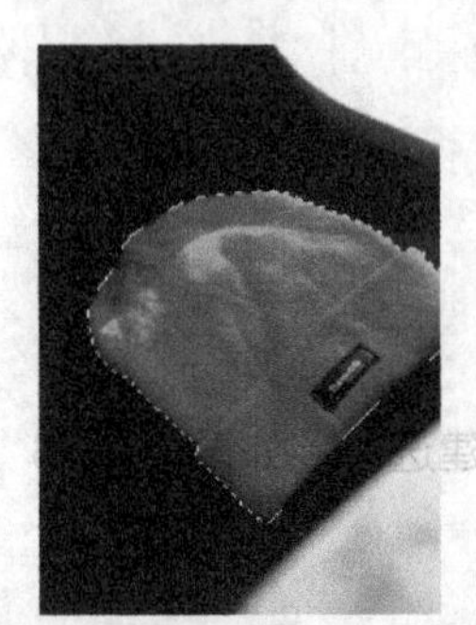
图11-63

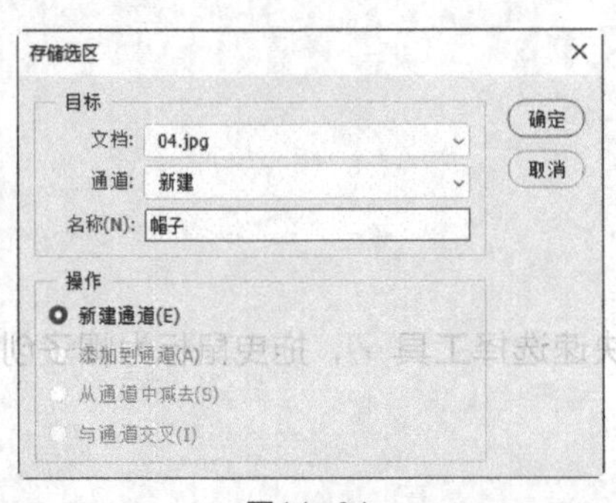

图11-64

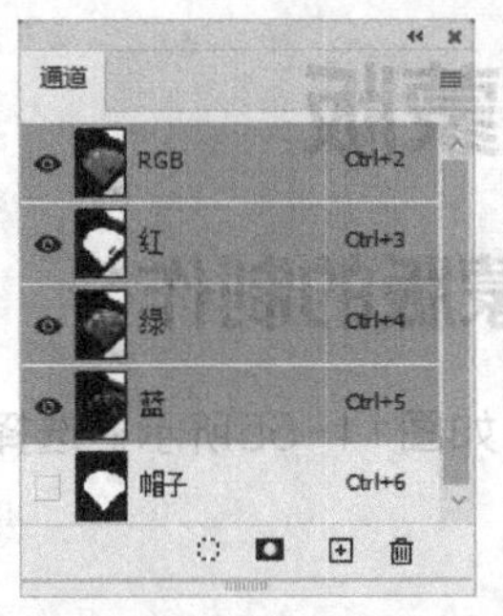

图11-65

图11-66

将图像保存，再次打开图像时，选择“选择 > 载入选区”命令，弹出“载入选区”对话框，设置如图11-67所示，单击“确定”按钮，或单击“通道”面板中的“将通道作为选区载入”按钮，将“帽子”通道作为选区载入，效果如图11-68所示。

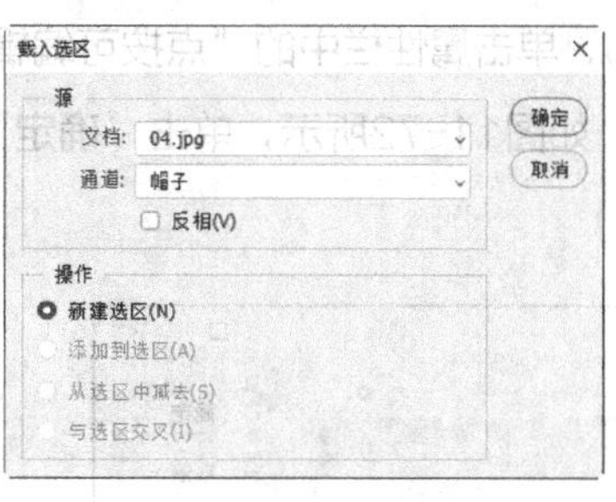

图11-67

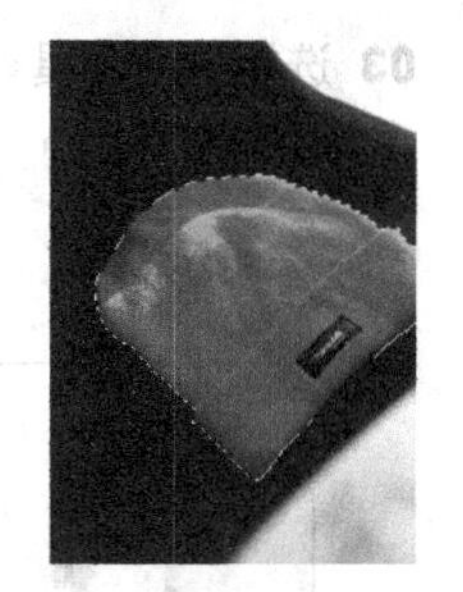
图11-68

11.4 图层蒙版

图层蒙版可以使图层中图像的某些部分被处理成透明或半透明的效果，而且可以恢复已经处理过的图像，是Photoshop的一种独特的处理图像方式。

11.4.1 课堂案例——制作新款手表宣传Banner

案例学习目标 使用混合模式结合图层蒙版制作Banner。

案例知识要点 使用图层的混合模式制作图片融合效果，使用“自由变换”命令和图层蒙版制作倒影，最终效果如图11-69所示。

效果所在位置 Ch11\效果\制作新款手表宣传Banner.psd。

图11-69

01 按Ctrl＋O快捷键，打开本书学习资源中的“Ch11\素材\制作新款手表宣传Banner\01”文件，如图11-70所示。

02 单击“图层”面板下方的“创建新图层”按钮，生成新的图层并将其命名为“黑色矩形”。将前景色设为黑色。按Alt+Delete快捷键，用前景色填充图层。单击“图层”面板下方的“添加图层蒙版”按钮，为图层添加蒙版，如图11-71所示。

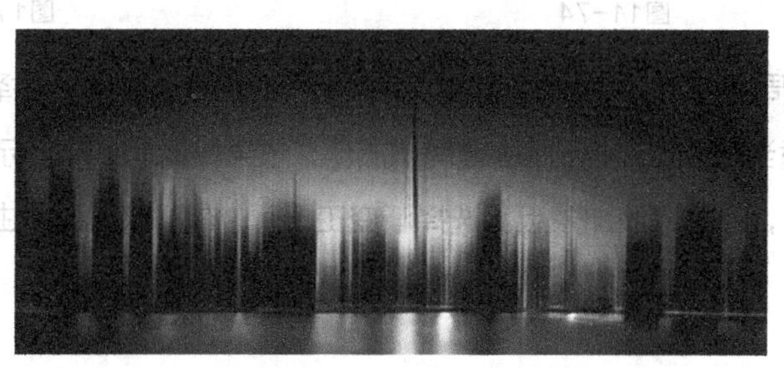
图11-70

图11-71

03 选择渐变工具■，单击属性栏中的“点按可编辑渐变”按钮■，弹出“渐变编辑器”对话框，选择“黑，白渐变”，如图11-72所示，单击“确定”按钮。在图像窗口中从下向上拖曳出渐变，效果如图11-73所示。

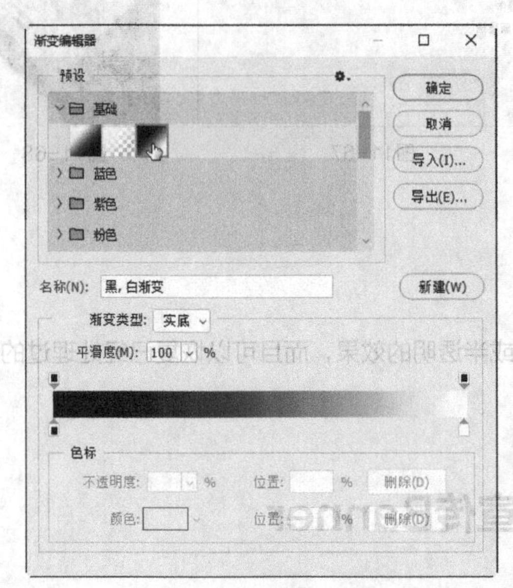

图11-72

图11-73

04 按Ctrl + O快捷键，打开本书学习资源中的“Ch11\素材\制作新款手表宣传Banner\02”文件。选择移动工具⊕，将02图像拖曳到01图像窗口中适当的位置并调整大小，效果如图11-74所示，“图层”面板中会生成新的图层，将其命名为“银表”。

05 按Ctrl+J快捷键，复制图层，“图层”面板中会生成新的图层“银表 拷贝”，将其拖曳到“银表”图层的下方。在面板上方，将该图层的“不透明度”选项设为30%，如图11-75所示。

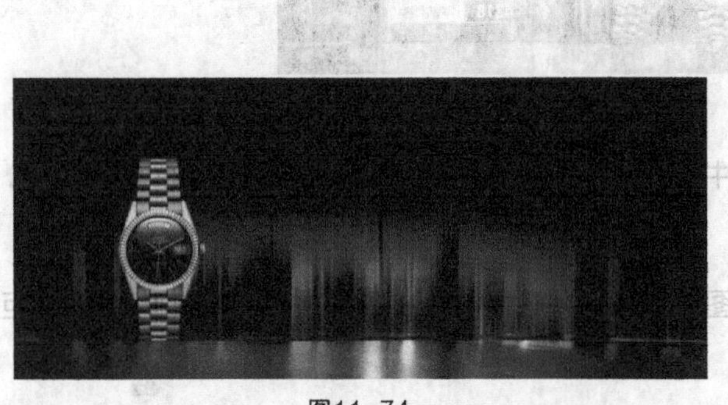

图11-74

图11-75

06 按Ctrl+T快捷键，图像周围出现变换框，单击鼠标右键，在弹出的菜单中选择“垂直翻转”命令，垂直翻转图像，并将其拖曳到适当的位置，按Enter键确认操作，效果如图11-76所示。单击“图层”面板下方的“添加图层蒙版”按钮□，为图层添加蒙版。选择渐变工具■，在图像窗口中由下至上拖曳出渐变，效果如图11-77所示。

图11-76

图11-77

07 使用上述的方法，置入03图像并制作出倒影效果，如图11-78所示。按Ctrl+O快捷键，打开本书学习资源中的“Ch11\素材\制作新款手表宣传Banner\04”文件，选择移动工具，将文字素材拖曳到01图像窗口中适当的位置，效果如图11-79所示，“图层”面板中会生成新的图层，将其命名为“文字”。新款手表宣传Banner制作完成。

图11-78

图11-79

11.4.2 添加图层蒙版

单击“图层”面板下方的“添加图层蒙版”按钮，可以创建图层蒙版，如图11-80所示。按住Alt键的同时，单击“图层”面板下方的“添加图层蒙版”按钮，可以创建一个遮盖全部图层的蒙版，如图11-81所示。

选择“图层 > 图层蒙版 > 显示全部”命令，可以显示全部图像；选择“图层 > 图层蒙版 > 隐藏全部”命令，可以隐藏全部图像。

图11-80

图11-81

11.4.3 隐藏图层蒙版

按住Alt键的同时，单击图层蒙版缩览图，图像窗口中的图像将被隐藏，只显示蒙版缩览图中的效果，如图11-82所示，“图层”面板如图11-83所示。按住Alt键的同时，再次单击图层蒙版缩览图，将恢复图像窗口中的图像效果。按住Alt+Shift组合键的同时，单击图层蒙版缩览图，将同时显示图像和图层蒙版的内容。

图11-82

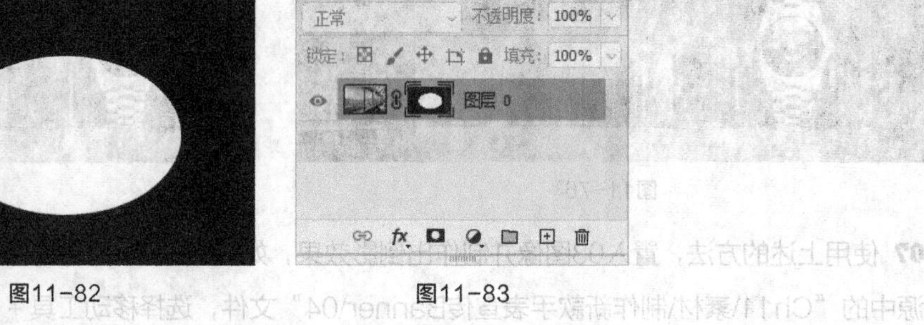

图11-83

11.4.4 图层蒙版的链接

在“图层”面板中，图层缩览图与图层蒙版缩览图之间有链接图标，当图层图像与蒙版关联时，移动图像时蒙版会同步移动。单击链接图标，将不显示此图标，可以分别对图像与蒙版进行操作。

11.4.5 停用及删除图层蒙版

在“通道”面板中，双击蒙版通道，弹出“图层蒙版显示选项”对话框，如图11-84所示，可以对蒙版的颜色和不透明度进行设置。

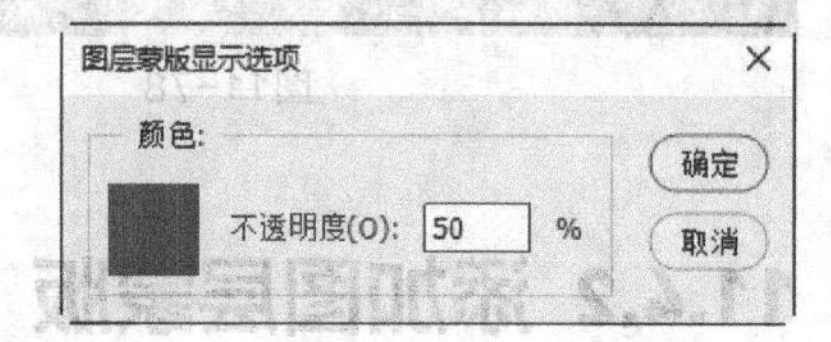

图11-84

选择“图层 > 图层蒙版 > 停用”命令，或按住Shift键的同时，单击“图层”面板中的图层蒙版缩览图，图层蒙版被停用，如图11-85所示，图像将全部显示，如图11-86所示。按住Shift键的同时，再次单击图层蒙版缩览图，将恢复图层蒙版效果，如图11-87所示。

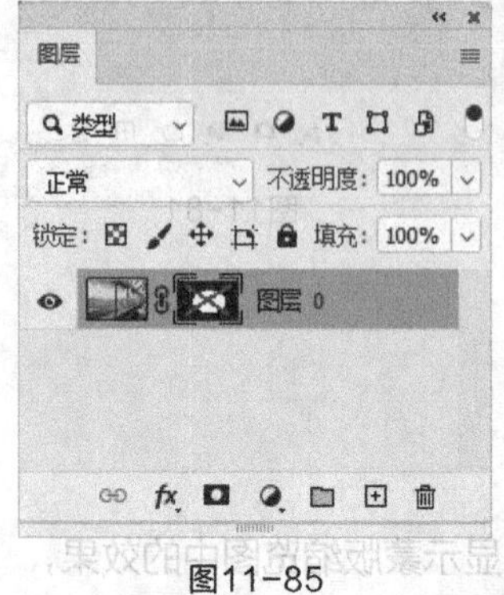

图11-85

图11-86

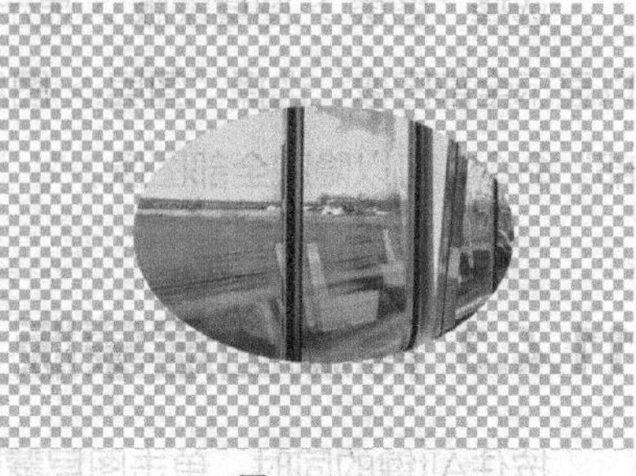

图11-87

选择“图层 > 图层蒙版 > 删除”命令，或在图层蒙版缩览图上单击鼠标右键，在弹出的快捷菜单中选择“删除图层蒙版”命令，可以将图层蒙版删除。

11.5 剪贴蒙版与矢量蒙版

剪贴蒙版可使用某个图层的内容来控制其上方图层的显示范围。矢量蒙版是用矢量图形创建的蒙版。它们不仅丰富了蒙版的类型，同时也为设计工作带来了便利。

11.5.1 课堂案例——制作图像创意横版海报

案例学习目标 使用创建剪贴蒙版命令制作出横版海报。

案例知识要点 使用“去色”命令去除图片颜色，使用图层蒙版、画笔工具和剪贴蒙版合成图片，使用“照片滤镜”命令和“色相/饱和度”命令调整图片色调，使用横排文字工具和“字符”面板添加文字，最终效果如图11-88所示。

效果所在位置 Ch11\效果\制作图像创意横版海报.psd。

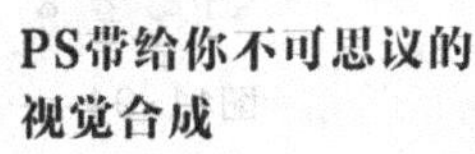

图11-88

01 按Ctrl+N快捷键，弹出“新建文档”对话框，设置宽度为1175像素，高度为500像素，分辨率为72像素/英寸，颜色模式为RGB，背景为淡黄色（RGB的值为254、251、237），单击“创建”按钮，新建一个文件。

02 按Ctrl+O快捷键，打开本书学习资源中的“Ch11\素材\制作图像创意横版海报\01”文件，选择移动工具，将01图像拖曳到新建的图像窗口中适当的位置，并调整其大小，效果如图11-89所示，“图层”面板中会生成新的图层，将其命名为“人物”。

03 选择“图像 > 调整 > 去色”命令，去除图像颜色，效果如图11-90所示。单击“图层”面板下方的“添加图层蒙版”按钮，为“人物”图层添加图层蒙版，如图11-91所示。

图11-89

图11-90

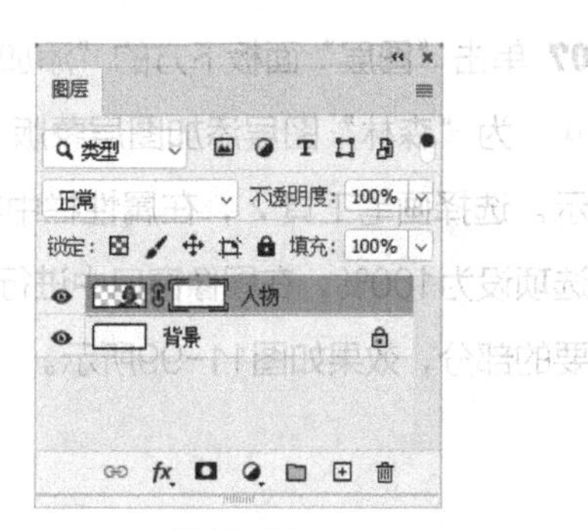

图11-91

04 将前景色设为黑色。选择画笔工具，在属性栏中单击“画笔预设”选项，在弹出的面板中选择需要的画笔形状并设置大小，如图11-92所示，在属性栏中将“不透明度”选项设为60%，在图像窗口中进行涂抹，擦除不需要的部分，效果如图11-93所示。

05 单击“图层”面板下方的“创建新的填充或调整图层”按钮，在弹出的菜单中选择“照片滤镜”命令，在“图层”面板中生成“照片滤镜1”图层，同时弹出“照片滤镜”面板，单击“此调整影响下面的所有图层”按钮，使其显示为“此调整剪切到此图层”按钮，其他选项设置如图11-94所示，图像效果如图11-95所示。

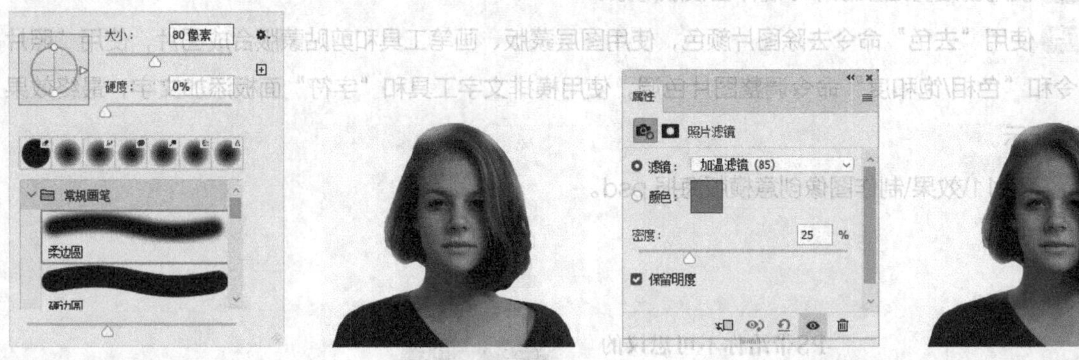

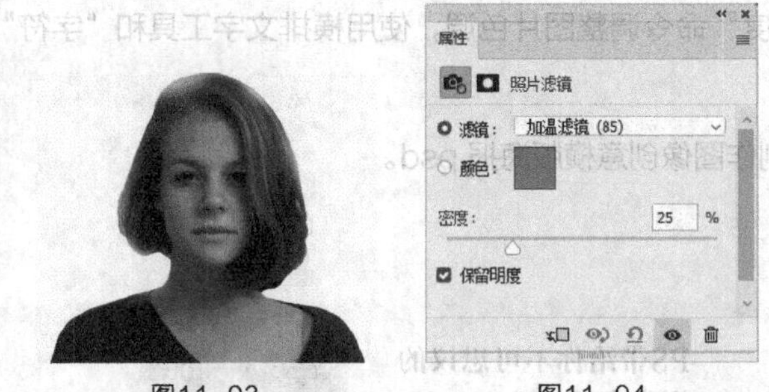

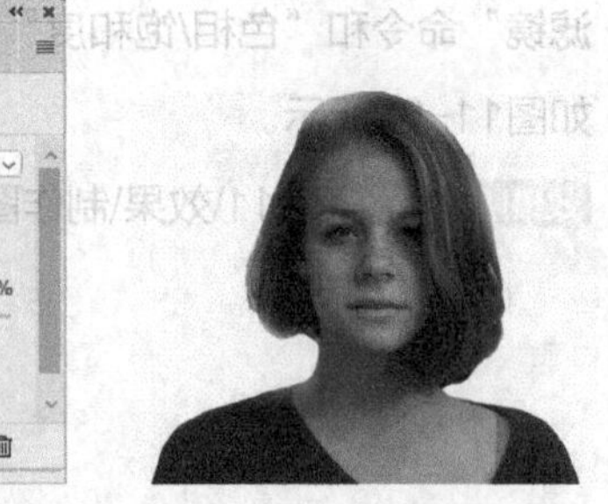

图11-92　图11-93　图11-94　图11-95

06 按Ctrl+O快捷键，打开本书学习资源中的“Ch11\素材\制作图像创意横版海报\02”文件，选择移动工具，将02图像拖曳到新建的图像窗口中适当的位置，效果如图11-96所示，“图层”面板中会生成新的图层，将其命名为“森林”。按Alt+Ctrl+G快捷键，创建剪贴蒙版，效果如图11-97所示。

图11-96

图11-97

07 单击“图层”面板下方的“添加图层蒙版”按钮，为“森林”图层添加图层蒙版，如图11-98所示。选择画笔工具，在属性栏中将“不透明度”选项设为100%，在图像窗口中进行涂抹，擦除不需要的部分，效果如图11-99所示。

图11-98

图11-99

08 用相同的方法分别打开03和04图像进行合成，效果如图11-100所示。单击“图层”面板下方的“创建新的填充或调整图层”按钮，在弹出的菜单中选择“色相/饱和度”命令，“图层”面板中会生成“色相/饱和度1”图层，同时弹出“色相/饱和度”面板，单击“此调整影响下面的所有图层”按钮，使其显示为“此调整剪切到此图层”按钮，其他选项设置如图11-101所示，图像效果如图11-102所示。

图11-100

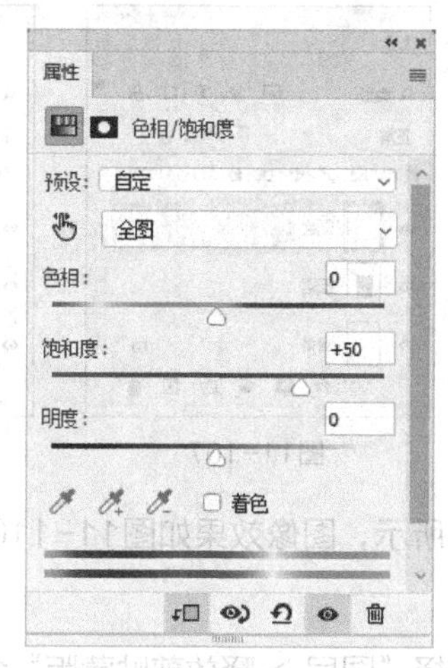

图11-101

图11-102

09 选择横排文字工具，在适当的位置输入需要的文字并选取，在属性栏中选择合适的字体并设置大小，设置文本颜色为深灰色（RGB的值为48、48、48），效果如图11-103所示，“图层”面板中生成新的文字图层。

图11-103

10 选中文字，按Ctrl+T快捷键，弹出“字符”面板，设置字距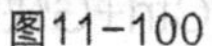为75，其他选项的设置如图11-104所示，效果如图11-105所示。图像创意横版海报制作完成。

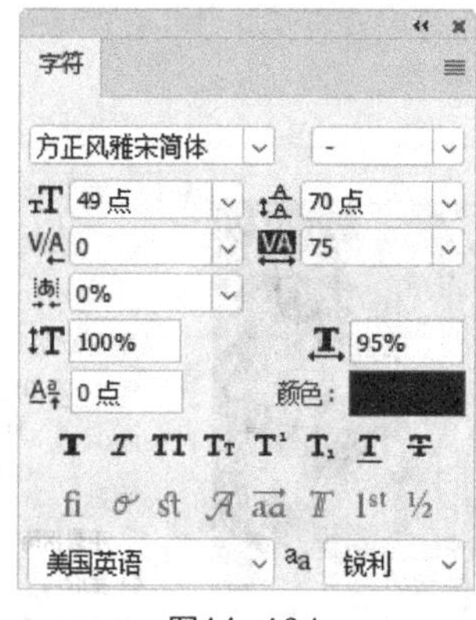

图11-104

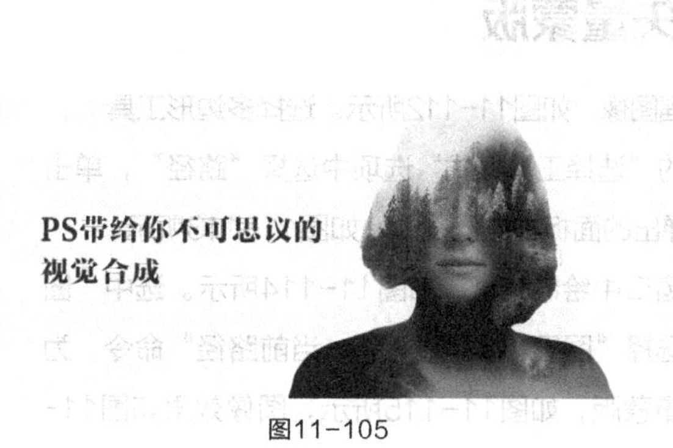

图11-105

11.5.2 剪贴蒙版

打开一幅图像，如图11-106所示，“图层”面板如图11-107所示。按住Alt键的同时，将鼠标指针放到“图层2”和“图层1”的中间位置，鼠标指针变为↓□形状，如图11-108所示。

图11-106

图11-107

图11-108

单击创建剪贴蒙版，如图11-109所示，图像效果如图11-110所示。选择移动工具 ，移动“图层2”中的图像，效果如图11-111所示。

选中剪贴蒙版组中上方的图层，选择“图层 > 释放剪贴蒙版”命令，或按Alt+Ctrl+G快捷键即可释放剪贴蒙版。

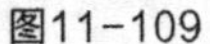

图11-109

图11-110

图11-111

11.5.3 矢量蒙版

打开一幅图像，如图11-112所示。选择多边形工具 ，在属性栏中的“选择工具模式”选项中选择“路径”，单击 按钮，在弹出的面板中进行设置，如图11-113所示。

在图像窗口中绘制路径，如图11-114所示。选中“图片”图层。选择“图层 > 矢量蒙版 > 当前路径”命令，为图片添加矢量蒙版，如图11-115所示，图像效果如图11-116所示。选择直接选择工具 ，可以修改路径的形状，从而修改蒙版的遮罩区域，如图11-117所示。

图11-112

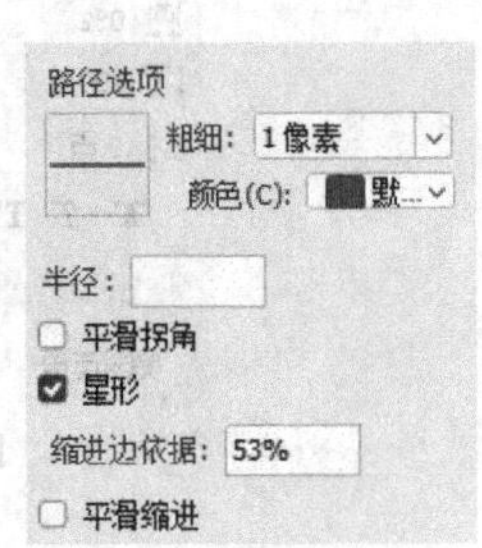

图11-113

图11-114

图11-115

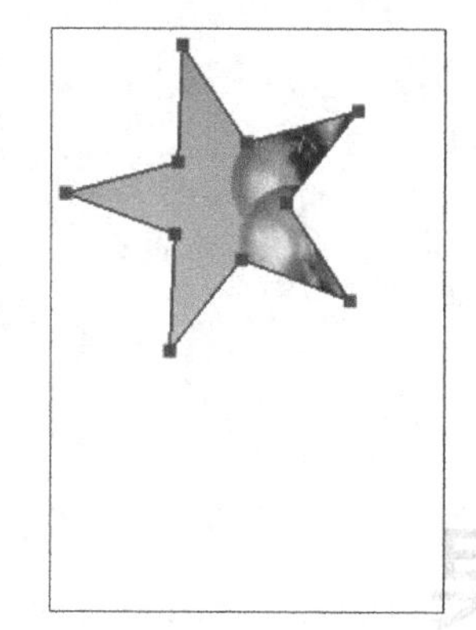

图11-116

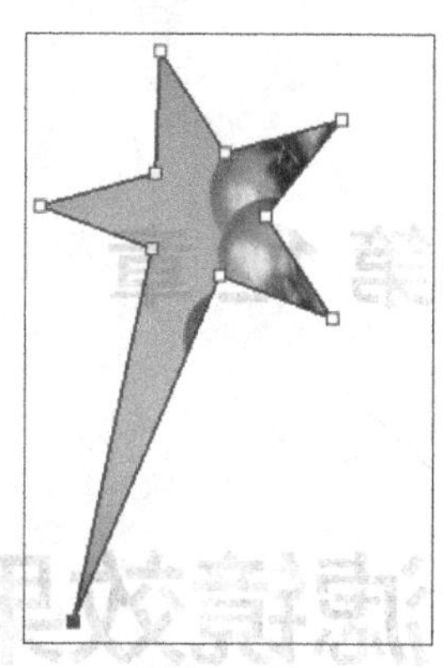

图11-117

课堂练习——制作餐饮美食类App引导页

练习知识要点 使用“计算”命令和“应用图像”命令制作背景图，使用“色阶”命令调整图片颜色，使用横排文字工具输入文字，最终效果如图11-118所示。

效果所在位置 Ch11\效果\制作餐饮美食类App引导页.psd。

图11-118

课后习题——制作服装类网页Banner

习题知识要点 使用图层蒙版配合渐变工具调整底图，使用椭圆工具绘制图形，使用“创建剪贴蒙版”命令调整图片显示区域，使用移动工具添加文字素材，最终效果如图11-119所示。

效果所在位置 Ch11\效果\制作服装类网页Banner.psd。

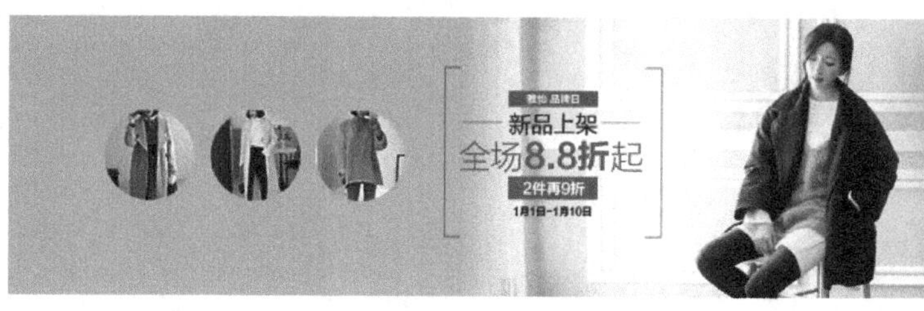

图11-119

第12章

滤镜效果

本章介绍

本章主要介绍Photoshop的滤镜功能，包括滤镜的分类、滤镜的使用技巧。通过学习本章内容，能够应用丰富的“滤镜”命令制作出特殊多变的图像效果。

学习目标

●熟练掌握“滤镜”菜单及应用方法。

●熟练掌握滤镜的使用技巧。

技能目标

●掌握“汽车销售类横版海报”的制作方法。

● 掌握“彩妆网店详情页主图”的制作方法。

●掌握“课程类宣传图”的制作方法。

12.1 滤镜菜单及应用

Photoshop的“滤镜”菜单中提供了多种滤镜，选择这些滤镜命令，可以制作出奇妙的图像效果。单击“滤镜”菜单，弹出图12-1所示的菜单。

Photoshop滤镜菜单分为4部分，并用横线划分。

第1部分为最近一次应用的滤镜，没有使用滤镜时，此命令为灰色，不可选择。使用任意一种滤镜后，当需要重复使用这种滤镜时，只要直接选择这个命令或按Alt+Ctrl+F快捷键，即可重复应用。

第2部分为“转换为智能滤镜”命令，应用智能滤镜后，可随时对效果进行修改操作。

第3部分为滤镜库和5种Photoshop滤镜，每个滤镜的功能都十分强大。

第4部分为11个Photoshop滤镜组，每个滤镜组中都包含多个滤镜。

上次滤镜操作(F)	Alt+Ctrl+F
转换为智能滤镜(S)	
滤镜库(G)...	
自适应广角(A)...	Alt+Shift+Ctrl+A
Camera Raw 滤镜(C)...	Shift+Ctrl+A
镜头校正(R)...	Shift+Ctrl+R
液化(L)...	Shift+Ctrl+X
消失点(V)...	Alt+Ctrl+V
3D	▸
风格化	▸
模糊	▸
模糊画廊	▸
扭曲	▸
锐化	▸
视频	▸
像素化	▸
渲染	▸
杂色	▸
其它	▸

图12-1

12.1.1 课堂案例——制作汽车销售类横版海报

案例学习目标 使用“艺术效果”滤镜和“纹理”滤镜制作汽车销售类横版海报。

案例知识要点 使用滤镜库中的“艺术效果”滤镜和“纹理”滤镜制作图片特效，使用移动工具添加文字素材，最终效果如图12-2所示。

效果所在位置 Ch12\效果\制作汽车销售类横版海报.psd。

图12-2

01 按Ctrl＋N快捷键，弹出“新建文档”对话框，设置宽度为1175像素，高度为500像素，分辨率为72像素/英寸，颜色模式为RGB，背景为白色，单击“创建”按钮，新建一个文件。

图12-3

02 按Ctrl+O快捷键，打开本书学习资源中的“Ch12\素材\制作汽车销售类横版海报\01”文件，选择移动工具，将01图像拖曳到新建的图像窗口中适当的位置并调整大小，效果如图12-3所示，“图层”面板中会生成新的图层，将其命名为“图片”。

03 选择“滤镜 > 滤镜库”命令，在弹出的对话框中选择“艺术效果 > 海报边缘”滤镜，选项的设置如图12-4所示，单击对话框右下方的“新建效果图层”按钮⊞，生成新的效果图层，如图12-5所示。

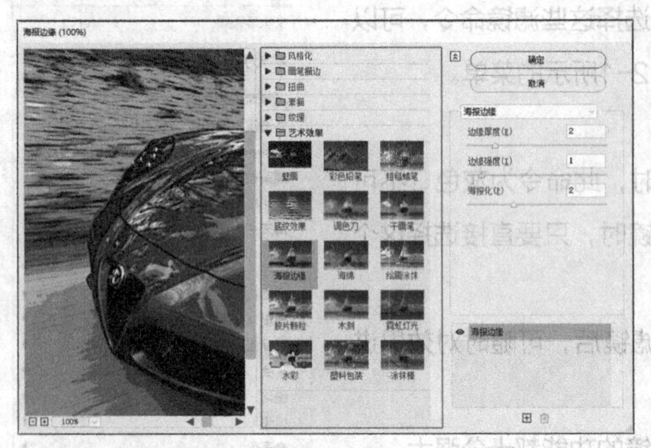

图12-4

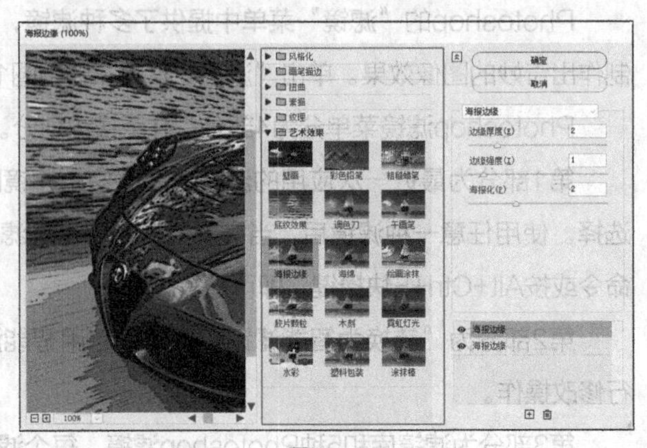

图12-5

04 在对话框中选择“纹理 > 纹理化”滤镜，切换到相应的对话框，选项的设置如图12-6所示，单击“确定”按钮，效果如图12-7所示。

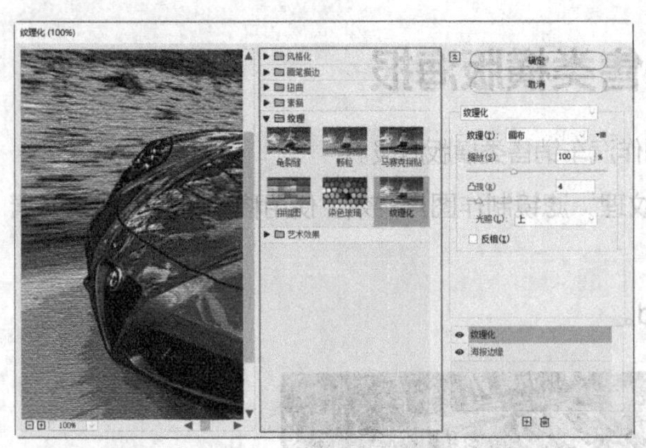

图12-6

图12-7

05 按Ctrl+O快捷键，打开本书学习资源中的“Ch12\素材\制作汽车销售类横版海报\02”文件，如图12-8所示。选择移动工具✥，将02图像拖曳到新建的图像窗口中适当的位置，效果如图12-9所示，“图层”面板中会生成新的图层，将其命名为“文字”。汽车销售类横版海报制作完成。

图12-8

图12-9

12.1.2 智能滤镜

在Photoshop中，应用常规滤镜后不能改变滤镜参数的数值。而智能滤镜是针对智能对象使用的可以反复调节滤镜效果的一种功能。

选中要应用滤镜的图层，如图12-10所示。选择“滤镜 > 转换为智能滤镜”命令，弹出提示对话框，单击“确定”按钮，将普通图层转换为智能对象图层，“图层”面板如图12-11所示。

选择“滤镜 > 扭曲 > 波纹”命令，为图像添加波纹效果，此图层的下方显示出滤镜名称，如图12-12所示。

双击“图层”面板中要修改参数的滤镜名称，在弹出的对话框中重新设置参数即可。双击滤镜名称右侧的“双击以编辑滤镜混合选项”图标，弹出“混合选项”对话框，在对话框中可以设置滤镜效果的混合模式和不透明度，如图12-13所示。

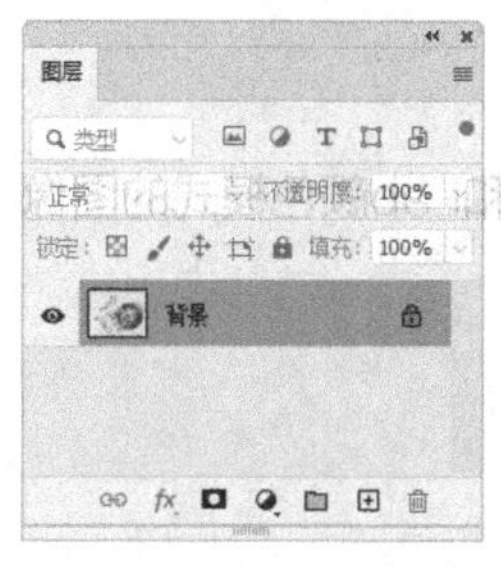

图12-10

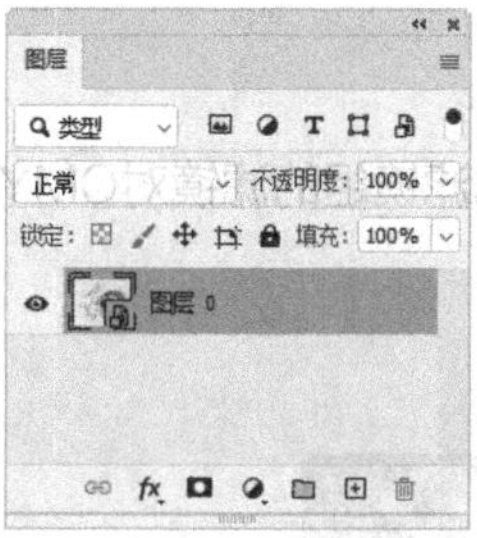

图12-11

图12-12

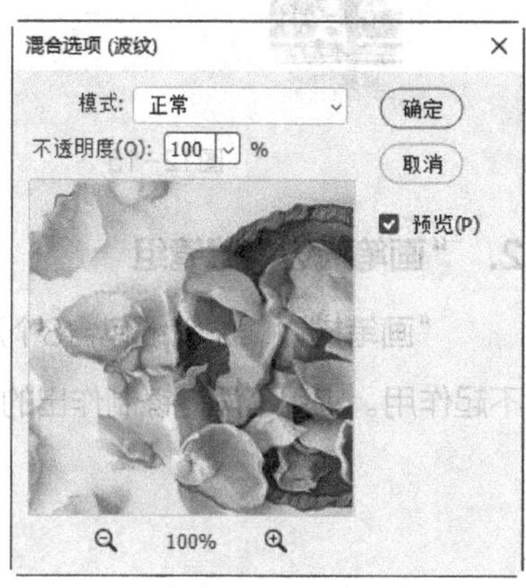

图12-13

12.1.3 滤镜库

Photoshop的滤镜库将常用滤镜组组合在一个对话框中，以滤镜组的方式显示，并为每个滤镜提供直观的效果预览，使用十分方便。

选择“滤镜 > 滤镜库”命令，弹出对话框，如图12-14所示。

图12-14

在对话框中，左侧为滤镜预览框，可以显示图像应用滤镜后的效果；中间为滤镜列表，每个滤镜组下面包含了多个特色滤镜，展开需要的滤镜组，可以浏览滤镜组中的各个滤镜和相应效果；右侧为滤镜参数设置区域，可以设置所用滤镜的各个参数值。

1. “风格化”滤镜组

“风格化”滤镜组只包含一个“照亮边缘”滤镜，如图12-15所示。此滤镜可以搜索主要颜色的变化区域并强化其过渡像素，产生轮廓发光的效果，应用滤镜前后的效果分别如图12-16和图12-17所示。

图12-15

图12-16

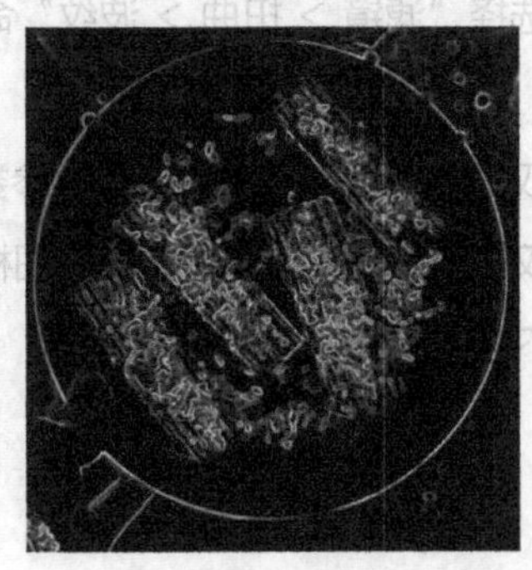

图12-17

2. “画笔描边”滤镜组

“画笔描边”滤镜组包含8个滤镜，如图12-18所示。此滤镜组的滤镜对CMYK和Lab颜色模式的图像不起作用。应用不同滤镜制作出的效果如图12-19所示。

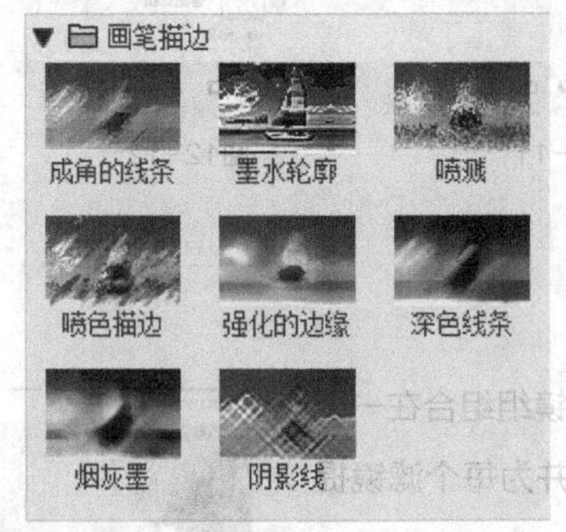

图12-18

原图

成角的线条

墨水轮廓

图12-19

喷溅　喷色描边　强化的边缘

深色线条　烟灰墨　阴影线

图12-19（续）

3. “扭曲”滤镜组

“扭曲”滤镜组包含3个滤镜，如图12-20所示。此滤镜组的滤镜可以生成一组从波纹到扭曲图像的变形效果。应用不同滤镜制作出的效果如图12-21所示。

图12-20

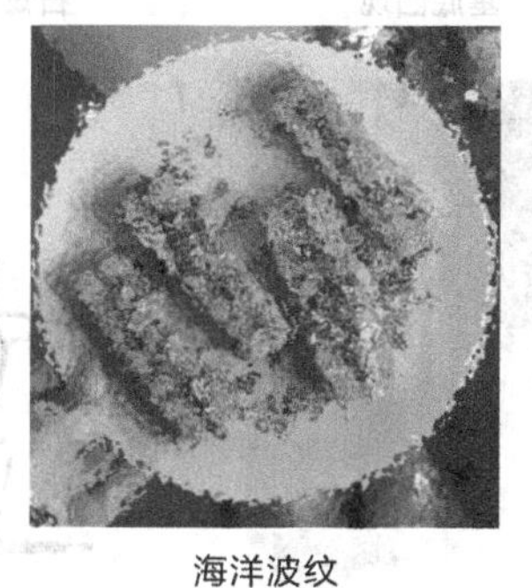

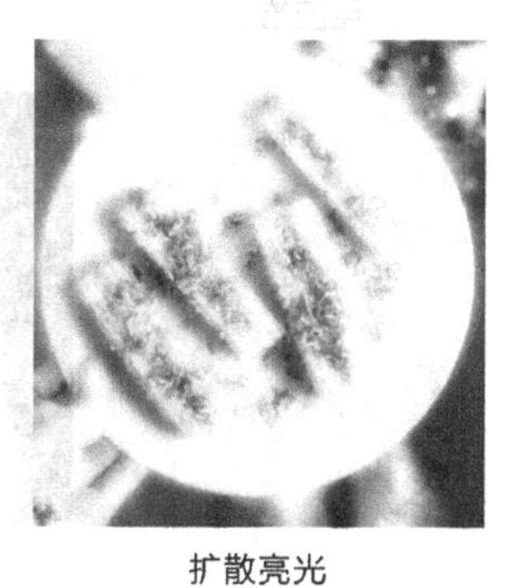

原图　玻璃　海洋波纹　扩散亮光

图12-21

4. “素描”滤镜组

“素描”滤镜组包含14个滤镜，如图12-22所示。此滤镜组的滤镜只对RGB颜色模式或灰度模式的图像起作用，可以制作出多种绘画效果。应用不同滤镜制作出的效果如图12-23所示。

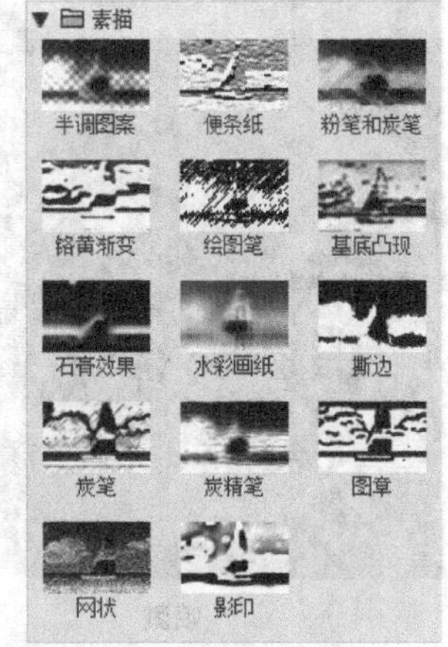

图12-22

原图

半调图案

便条纸

粉笔和炭笔

铬黄渐变

绘图笔

基底凸现

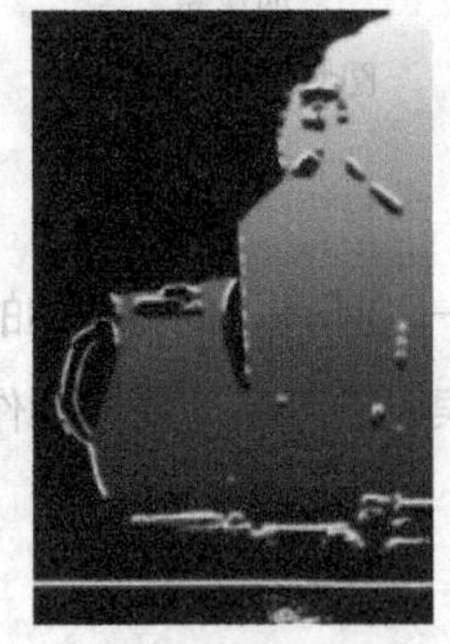

石膏效果

水彩画纸

撕边

炭笔

炭精笔

图章

网状

影印

图12-23

5. “纹理”滤镜组

“纹理”滤镜组包含6个滤镜，如图12-24所示。此滤镜组的滤镜可以使图像产生纹理效果。应用不同滤镜制作出的效果如图12-25所示。

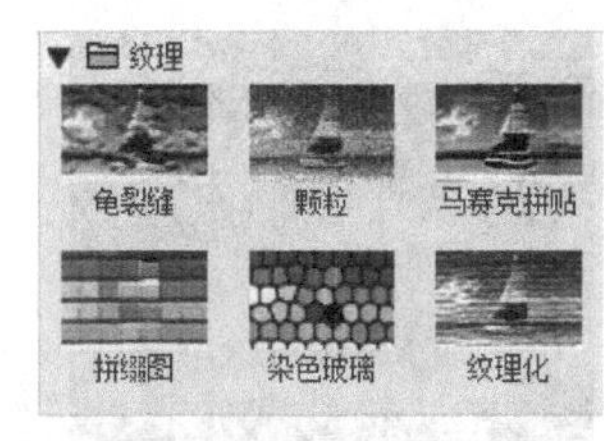

图12-24

原图

龟裂缝

颗粒

马赛克拼贴

拼缀图

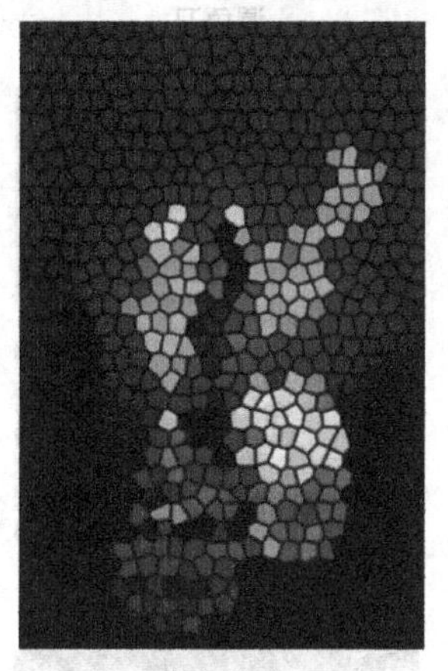

染色玻璃

纹理化

图12-25

6. “艺术效果”滤镜组

“艺术效果”滤镜组包含15个滤镜，如图12-26所示。此滤镜组的滤镜可以使图像更贴近绘画或艺术效果。应用不同滤镜制作出的效果如图12-27所示。

图12-26

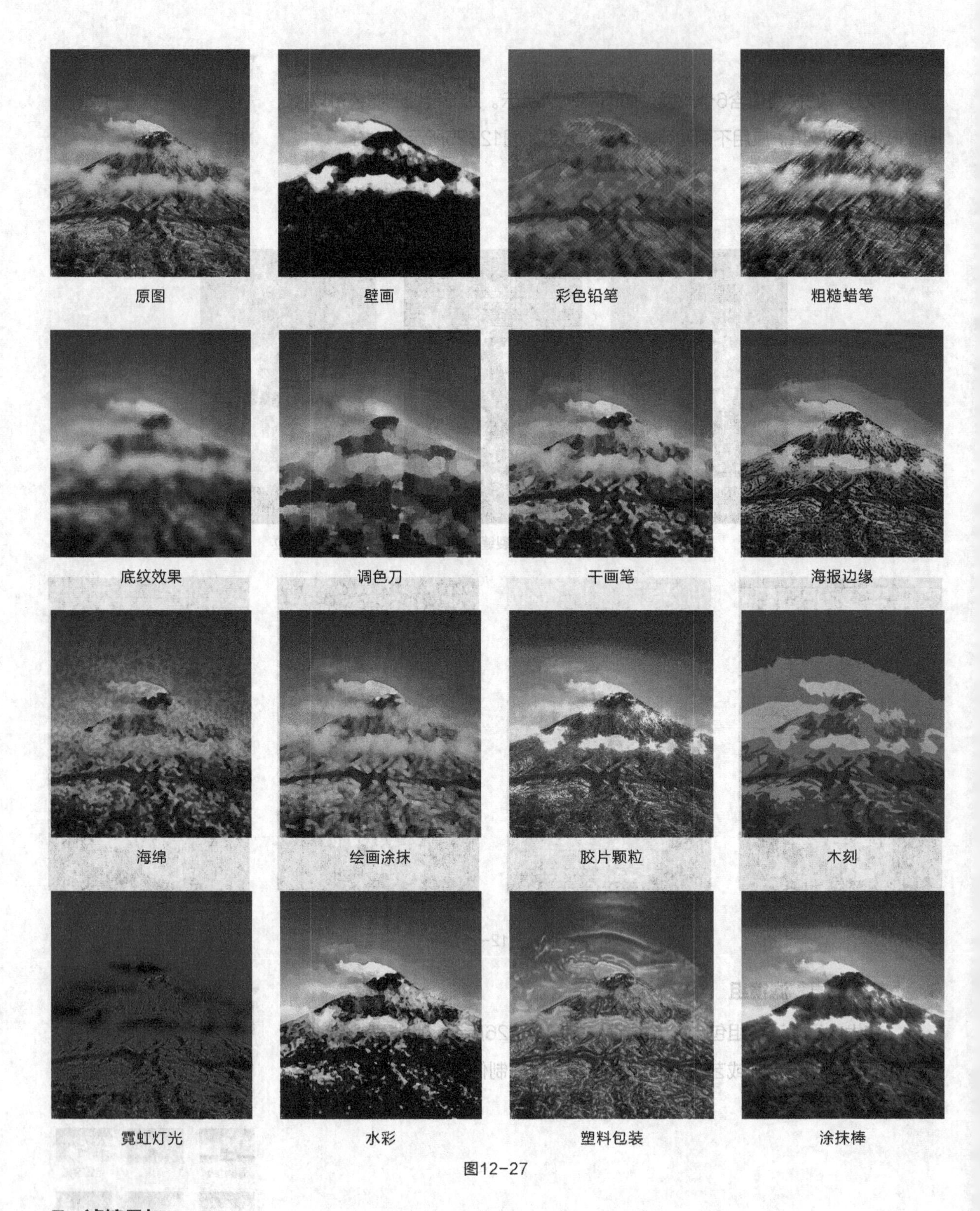

图12-27

7. 滤镜叠加

在“滤镜库”对话框中可以创建多个滤镜效果图层，每个图层可以应用不同的滤镜，从而使图像产生多个滤镜叠加后的效果。

为图像添加“强化的边缘”滤镜，如图12-28所示，单击“新建效果图层”按钮⊞，生成新的效果图层，如图12-29所示。为图像添加“龟裂缝”滤镜，叠加后的效果如图12-30所示。

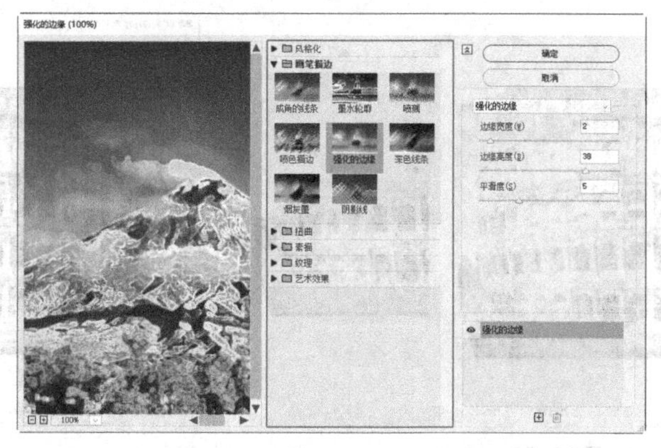

图12-28

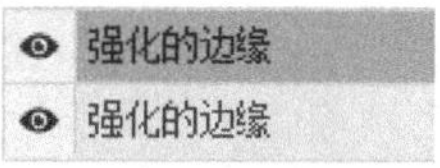

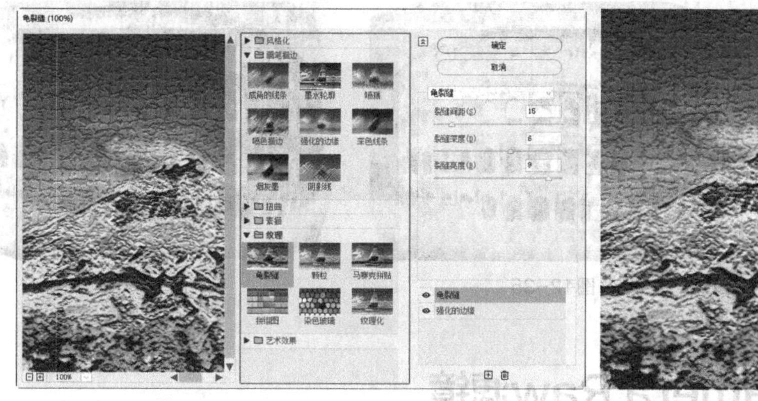

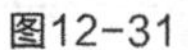

强化的边缘
强化的边缘

图12-29

图12-30

12.1.4 “自适应广角”滤镜

“自适应广角”滤镜可以对具有广角、超广角及鱼眼效果的图片进行校正。

打开一张图片，如图12-31所示。选择“滤镜 > 自适应广角”命令，弹出对话框，如图12-32所示。

图12-31

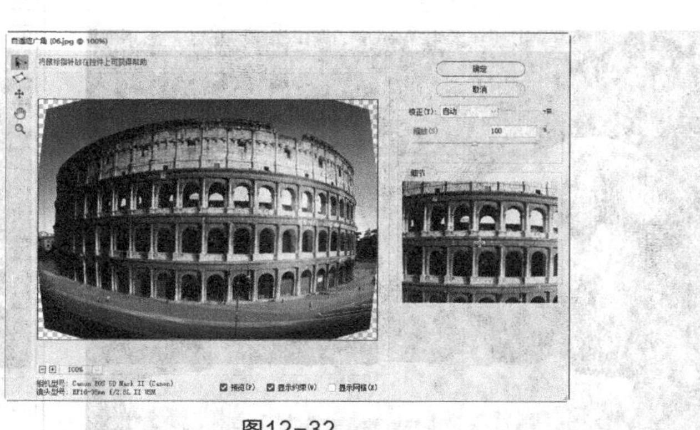

图12-32

在对话框左侧的图片上需要调整的位置拖曳出一条直线，如图12-33所示。再将左侧第2个节点拖曳到适当的位置，旋转绘制的直线，如图12-34所示，单击“确定”按钮，照片调整后的效果如图12-35所示。

用相同的方法也可以调整图像上方的部分，效果如图12-36所示。

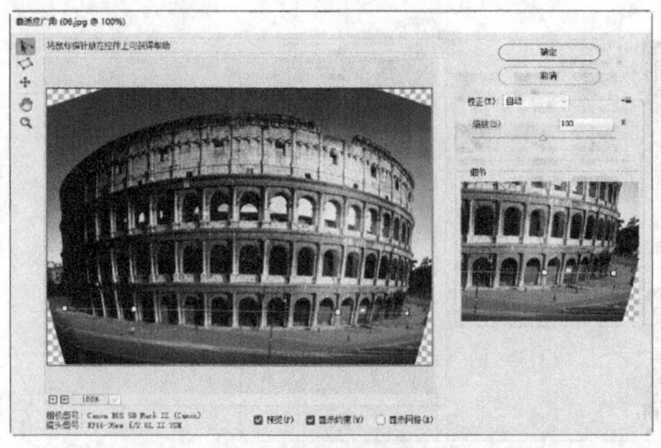

图12-33

图12-34

图12-35

图12-36

12.1.5 Camera Raw滤镜

Camera Raw滤镜是Photoshop专门用于处理相机拍摄照片的滤镜，可以对图像的基本参数、曲线、细节、HSL/灰度、分离色调、镜头校正等进行调整。

打开一张图片，如图12-37所示。选择“滤镜 > Camera Raw滤镜”命令，弹出对话框，如图12-38所示。

图12-37

图12-38

对话框左侧上方是编辑照片的工具，中间为照片预览框，下方为窗口缩放级别和视图显示方式；对话框右侧上方为直方图和拍摄信息，下方为9个照片编辑选项卡。

基本选项卡：可以对照片的白平衡、曝光、对比度、高光、阴影、清晰度和饱和度等进行调整。

色调曲线选项卡：可以对照片的高光、亮调、暗调和阴影进行微调。

细节选项卡：可以对照片进行锐化、减少杂色处理。

HSL调整选项卡：可以对照片的色相、饱和度和明亮度进行调整。

分离色调选项卡：可以为照片创建特效，也可以为单色图像着色。

镜头校正选项卡：可以校正镜头，消除相机镜头造成的扭曲、色差和晕影。

效果选项卡：可以通过为照片添加颗粒和晕影来制作特效。

校准选项卡：可以自动对某类照片进行校正。

预设选项卡：可以存储调整的预设，以应用到其他照片中。

在对话框中进行设置，如图12-39所示，单击“确定”按钮，效果如图12-40所示。

图12-39

图12-40

12.1.6 “镜头校正”滤镜

“镜头校正”滤镜可以消除常见的镜头瑕疵，如桶形失真、枕形失真、晕影和色差等，也可以使用该滤镜来旋转图像，或消除由于相机在垂直或水平方向上倾斜而导致的图像透视错误现象。

打开一张图片，如图12-41所示。选择“滤镜＞镜头校正”命令，弹出对话框，如图12-42所示。

图12-41

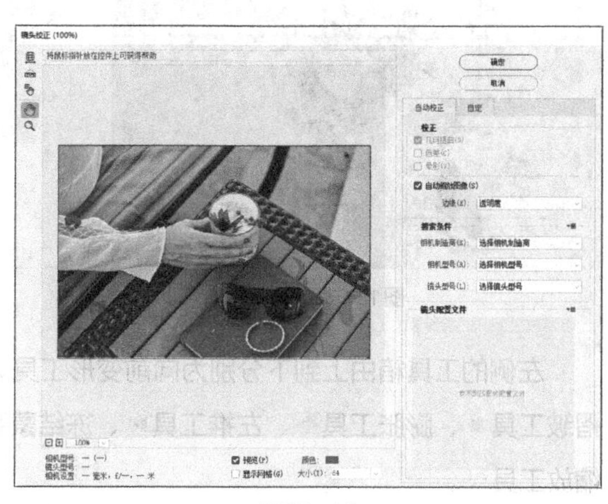

图12-42

单击“自定”选项卡，设置如图12-43所示，单击“确定”按钮，效果如图12-44所示。

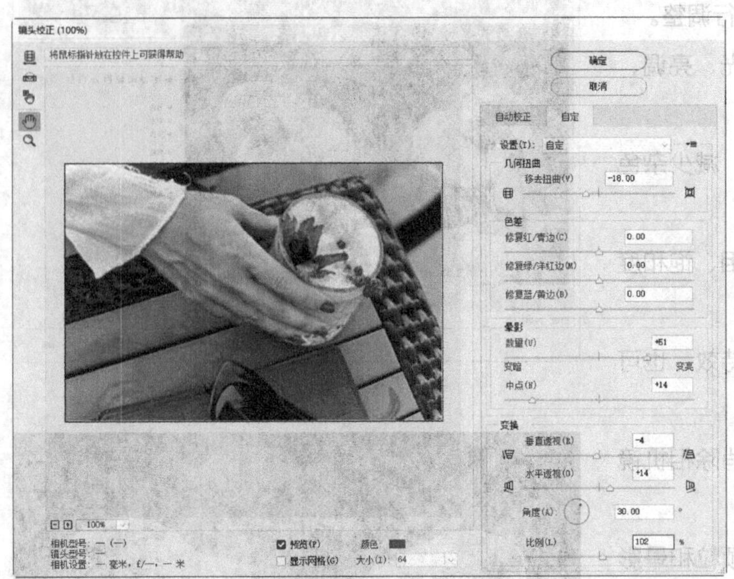

图12-43

图12-44

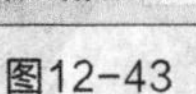

12.1.7 “液化”滤镜

“液化”滤镜可以制作出各种类似液体的图像变形效果。

打开一张图片，如图12-45所示。选择“滤镜 > 液化”命令，或按Shift+Ctrl+X键，弹出“液化”对话框，如图12-46所示。

图12-45

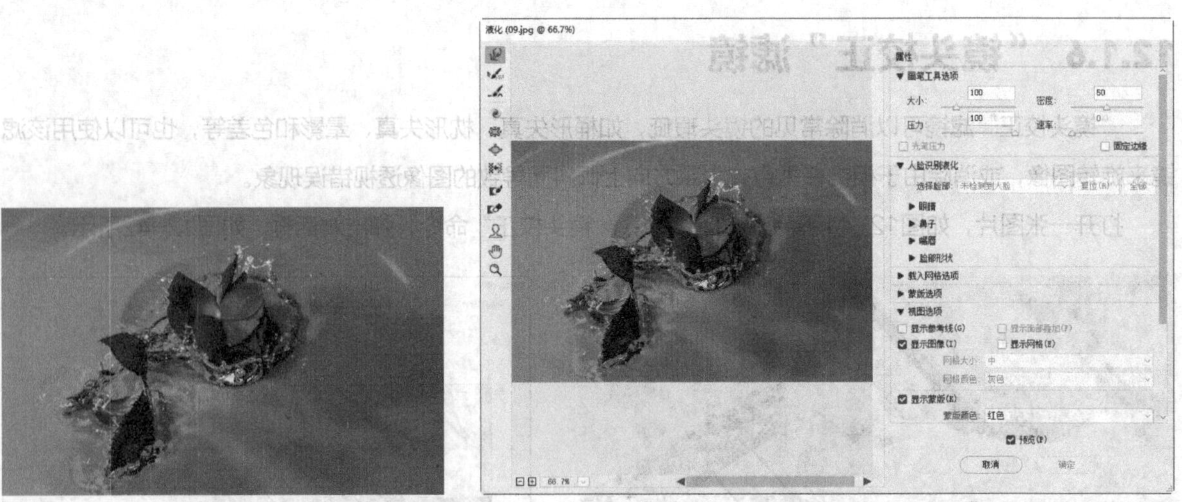

图12-46

左侧的工具箱由上到下分别为向前变形工具、重建工具、平滑工具，顺时针旋转扭曲工具、褶皱工具、膨胀工具、左推工具、冻结蒙版工具、解冻蒙版工具、脸部工具、抓手工具和缩放工具。

画笔工具选项：“大小”选项用于设置所选工具的笔触大小；“密度”选项用于更改画笔边缘强度；“压力”选项用于设置画笔的压力，压力越小，变形的过程越慢；“速率”选项用于设置画笔的绘制速度；“光笔压力”选项用于设置压感笔的压力。

人脸识别液化选项：“眼睛”选项组用于设置眼睛的大小、高度、宽度、斜度和距离；“鼻子”选项组用于设置鼻子的高度和宽度；“嘴唇”选项组用于设置微笑、上嘴唇、下嘴唇、嘴唇的宽度和高度；“脸部形状”选项组用于设置脸部的前额、下巴高度、下颌、脸部宽度。

载入网格选项：用于载入、使用和存储网格。

蒙版选项：用于选择通道蒙版的形式。单击“无”按钮，可以移去所有冻结区域；单击“全部蒙住”按钮，可以冻结整个图像；单击“全部反相”按钮，可以反相所有冻结的区域。

视图选项：勾选“显示图像”复选框可以显示图像；勾选“显示网格”复选框可以显示网格，“网格大小”选项用于设置网格的大小，“网格颜色”选项用于设置网格的颜色；勾选“显示蒙版”复选框，可以显示蒙版，“蒙版颜色”选项用于设置蒙版的颜色；勾选“显示背景”复选框，在“使用”下拉列表中可以选择图层，在“模式”下拉列表中可以选择不同的模式，“不透明度”选项可以设置不透明度。

画笔重建选项：“重建”按钮用于对变形的图像进行重置；“恢复全部”按钮用于将图像恢复到打开时的状态。

在对话框中对图像进行变形，如图12-47所示，单击“确定”按钮，效果如图12-48所示。

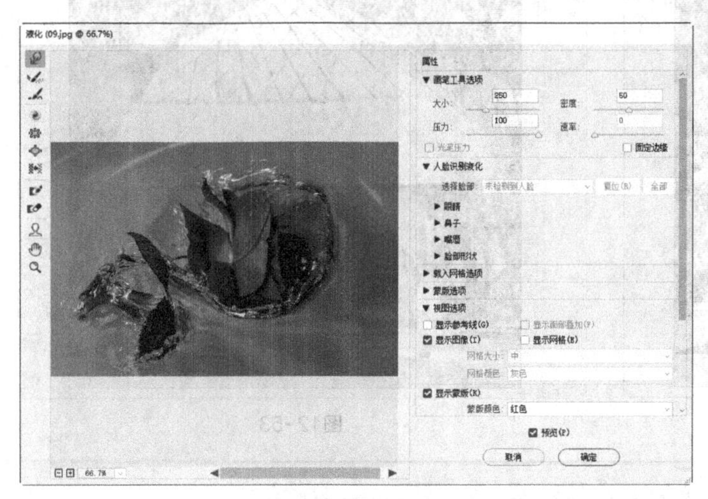

图12-47

图12-48

12.1.8 “消失点”滤镜

“消失点”滤镜可以制作建筑物或其他矩形对象的透视效果。

打开一张图片，绘制选区，如图12-49所示。按Ctrl+C快捷键，复制选区中的图像，取消选区。选择“滤镜 > 消失点”命令，弹出对话框，在对话框的左侧选择创建平面工具，在图像窗口中单击定义4个角的节点，如图12-50所示，节点之间会自动连接，形成透视平面，如图12-51所示。

图12-49

图12-50

图12-51

按Ctrl + V快捷键，将刚才复制的图像粘贴到对话框中，如图12-52所示。将粘贴的图像拖曳到透视平面中并适当上移，如图12-53所示。按住Alt键的同时，复制并向上拖曳建筑物，如图12-54所示。用相同的方法，再复制2次建筑物，如图12-55所示，单击“确定”按钮，建筑物的透视变形效果如图12-56所示。

图12-52

图12-53

图12-54

图12-55

图12-56

在"消失点"对话框中，透视平面显示为蓝色时为有效的平面；显示为红色时为无效的平面，无法计算平面的长宽比，也无法拉出竖直平面；显示为黄色时也为无效的平面，无法解析平面的所有消失点，如图12-57所示。

蓝色透视平面

红色透视平面

黄色透视平面

图12-57

12.1.9 3D滤镜

3D滤镜可以生成效果较好的凹凸图和法线图。3D滤镜子菜单如图12-58所示。应用不同滤镜制作出的效果如图12-59所示。

生成凹凸（高度）图...
生成法线图...

图12-58

原图

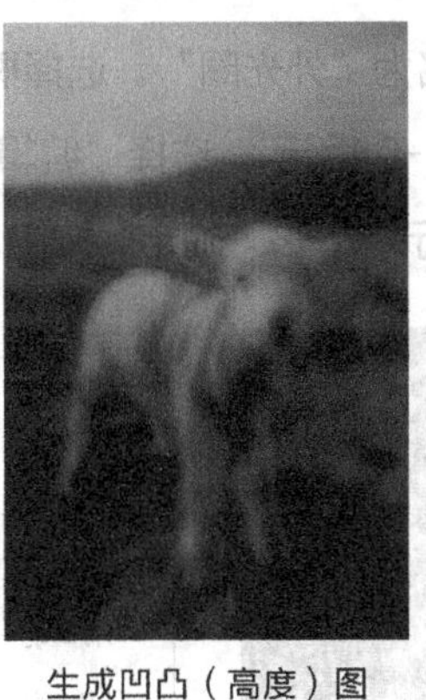
生成凹凸（高度）图

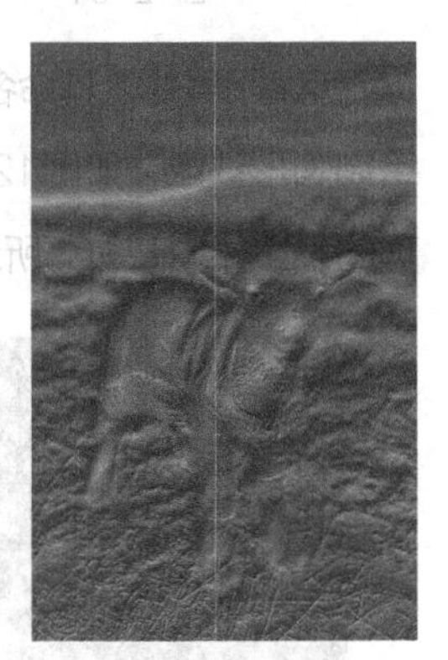
生成法线图

图12-59

12.1.10 课堂案例——制作彩妆网店详情页主图

案例学习目标 使用"扭曲""风格化"和"模糊"滤镜制作彩妆网店详情页主图。

案例知识要点 使用"填充"命令结合图层样式制作背景，使用椭圆选框工具、"描边"命令结合"画笔描边路径"按钮制作装饰图形，使用"扭曲""风格化""高斯模糊"滤镜为装饰图形添加特效，最终效果如图12-60所示。

效果所在位置 Ch12\效果\制作彩妆网店详情页主图.psd。

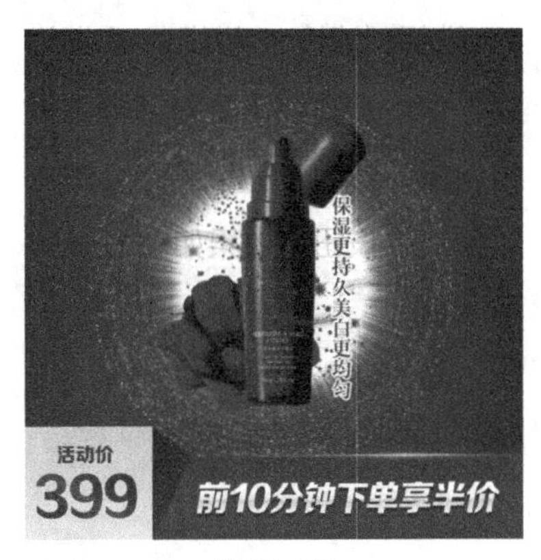

图12-60

01 按Ctrl+N快捷键，弹出“新建文档”对话框，设置宽度为800像素，高度为800像素，分辨率为72像素/英寸，颜色模式为RGB，背景为白色，单击“创建”按钮，新建一个文件。

02 新建图层并将其命名为“背景色”。将前景色设为红色（RGB的值为211、0、0）。按Alt+Delete快捷键，用前景色填充图层，如图12-61所示。

03 单击“图层”面板下方的“添加图层样式”按钮fx.，在弹出的菜单中选择“内阴影”命令，弹出对话框，将阴影颜色设为黑色，其他选项的设置如图12-62所示，单击“确定”按钮，效果如图12-63所示。

图12-61

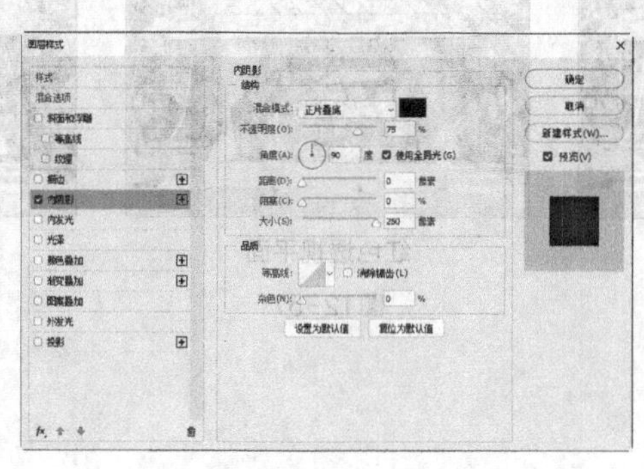

图12-62

图12-63

04 新建图层并将其命名为“外光圈”。选择椭圆选框工具○，按住Shift键的同时，在图像窗口中拖曳鼠标绘制圆形选区，如图12-64所示。选择“编辑 > 描边”命令，弹出对话框，将描边颜色设为白色，其他选项的设置如图12-65所示，单击“确定”按钮。按Ctrl+D快捷键，取消选区，效果如图12-66所示。

图12-64

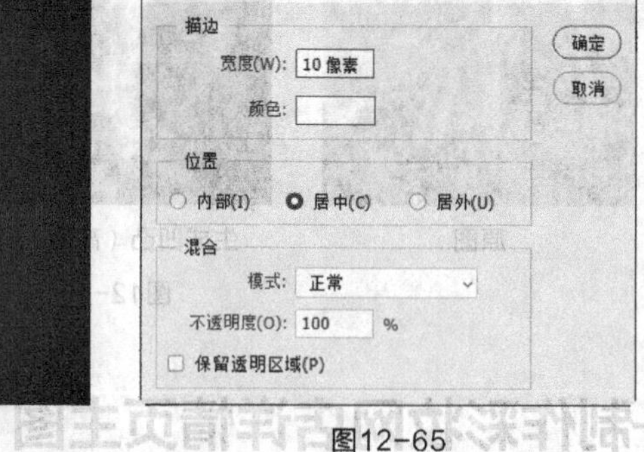

图12-65

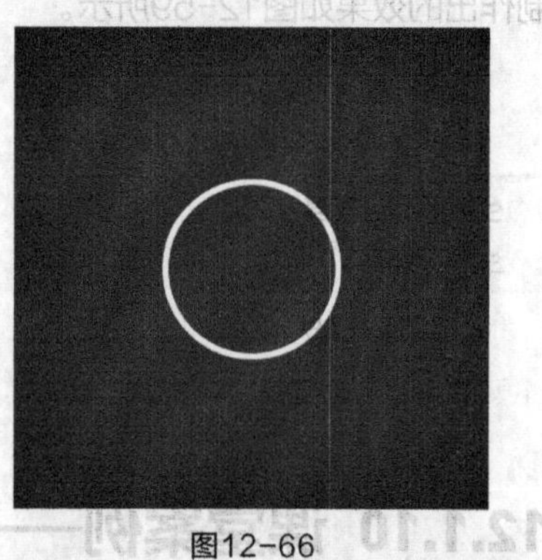

图12-66

05 选择“滤镜 > 模糊 > 高斯模糊”命令，在弹出的对话框中进行设置，如图12-67所示，单击“确定”按钮，效果如图12-68所示。

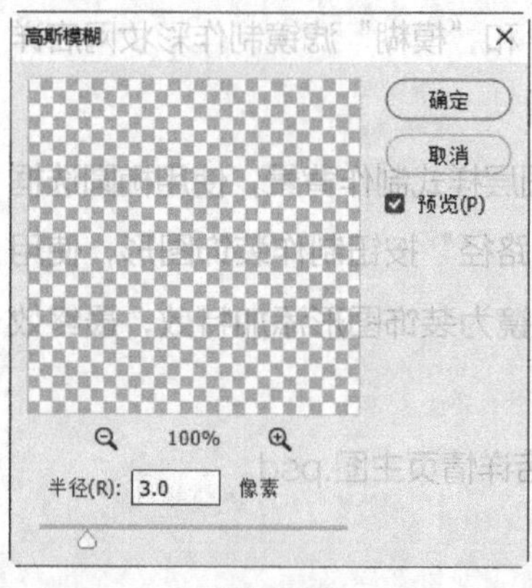

图12-67

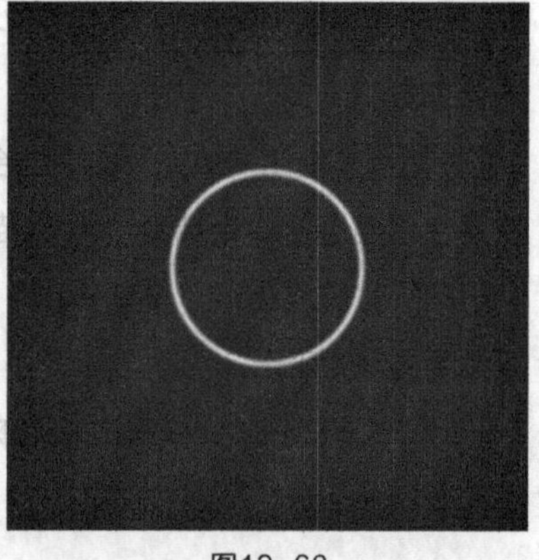

图12-68

06 选择“滤镜 > 扭曲 > 极坐标”命令，在弹出的对话框中进行设置，如图12-69所示，单击“确定”按钮，效果如图12-70所示。选择“图像 > 图像旋转 > 逆时针90度”命令，旋转图像，效果如图12-71所示。

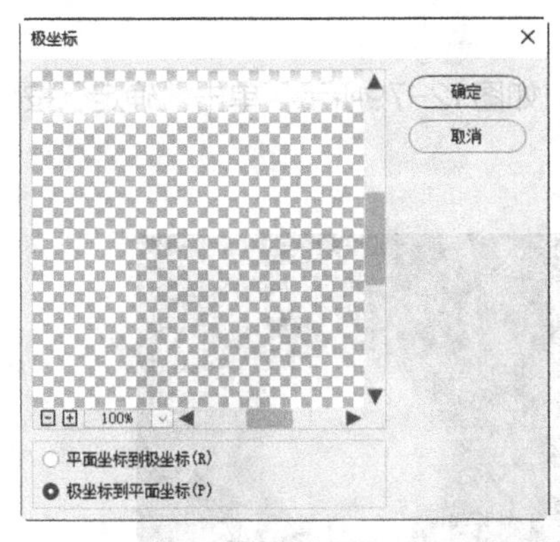

图12-69

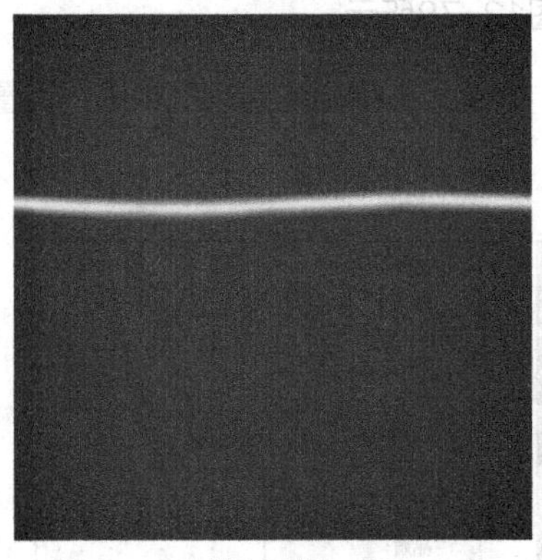

图12-70

图12-71

07 选择“滤镜 > 风格化 > 风”命令，在弹出的对话框中进行设置，如图12-72所示，单击“确定”按钮，效果如图12-73所示。按Alt+Ctrl+F快捷键，重复使用“风”滤镜，效果如图12-74所示。

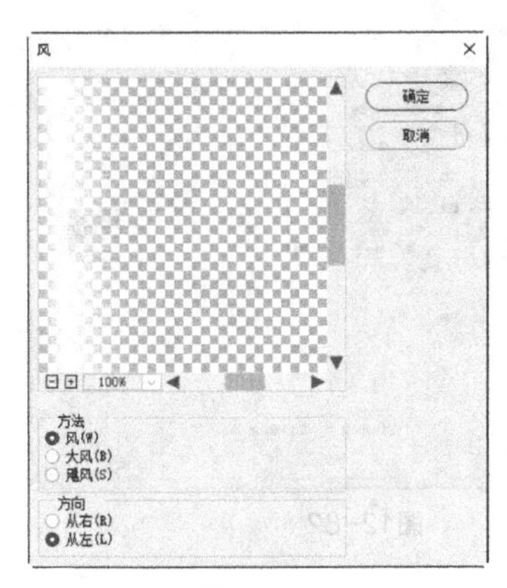

图12-72

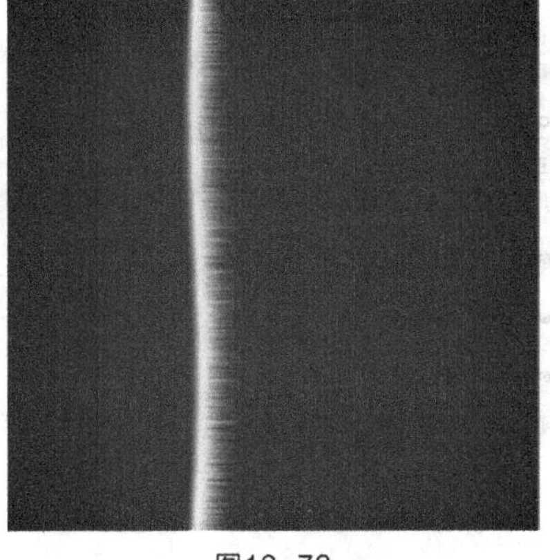

图12-73

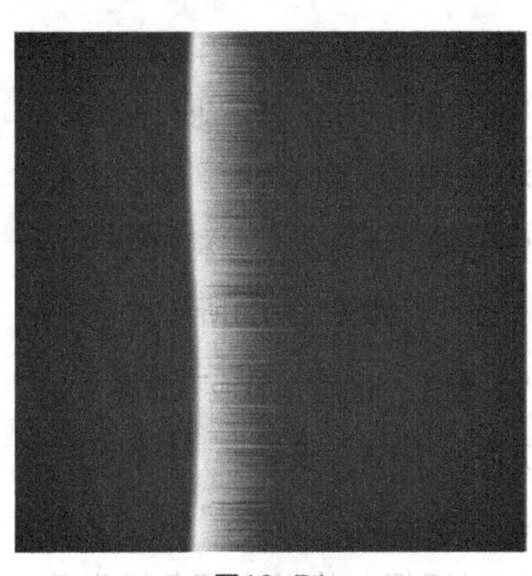

图12-74

08 选择“图像 > 图像旋转 > 顺时针90度”命令，效果如图12-75所示。选择“滤镜 > 扭曲 > 极坐标”命令，在弹出的对话框中进行设置，如图12-76所示，单击“确定”按钮，效果如图12-77所示。

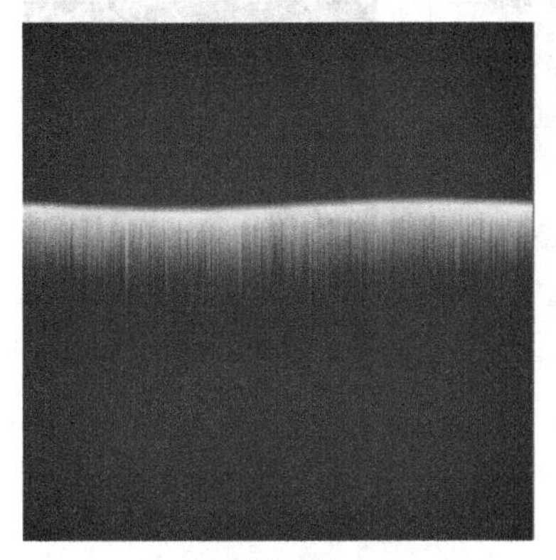

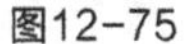

图12-75

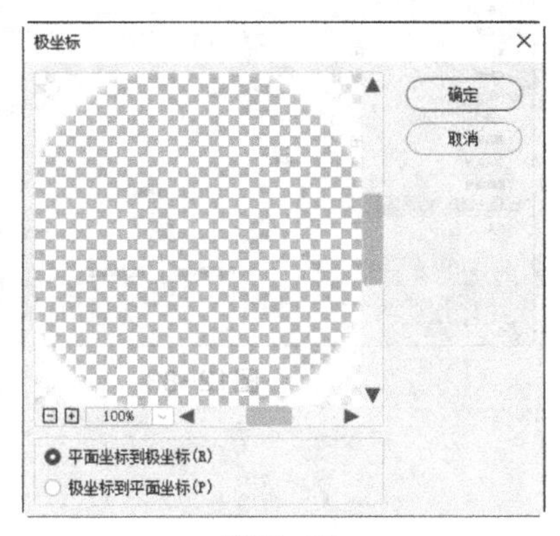

图12-76

图12-77

09 将前景色设为白色。按住Ctrl键的同时，单击“图层”面板下方的“创建新图层”按钮，“外光圈”图层下方会生成新的图层，将其命名为“内光圈”。选择椭圆选框工具，将属性栏中的“羽化”选项设为6像素，按住Shift键的同时，在适当的位置绘制圆形选区。按Alt+Delete快捷键，用前景色填充选区。按Ctrl+D快捷键，取消选区，效果如图12-78所示。

10 选择“滤镜 > 模糊 > 径向模糊”命令，在弹出的对话框中进行设置，如图12-79所示，单击“确定”按钮，效果如图12-80所示。

图12-78

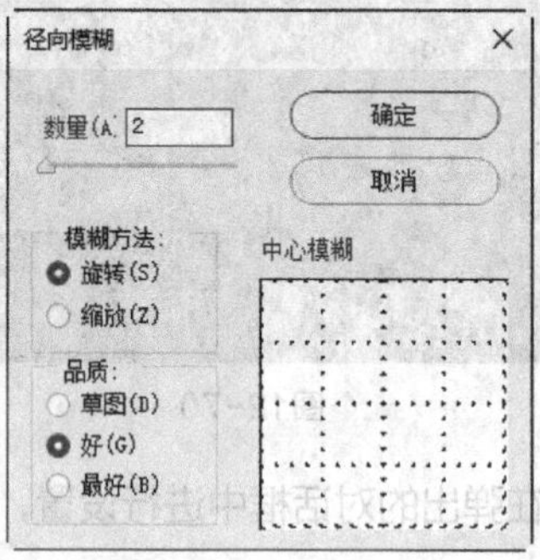

图12-79

图12-80

11 在“图层”面板中，按住Shift键的同时，单击“外光圈”图层，将两个图层同时选取。按Ctrl+E快捷键，合并图层并将其命名为“光”，如图12-81所示。

12 单击“图层”面板下方的“添加图层样式”按钮，在弹出的菜单中选择“内发光”命令，弹出对话框，将发光颜色设为黄色（RGB的值为235、233、182），其他选项的设置如图12-82所示。选择“外发光”选项，将发光颜色设为红色（RGB的值为255、0、0），其他选项的设置如图12-83所示，单击“确定”按钮，效果如图12-84所示。

图12-81

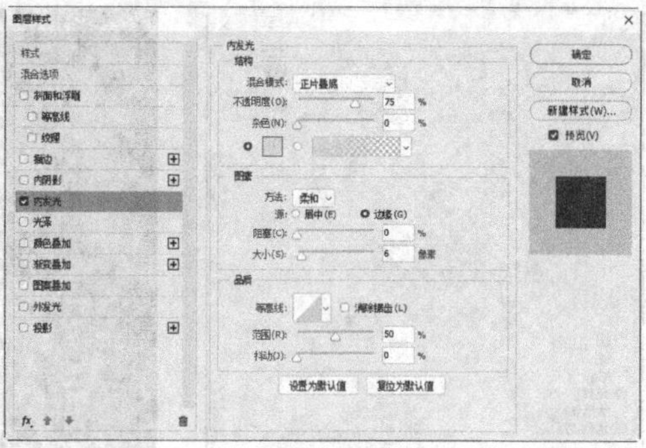

图12-82

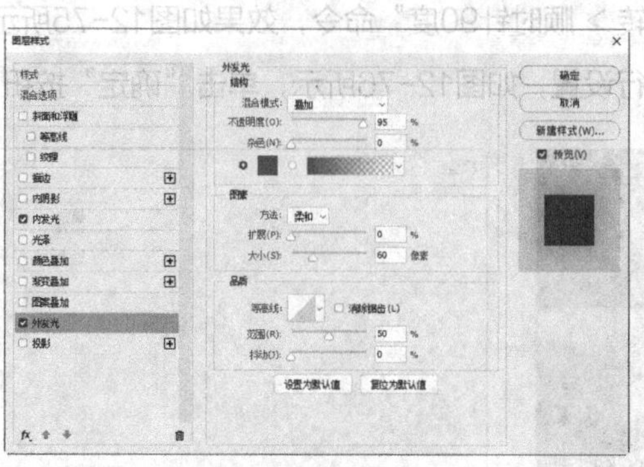
图12-83

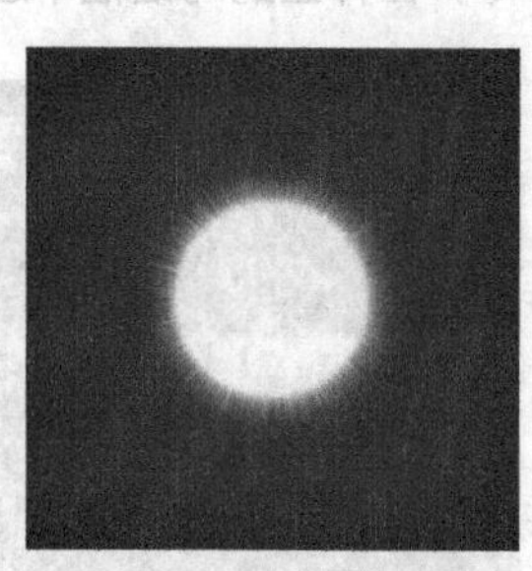
图12-84

13 新建图层并将其命名为“外发光”。选择椭圆工具◯，在属性栏的“选择工具模式”选项中选择“路径”，按住Shift键的同时，在适当的位置上绘制一个圆形路径，如图12-85所示。

14 选择画笔工具，在属性栏中单击“画笔预设”选项，在弹出的画笔选择面板中单击右上方的按钮，在弹出的菜单中选择“旧版画笔”选项，弹出图12-86所示的对话框，单击“确定”按钮。

图12-85

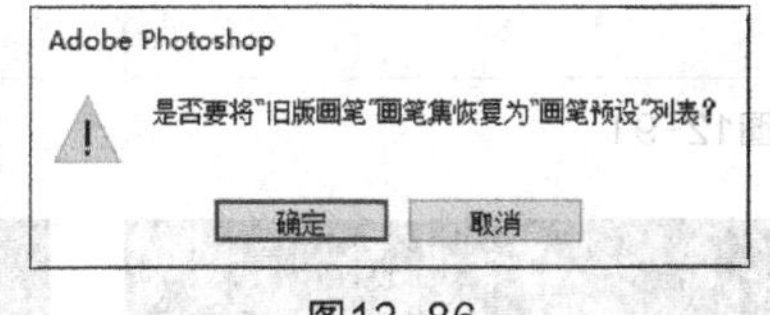

图12-86

15 在属性栏中单击“切换‘画笔设置’面板”按钮，弹出“画笔设置”面板。选择“画笔笔尖形状”选项，设置如图12-87所示。选择“形状动态”选项，切换到相应的面板，设置如图12-88所示。

16 选择“散布”选项，切换到相应的面板，设置如图12-89所示。单击“路径”面板下方的“用画笔描边路径”按钮◦，对路径进行描边。按Delete键，删除该路径，效果如图12-90所示。

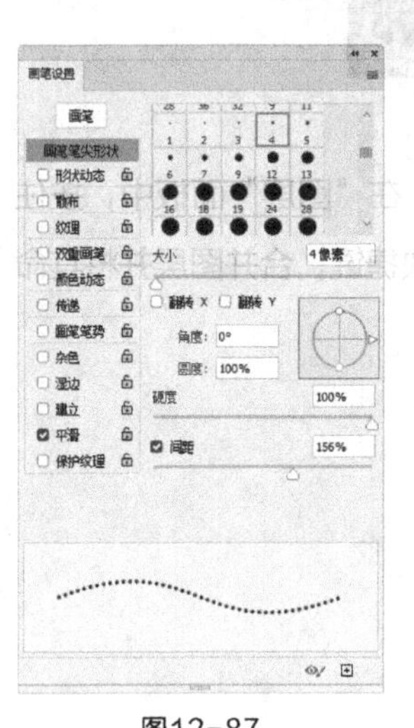

图12-87

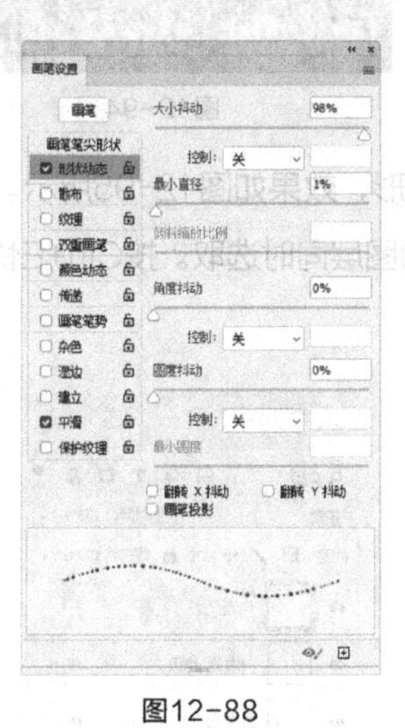

图12-88

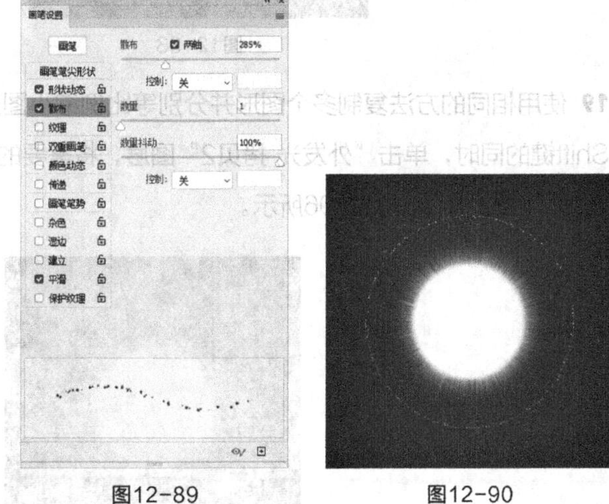

图12-89

图12-90

17 单击“图层”面板下方的“添加图层样式”按钮fx，在弹出的菜单中选择“内发光”命令，弹出对话框，将发光颜色设为橘红色（RGB的值为255、94、31），其他选项的设置如图12-91所示。选择“外发光”选项，将发光颜色设为红色（RGB的值为255、0、6），其他选项的设置如图12-92所示，单击“确定”按钮，效果如图12-93所示。

18 按Ctrl+J快捷键，复制图层，“图层”面板中会生成新的图层“外发光 拷贝”。按Ctrl+T快捷键，图像周围出现变换框，按住Alt键的同时，拖曳变换框等比例缩小图形，按Enter键确认操作，效果如图12-94所示。

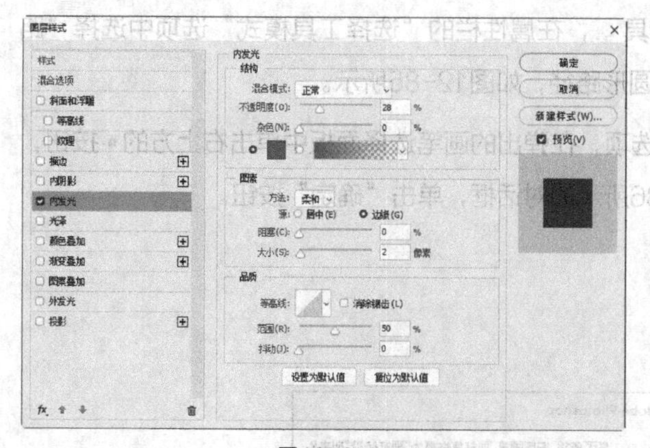

图12-91

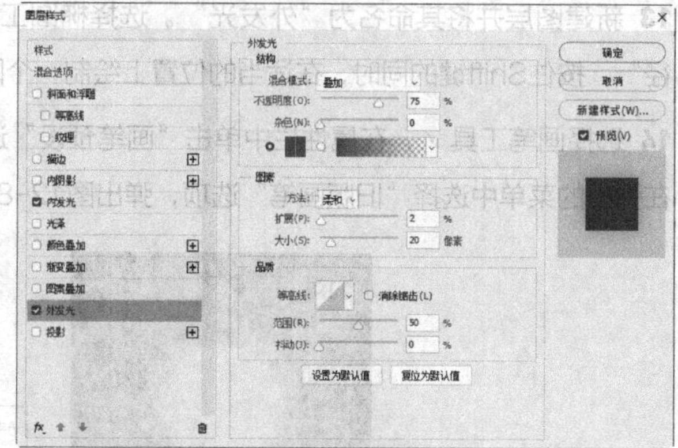

图12-92

图12-93

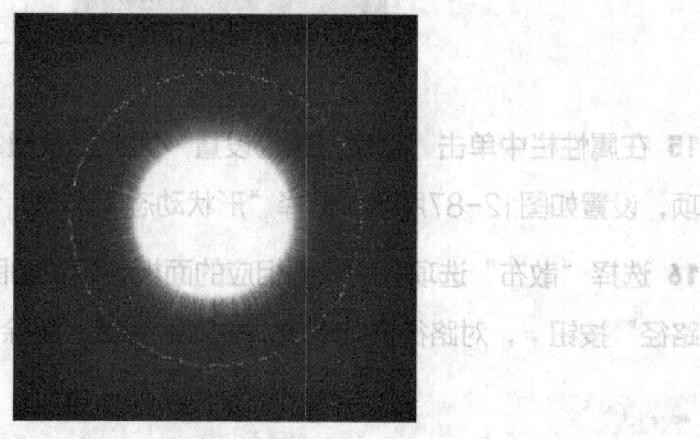

图12-94

19 使用相同的方法复制多个图形并分别等比例缩小图形，效果如图12-95所示。在“图层”面板中，按住Shift键的同时，单击“外发光 拷贝2”图层，将需要的图层同时选取。按Ctrl+E快捷键，合并图层并将其命名为“内光”，如图12-96所示。

图12-95

图12-96

20 按Ctrl+J快捷键，复制图层，“图层”面板中会生成新的图层“内光 拷贝”。选择“滤镜 > 模糊 > 高斯模糊”命令，在弹出的对话框中进行设置，如图12-97所示，单击“确定”按钮，效果如图12-98所示。

21 按Ctrl+O快捷键，打开本书学习资源中的“Ch12\素材\制作彩妆网店详情页主图\01、02”文件，选择移动工具 ，将01和02图像分别拖曳到新建的图像窗口中适当的位置，效果如图12-99所示，“图层”面板中生成新的图层，分别命名为“化妆品”和“文字”。彩妆网店详情页主图制作完成。

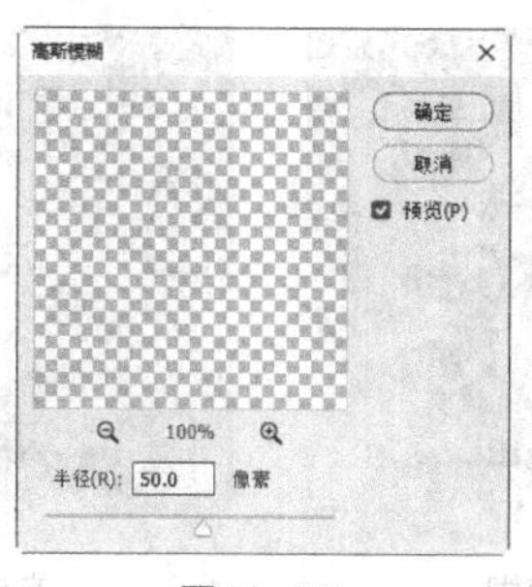

图12-97

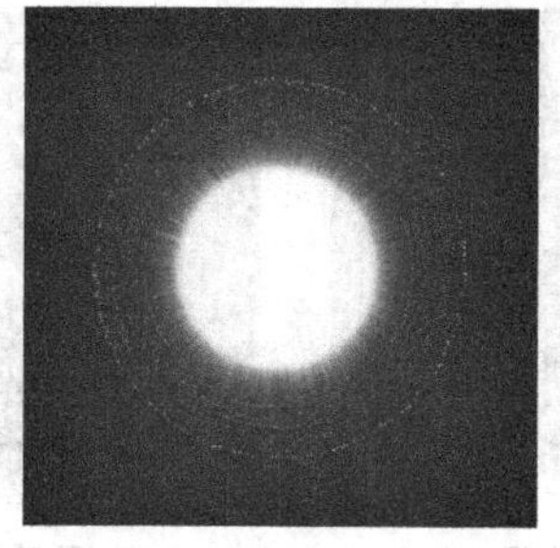

图12-98

图12-99

12.1.11 “风格化”滤镜

“风格化”滤镜可以产生印象派及其他风格画派作品的效果，是模拟真实艺术手法进行创作的。“风格化”滤镜子菜单如图12-100所示。应用不同滤镜制作出的效果如图12-101所示。

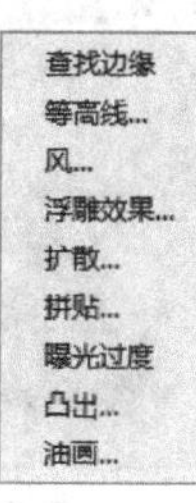

图12-100

原图

查找边缘

等高线

风

浮雕效果

扩散

拼贴

曝光过度

凸出

油画

图12-101

12.1.12 “模糊”滤镜

“模糊”滤镜可以为图像制作模糊效果，也可以制作柔和的阴影效果。“模糊”滤镜子菜单如图12-102所示。应用不同滤镜制作出的效果如图12-103所示。

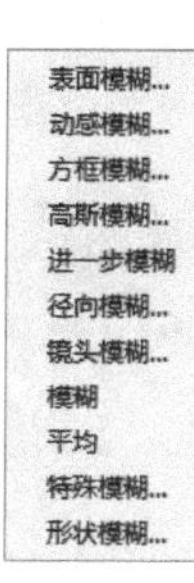

图12-102

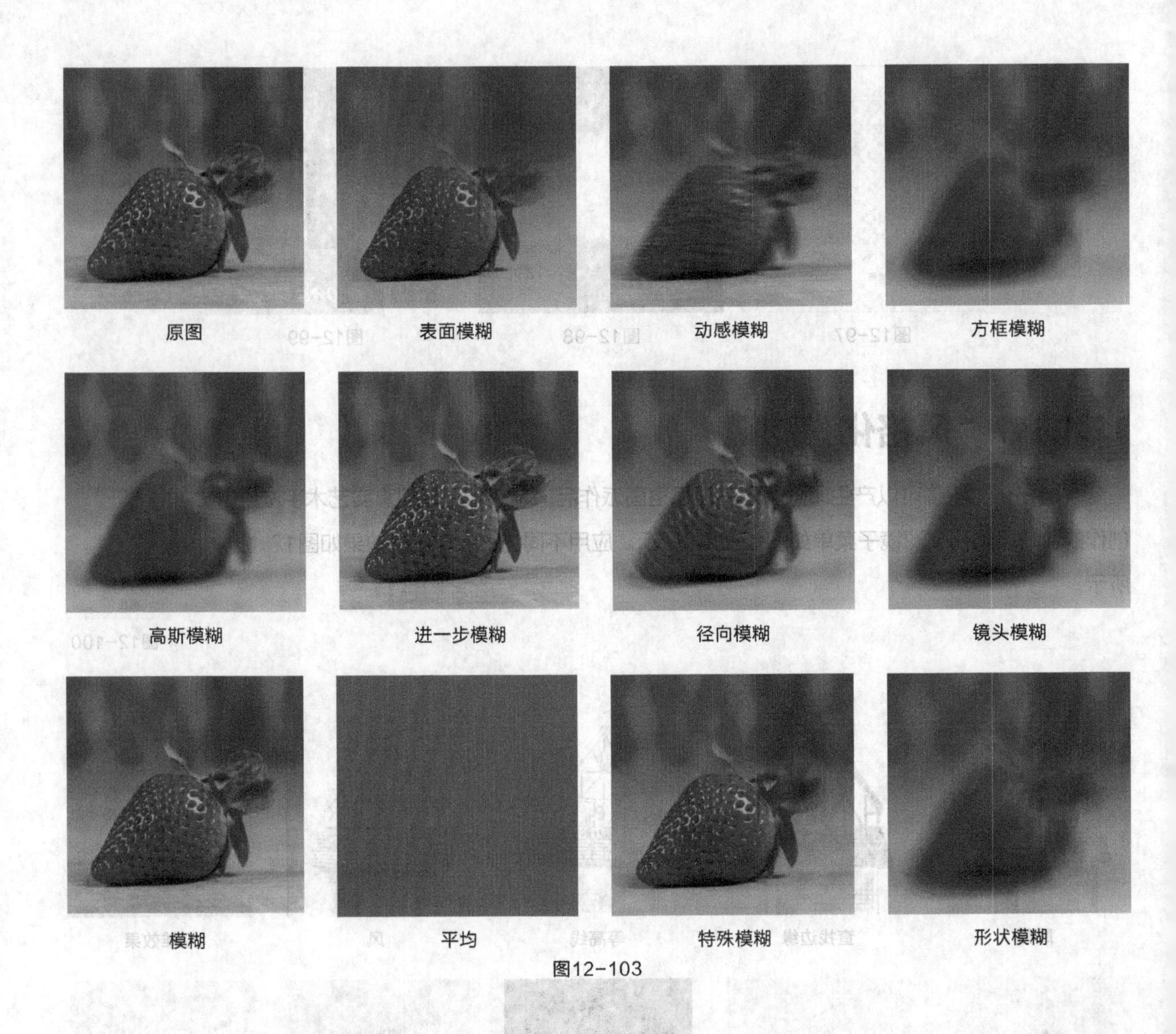

图12-103

12.1.13 “模糊画廊”滤镜

“模糊画廊”滤镜可以使用图钉或路径来控制图像，制作模糊效果。“模糊画廊”滤镜子菜单如图12-104所示。应用不同滤镜制作出的效果如图12-105所示。

场景模糊...
光圈模糊...
移轴模糊...
路径模糊...
旋转模糊...

图12-104

原图

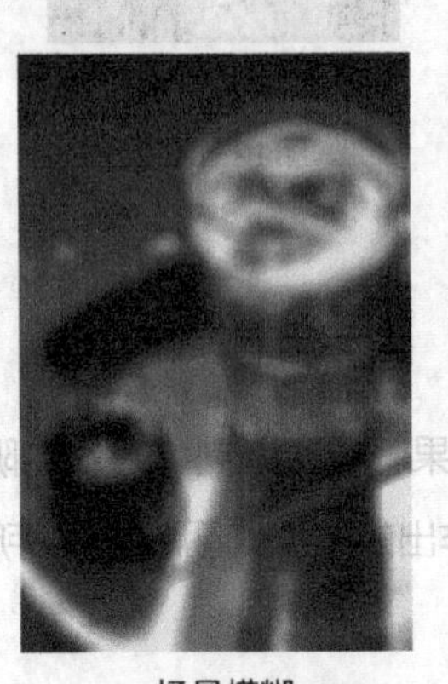

场景模糊

光圈模糊

图12-105

移轴模糊

路径模糊

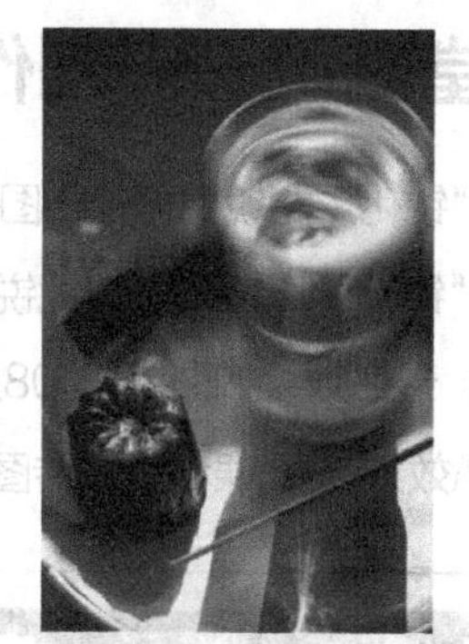
旋转模糊

图12-105（续）

12.1.14 “扭曲”滤镜

“扭曲”滤镜可以生成一组从波纹到扭曲图像的变形效果。“扭曲”滤镜子菜单如图12-106所示。应用不同滤镜制作出的效果如图12-107所示。

波浪...
波纹...
极坐标...
挤压...
切变...
球面化...
水波...
旋转扭曲...
置换...

图12-106

原图

波浪

波纹

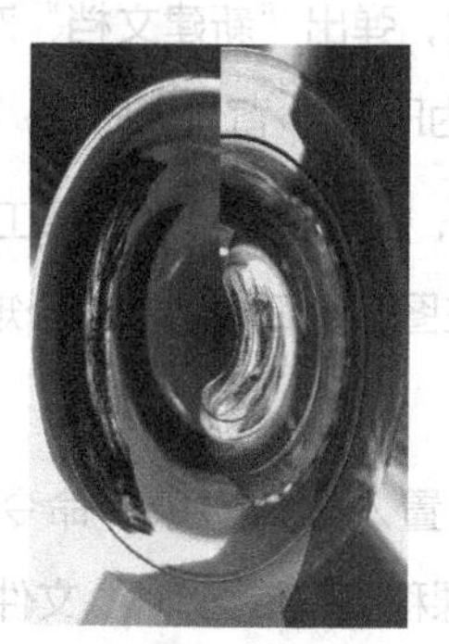
极坐标

挤压

切变

球面化

水波

旋转扭曲

置换

图12-107

12.1.15 课堂案例——制作课程类宣传图

案例学习目标 使用“锐化”滤镜锐化宣传图。

案例知识要点 使用“锐化”滤镜和“智能锐化”滤镜锐化图像，使用矩形工具制作装饰图形，使用横排文字工具输入文字信息，最终效果如图12-108所示。

效果所在位置 Ch12\效果\制作课程类宣传图.psd。

图12-108

01 按Ctrl+N快捷键，弹出“新建文档”对话框，设置宽度为900像素，高度为383像素，分辨率为72像素/英寸，颜色模式为RGB，背景为白色，单击“创建”按钮，新建一个文件。

02 选择矩形工具□，在属性栏的“选择工具模式”选项中选择“形状”，将“填充”颜色设为黑色，“描边”颜色设为无。在图像窗口中绘制一个矩形，效果如图12-109所示，“图层”面板中会生成新的形状图层“矩形1”。

03 选择“文件 > 置入嵌入对象”命令，弹出“置入嵌入的对象”对话框，选择本书学习资源中的“Ch12\素材\制作课程类宣传图\01”文件，单击“置入”按钮，将图片置入到图像窗口中，拖曳到适当的位置并调整大小，按Enter键确认操作，效果如图12-110所示，“图层”面板中会生成新的图层，将其命名为“人物”。

图12-109

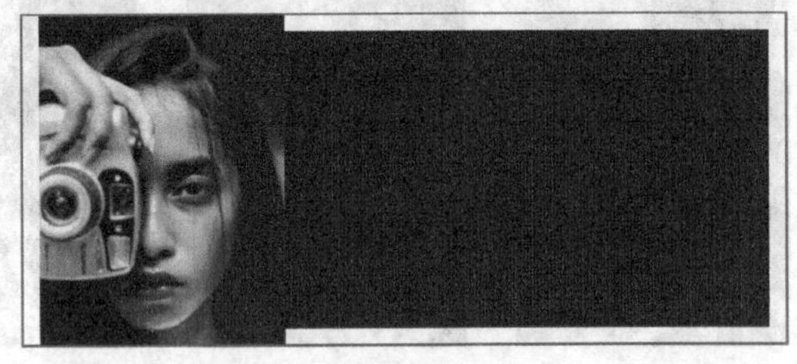

图12-110

04 选择移动工具✥，按住Alt+Shift组合键的同时，分别拖曳图片到适当的位置，复制两个图片，效果如图12-111所示，“图层”面板中会生成新的拷贝图层，如图12-112所示。

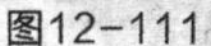

图12-111

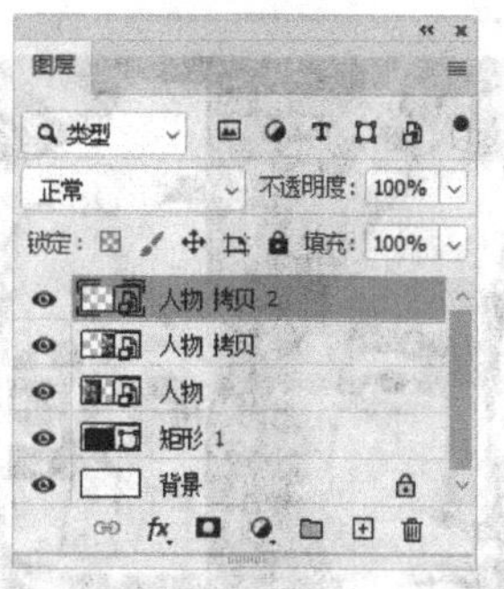

图12-112

05 选中“人物 拷贝”图层，选择“滤镜 > 锐化 > 锐化”命令，锐化图像。选中“人物 拷贝2”图层，选择“滤镜 > 锐化 > 智能锐化”命令，在弹出的对话框中进行设置，如图12-113所示，单击“确定”按钮，效果如图12-114所示。

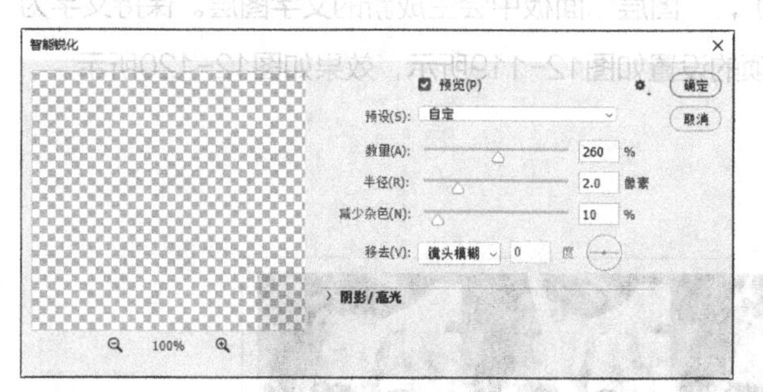

图12-113

图12-114

06 在“图层”面板中，按住Shift键的同时，单击“人物”图层，将需要的图层同时选取。按Alt+Ctrl+G快捷键，创建剪贴蒙版，如图12-115所示，图像效果如图12-116所示。

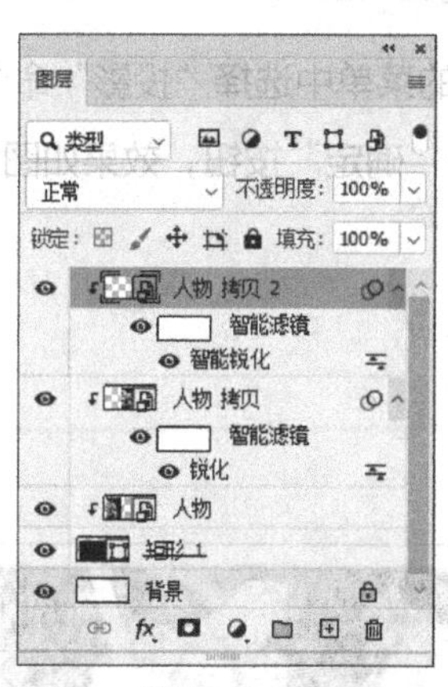

图12-115

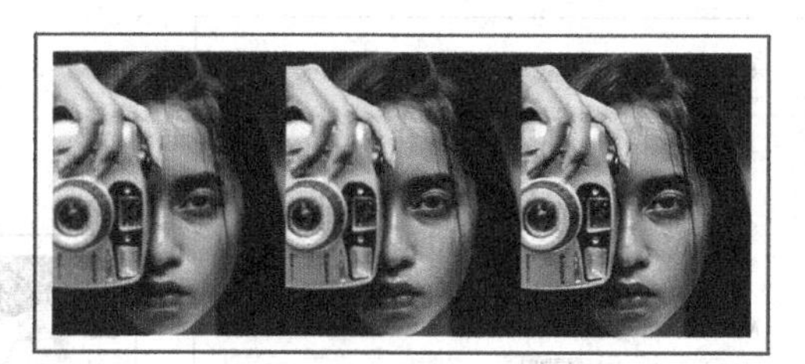

图12-116

07 选择矩形工具□，在图像窗口中适当的位置绘制一个矩形。在属性栏中将“填充”颜色设为白色，效果如图12-117所示，“图层”面板中会生成新的形状图层“矩形2”。按Ctrl+T快捷键，矩形周围出现变换框，将鼠标指针放在变换框任意一角的外侧，指针变为↰形状，按住Shift键的同时，拖曳鼠标将矩形旋转到适当的角度，按Enter键确认操作，效果如图12-118所示。

图12-117

图12-118

08 选择横排文字工具 T，在适当的位置输入需要的文字并选取，在属性栏中选择合适的字体并设置大小，设置文本颜色为金黄色（RGB的值为255、234、0），“图层”面板中会生成新的文字图层。保持文字为选取状态，按Ctrl+T快捷键，弹出“字符”面板，选项的设置如图12-119所示，效果如图12-120所示。

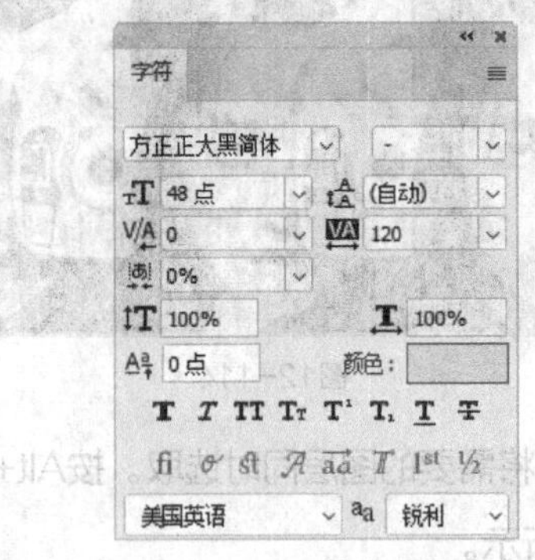

图12-119

图12-120

09 单击“图层”面板下方的“添加图层样式”按钮 fx，在弹出的菜单中选择“投影”命令，弹出对话框，将阴影颜色设为黑色，其他选项的设置如图12-121所示，单击“确定”按钮，效果如图12-122所示。课程类宣传图制作完成。

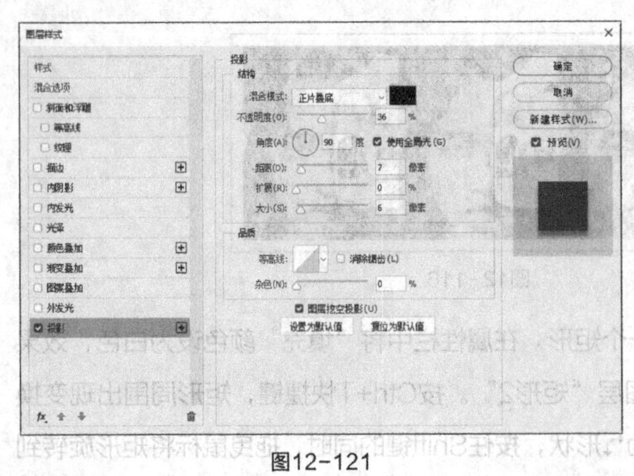

图12-121

图12-122

12.1.16 “锐化”滤镜

“锐化”滤镜可以通过生成更大的对比度来使图像更清晰，还可以用于减少图像修改后产生的模糊效果。“锐化”滤镜子菜单如图12-123所示。应用不同滤镜制作出的效果如图12-124所示。

USM 锐化...
防抖...
进一步锐化
锐化
锐化边缘
智能锐化...

图12-123

原图

USM锐化

防抖

进一步锐化

锐化

锐化边缘

智能锐化

图12-124

12.1.17 “视频”滤镜

“视频”滤镜将以隔行扫描方式提取的图像转换为视频设备可接收的图像，以解决交换图像时的系统差异问题。“视频”滤镜子菜单如图12-125所示。应用不同滤镜制作出的效果如图12-126所示。

NTSC 颜色
逐行...

图12-125

原图

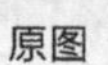

NTSC颜色

逐行

图12-126

12.1.18 “像素化”滤镜

“像素化”滤镜可以将图像分块或将图像平面化。“像素化”滤镜子菜单如图12-127所示。应用不同滤镜制作出的效果如图12-128所示。

彩块化
彩色半调...
点状化...
晶格化...
马赛克...
碎片
铜版雕刻...

图12-127

原图　彩块化　彩色半调

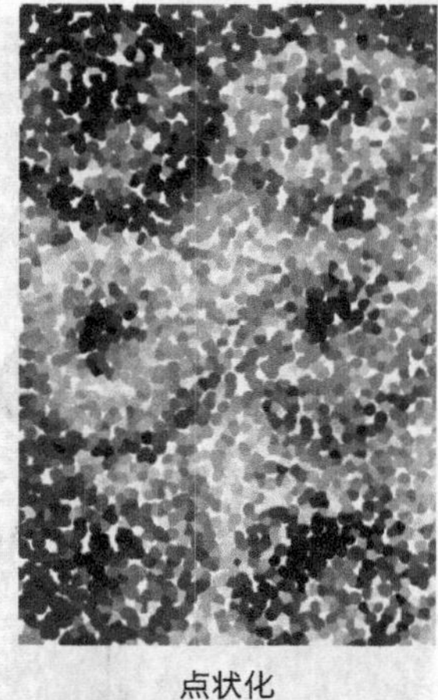

点状化

晶格化

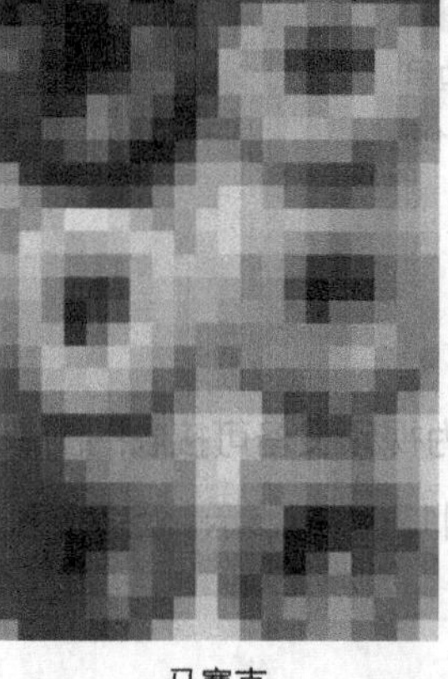

马赛克

碎片

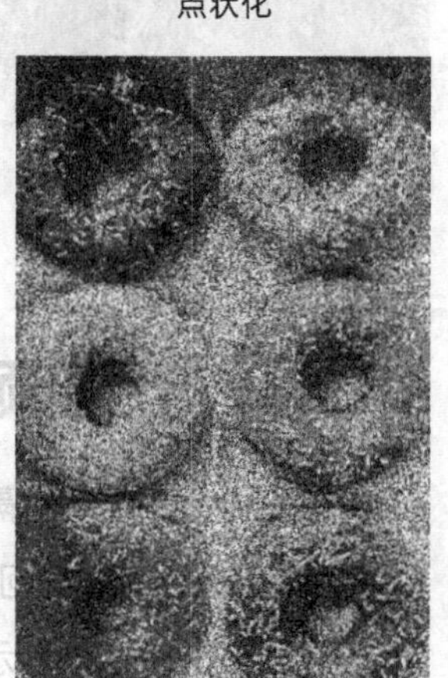

铜版雕刻

图12-128

12.1.19 “渲染”滤镜

“渲染”滤镜可以在图片中产生不同的光源效果和夜景效果等。“渲染”滤镜子菜单如图12-129所示。应用不同滤镜制作出的效果如图12-130所示。

火焰...
图片框...
树...
分层云彩
光照效果...
镜头光晕...
纤维...
云彩

图12-129

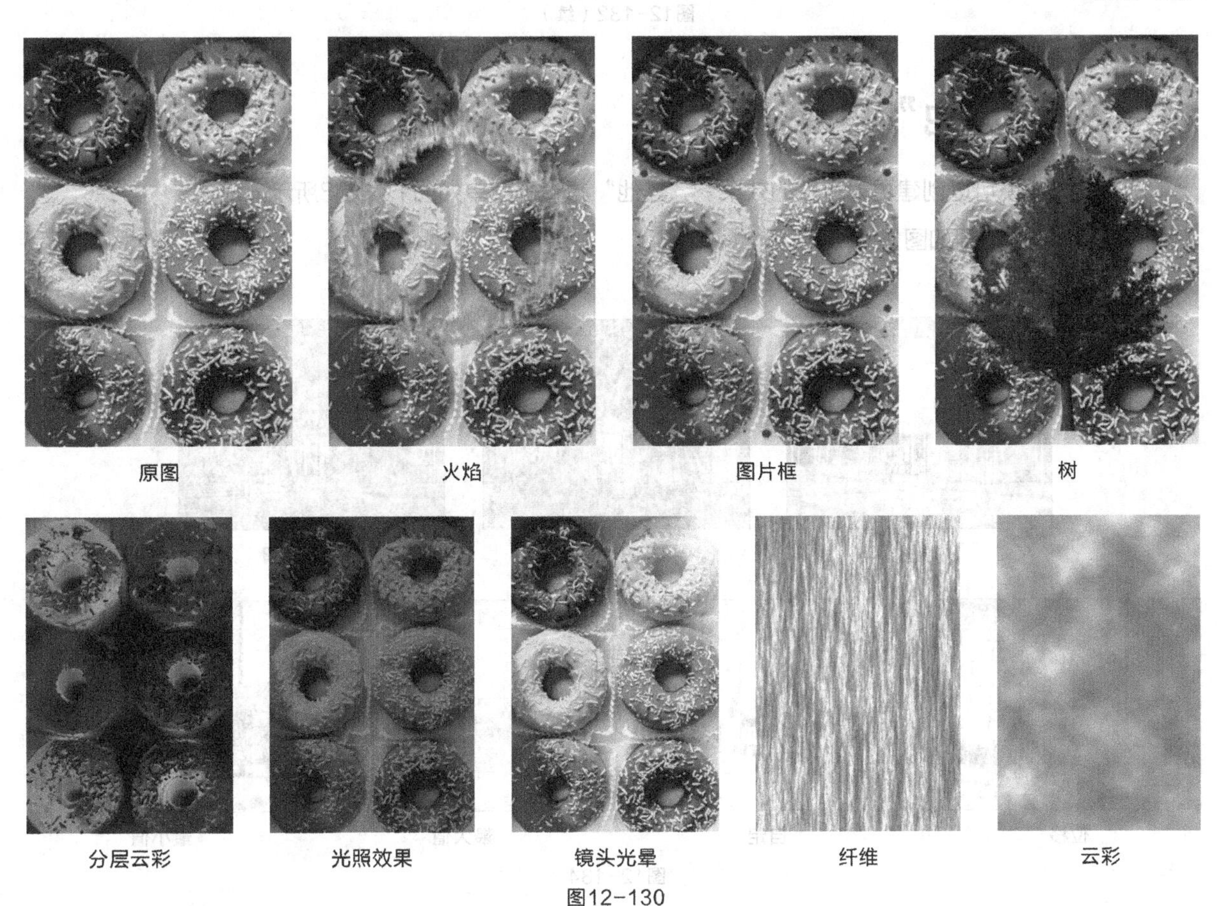

原图　火焰　图片框　树

分层云彩　光照效果　镜头光晕　纤维　云彩

图12-130

12.1.20 “杂色”滤镜

“杂色”滤镜可以混合干扰，制作出着色像素图案的纹理。“杂色”滤镜子菜单如图12-131所示。应用不同滤镜制作出的效果如图12-132所示。

减少杂色...
蒙尘与划痕...
去斑
添加杂色...
中间值...

图12-131

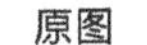

原图　减少杂色

图12-132

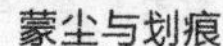

蒙尘与划痕

去斑

添加杂色

中间值

图12-132（续）

12.1.21 “其他”滤镜

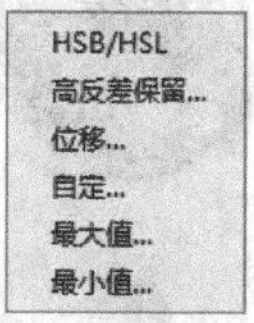

“其他”滤镜可以创建更为特殊的效果。“其他”滤镜子菜单如图12-133所示。应用不同滤镜制作出的效果如图12-134所示。

HSB/HSL
高反差保留...
位移...
自定...
最大值...
最小值...

图12-133

原图

HSB/HSL

高反差保留

位移

自定

最大值

最小值

图12-134

12.2 滤镜使用技巧

前面介绍了Photoshop中用到的各种滤镜，下面介绍一下滤镜使用技巧。熟练掌握这些技巧，可以使图像产生更加丰富、生动的变化。

12.2.1 重复使用滤镜

如果使用一次滤镜后效果不理想，可以按Alt+Ctrl+F快捷键，重复使用滤镜。重复使用“玻璃”滤镜的效果如图12-135所示。

图12-135

12.2.2 对图像局部使用滤镜

在要应用的图像上绘制选区，如图12-136所示，对选区中的图像使用“高斯模糊”滤镜，效果如图12-137所示。

图12-136

图12-137

如果对选区进行羽化后再使用滤镜，可以得到与原图融为一体的效果。在“羽化选区”对话框中设置羽化的数值，如图12-138所示，再使用滤镜得到的效果如图12-139所示。

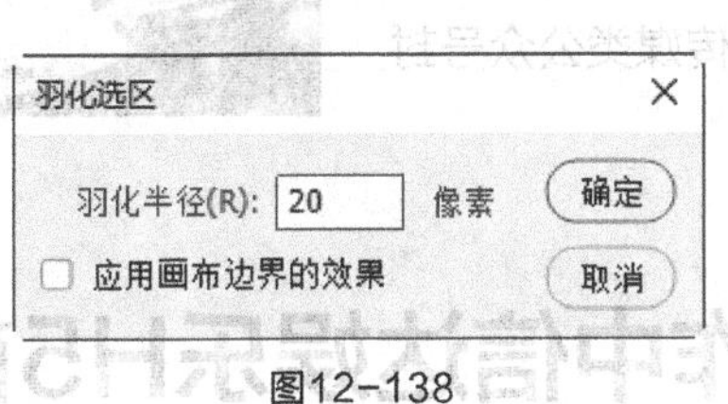

图12-138

图12-139

12.2.3 对通道使用滤镜

原始图像效果如图12-140所示，对图像的红通道、蓝通道分别使用“高斯模糊”滤镜后得到的效果如图12-141所示。

图12-140

图12-141

12.2.4 对滤镜效果进行调整

对图像使用“高斯模糊”滤镜后，效果如图12-142所示。按Shift+Ctrl+F快捷键，弹出图12-143所示的“渐隐”对话框，调整“不透明度”选项的数值并设置“模式”选项，单击“确定”按钮，可使滤镜效果产生变化，效果如图12-144所示。

图12-142

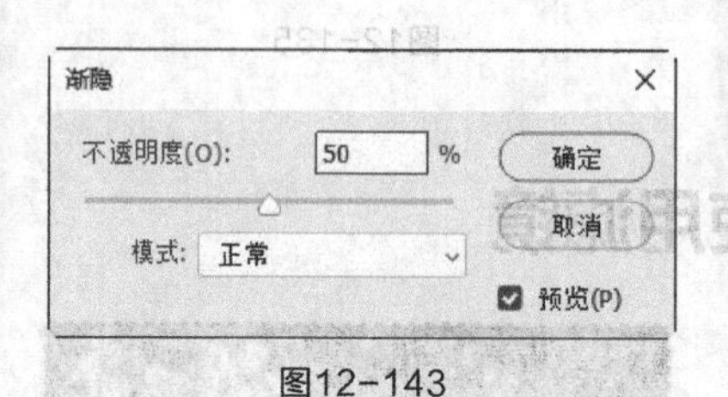

图12-143

图12-144

课堂练习——制作文化传媒类公众号封面首图

练习知识要点 使用“彩色半调”滤镜制作网点图像，使用“高斯模糊”滤镜和混合模式调整图像效果，使用“镜头光晕”滤镜添加光晕，最终效果如图12-145所示。

效果所在位置 Ch12\效果\制作文化传媒类公众号封面首图.psd。

图12-145

课后习题——制作中信达娱乐H5首页

习题知识要点 使用混合模式和“半调图案”滤镜处理人物图像，使用横排文字工具添加文字信息，最终效果如图12-146所示。

效果所在位置 Ch12\效果\制作中信达娱乐H5首页.psd。

图12-146

第 13 章

商业案例实训

本章介绍

本章通过多个商业案例的操作演示，进一步讲解Photoshop各大功能的特色和使用技巧，让读者能够快速地掌握软件功能和知识要点，制作出变化丰富的设计作品。

学习目标

●掌握软件基础知识的使用方法。

●了解软件的常用设计领域。

●掌握软件在不同设计领域的使用方法。

技能目标

●掌握“女装电商界面”的制作方法。

●掌握“旅游照片模板”的制作方法。

●掌握“家居网店店招和导航条”的制作方法。

●掌握“春之韵巡演海报”的制作方法。

●掌握“冰淇淋包装”的制作方法。

13.1 制作女装电商界面

13.1.1 项目背景及设计要点

❶ 客户名称

快此购App。

❷ 客户需求

快此购App是一个手机购物应用，对于一个电商App而言，商品展示、商品描述、用户收藏、购买、评价等信息都是必要的。本例通过对商品及信息的合理编排，针对各个模块设计了不同的展示场景，具有实用性及美观性。

❸ 设计要点

（1）使用纯色背景起到衬托的作用，突出主体内容。

（2）以商品实物照片作为主体元素，图文搭配合理。

（3）版面设计具有美感。

（4）色彩围绕产品进行设计搭配，要舒适自然。

（5）设计规格为750像素（宽）×1334像素（高），分辨率为72像素/英寸。

13.1.2 项目素材及制作要点

❶ 设计素材

图片素材所在位置：本书学习资源中的“Ch13\素材\制作女装电商界面\01～11”。

❷ 设计作品

设计作品效果所在位置：本书学习资源中的“Ch13\效果\制作女装电商界面.psd”，效果如图13-1所示。

❸ 制作要点

使用移动工具添加素材，使用圆角矩形工具和“创建剪贴蒙版”命令制作蒙版效果，使用横排文字工具结合“字符”面板添加文字信息。

图13-1

课堂练习1——制作时钟图标

练习1.1　项目背景及设计要点

❶ 客户名称

微迪设计公司。

❷ 客户需求

微迪设计公司是一家集UI设计、Logo设计、VI设计为一体的设计公司，得到众多客户的一致好评。公司现阶段需要为新开发的App设计一款时钟图标，要求使用微立体化的形式表现出App的特征，且具有辨识度。

❸ 设计要点

（1）使用蓝色的背景突出红色的图标，醒目直观。

（2）微立体化的设计让人一目了然，且辨识度高。

（3）图标的外观简洁明了，搭配合理。

（4）色彩简洁亮丽，增加画面的活泼感。

（5）设计规格为1024像素（宽）×1024像素（高），分辨率为72像素/英寸。

练习1.2　项目素材及制作要点

❶ 设计作品

设计作品效果所在位置：本书学习资源中的“Ch13\效果\制作时钟图标.psd”，效果如图13-2所示。

❷ 制作要点

使用椭圆工具、“减去顶层形状”命令和图层样式制作表盘，使用圆角矩形工具、矩形工具和“创建剪贴蒙版”命令绘制指针和刻度，使用钢笔工具和渐变工具制作投影。

图13-2

课堂练习2——制作画板图标

练习2.1 项目背景及设计要点

❶ 客户名称

岢基设计公司。

❷ 客户需求

岢基设计公司是一家专门从事UI设计、Logo设计的设计公司。公司现阶段需要为新开发的App设计一款画板图标，要求使用微立体化的设计表现出App的特征，且具有辨识度。

❸ 设计要点

（1）使用浅绿色的背景突出中心的图标，直观自然。

（2）扁平化的设计简洁明了，让人一目了然。

（3）拟物化的图标设计真实直观，辨识度高。

（4）颜色丰富，搭配合理，增加画面的活泼感和清晰度。

（5）设计规格为1024像素（宽）×1024像素（高），分辨率为72像素/英寸。

练习2.2 项目素材及制作要点

❶ 设计作品

设计作品效果所在位置：本书学习资源中的“Ch13\效果\制作画板图标.psd”，效果如图13-3所示。

❷ 制作要点

使用椭圆工具和图层样式绘制颜料盘，使用钢笔工具、矩形工具、剪贴蒙版和投影样式绘制画笔，使用钢笔工具和渐变工具制作投影。

图13-3

课后习题1——制作餐饮类App引导页

习题1.1　项目背景及设计要点

❶ 客户名称

达林诺外卖App。

❷ 客户需求

达林诺外卖App是一款便于用户订购外卖的App。现需要设计一个关于App的引导界面，要求能够吸引顾客的眼球，体现App的特色，且内容简洁。

❸ 设计要点

（1）使用简洁的纯色背景，突出主题。

（2）矢量元素色彩鲜明，使画面生动、有活力。

（3）整体设计符合大多数用户的使用习惯。

（4）美观大方，能够彰显App的特色。

（5）设计规格为750像素（宽）×1334像素（高），分辨率为72像素/英寸。

习题1.2　项目素材及制作要点

❶ 设计素材

图片素材所在位置：本书学习资源中的“Ch13\素材\制作餐饮类App引导页\01”。

❷ 设计作品

设计作品效果所在位置：本书学习资源中的“Ch13\效果\制作餐饮类App引导页.psd”，效果如图13-4所示。

❸ 制作要点

使用“置入嵌入对象”命令添加素材图片，使用横排文字工具配合“字符”面板添加文字信息，使用椭圆工具和圆角矩形工具绘制滑动点及按钮。

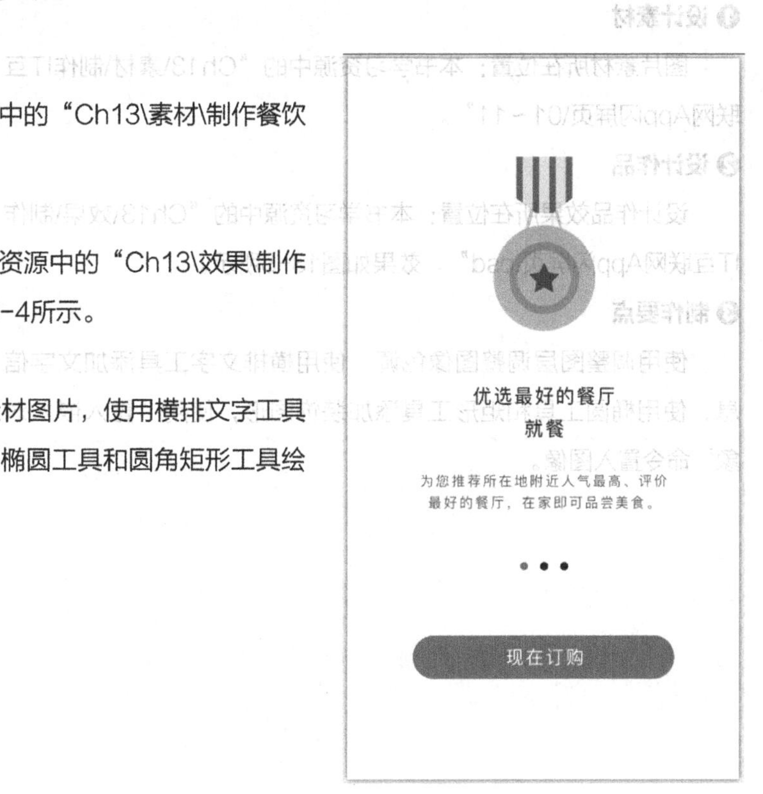

图13-4

课后习题2——制作IT互联网App闪屏页

习题2.1 项目背景及设计要点

❶ 客户名称

海鲸商城。

❷ 客户需求

海鲸商城是一家专业的网络购物商城。随着潮流不断变化，网购逐渐普及，与人们的生活息息相关。本例是为一款购物型App制作闪屏页，要求能突出体现App的功能内容，风格新颖简洁。

❸ 设计要点

（1）设计要求体现出网购的特点。

（2）以实景照片作为元素占据画面的主体，标志与图片搭配合理，具有美感。

（3）色彩要求围绕产品进行设计搭配，以达到令人舒适、自然的效果。

（4）设计规格为750像素（宽）×1334像素（高），分辨率为72像素/英寸。

习题2.2 项目素材及制作要点

❶ 设计素材

图片素材所在位置：本书学习资源中的“Ch13\素材\制作IT互联网App闪屏页\01～11”。

❷ 设计作品

设计作品效果所在位置：本书学习资源中的“Ch13\效果\制作IT互联网App闪屏页.psd”，效果如图13-5所示。

❸ 制作要点

使用调整图层调整图像色调，使用横排文字工具添加文字信息，使用椭圆工具和矩形工具添加装饰图形，使用“置入嵌入对象”命令置入图像。

图13-5

13.2 制作旅游照片模板

13.2.1 项目背景及设计要点

❶ 客户名称

玖七旅行社。

❷ 客户需求

玖七旅行社是一家综合性旅行服务平台，可以随时随地向用户提供集酒店预订、旅游度假及旅游信息在内的全方位旅行服务。旅行社目前需要制作一个PPT模板，模板的设计风格要求自然唯美，给人有个性、轻松的感觉。

❸ 设计要点

（1）画面要求以景点图片为主体。

（2）界面要求内容丰富，图文搭配合理。

（3）画面色彩搭配适宜，营造出令人身心舒畅的旅行氛围。

（4）设计风格具有特色，版式精巧活泼，能吸引用户目光。

（5）设计规格为373mm（宽）×210mm（高），分辨率为72像素/英寸。

13.2.2 项目素材及制作要点

❶ 设计素材

图片素材所在位置：本书学习资源中的“Ch13\素材\制作旅游照片模板\01~06”。

❷ 设计作品

设计作品效果所在位置：本书学习资源中的“Ch13\效果\制作旅游照片模板.psd”，效果如图13-6所示。

图13-6

❸ 制作要点

使用椭圆工具、图层样式、移动工具和剪贴蒙版添加并调整照片，使用横排文字工具和“字符”面板添加并调整文字。

课堂练习1——制作婚纱摄影影集

练习1.1　项目背景及设计要点

❶ 客户名称

美奇摄影社。

❷ 客户需求

美奇摄影社是一家专门从事拍摄和对照片进行艺术加工处理的摄影公司。本例要制作婚纱摄影照片模板，要求能够烘托出幸福、美满、甜蜜的氛围，体现出人们对爱情的向往与期待。

❸ 设计要点

（1）画面以人物照片为主，主次明确，设计独特。

（2）整体使用柔和、令人舒适的色彩，给人温馨舒适的感受。

（3）文字和颜色的运用要与整体风格相呼应，让人一目了然。

（4）照片搭配和运用合理，体现出幸福感和舒适感。

（5）设计规格为400mm（宽）×200mm（高），分辨率为150像素/英寸。

练习1.2　项目素材及制作要点

❶ 设计素材

图片素材所在位置：本书学习资源中的“Ch13\素材\制作婚纱摄影影集\01～04”。

❷ 设计作品

设计作品效果所在位置：本书学习资源中的“Ch13\效果\制作婚纱摄影影集.psd”，效果如图13-7所示。

❸ 制作要点

使用矩形工具、剪贴蒙版制作底图效果，使用“照片滤镜”命令调整图像的色调，使用横排文字工具添加文字。

图13-7

课堂练习2——制作唯美照片模板

练习2.1　项目背景及设计要点

❶ 客户名称

卡嘻摄影工作室。

❷ 客户需求

卡嘻摄影工作室是摄影行业比较有实力的摄影工作室，工作室运用艺术家的眼光捕捉独特瞬间，使照片的个性和艺术性得到充分的体现。现需要制作一个唯美照片模板，要求突出表现人物个性，表现出独特的风格魅力。

❸ 设计要点

（1）照片模板要求具有极强的表现力。

（2）使用颜色和特效烘托出人物特有的个性。

（3）设计要求富有创意，体现出多彩的日常生活。

（4）要求对文字进行具有特色的设计，图文搭配合理、有个性。

（5）设计规格为285mm（宽）×210mm（高），分辨率为150像素/英寸。

练习2.2　项目素材及制作要点

❶ 设计素材

图片素材所在位置：本书学习资源中的“Ch13\素材\制作唯美照片模板\01”。

❷ 设计作品

设计作品效果所在位置：本书学习资源中的“Ch13\效果\制作唯美照片模板.psd”，效果如图13-8所示。

❸ 制作要点

使用“自然饱和度”命令和“照片滤镜”命令调整图像色调，使用椭圆工具和剪贴蒙版制作装饰效果，使用横排文字工具配合“字符”面板添加有个性的文字。

图13-8

课后习题1——制作宝宝照片模板

习题1.1 项目背景及设计要点

❶ 客户名称

框架时尚摄影工作室。

❷ 客户需求

框架时尚摄影工作室是一家专业的摄影工作室，其经营范围广泛，服务优质。公司目前需要制作一个宝宝照片模板，要求以可爱为主，能够展现出孩子富有感染力的笑容和天真可爱的表情。

❸ 设计要点

（1）模板要求能体现宝宝照片的特点。

（2）图像与文字搭配合理，能够营造一个清新干净且富有活力的氛围。

（3）颜色的运用和文字的设计适合模板风格。

（4）设计风格具有特色，版式精巧活泼，能吸引用户目光。

（5）设计规格为233mm（宽）×120mm（高），分辨率为72像素/英寸。

习题1.2 项目素材及制作要点

❶ 设计素材

图片素材所在位置：本书学习资源中的“Ch13\素材\制作宝宝照片模板\01～03”。

❷ 设计作品

设计作品效果所在位置：本书学习资源中的“Ch13\效果\制作宝宝照片模板.psd”，效果如图13-9所示。

❸ 制作要点

使用矩形工具、图层样式、移动工具和剪贴蒙版添加并调整宝宝照片，使用横排文字工具配合“字符”面板和图层样式添加并调整文字。

图13-9

课后习题2——制作个人写真照片模板

习题2.1　项目背景及设计要点

❶ 客户名称

美奇摄影社。

❷ 客户需求

美奇摄影社是一家专门从事拍摄和对照片进行艺术加工处理的摄影社。现需要为情侣制作照片模板，要求能够烘托出健康、阳光的氛围，体现出幸福感和舒适感。

❸ 设计要点

（1）画面以人物照片为主，主次明确，设计独特。

（2）使用生活化的照片，增加亲近感。

（3）文字和颜色的运用要与整体风格相呼应，让人一目了然。

（4）照片的搭配和运用合理，体现出幸福感和舒适感。

（5）设计规格为297mm（宽）×210mm（高），分辨率为72像素/英寸。

习题2.2　项目素材及制作要点

❶ 设计素材

图片素材所在位置：本书学习资源中的“Ch13\素材\制作个人写真照片模板\01～03”。

❷ 设计作品

设计作品效果所在位置：本书学习资源中的“Ch13\效果\制作个人写真照片模板.psd”，效果如图13-10所示。

❸ 制作要点

使用矩形工具、剪贴蒙版和“拷贝”命令制作底图效果，使用“色阶”命令调整图像的亮度，使用横排文字工具添加文字。

图13-10

13.3 制作家居网店店招和导航条

13.3.1 项目背景及设计要点

❶ 客户名称

LALDIA家居网。

❷ 客户需求

LALDIA家居网是一家风格独特、时尚爱家的家居门户网站，提供专业的装修及家居资讯，为追求生活品质的家居消费者和爱好者提供精选品牌和优质产品，是全方位的产品信息导购平台。近期需要制作一个全新的网店店招和导航条，要求体现公司的文化特色。

❸ 设计要点

（1）设计采用深色背景图衬托前方的宣传主体，醒目突出。

（2）导航条的分类明确清晰。

（3）画面颜色对比强烈，营造出时尚前卫的氛围。

（4）设计风格简洁大方，给人整洁大方的感觉。

（5）设计规格为950像素（宽）×150像素（高），分辨率为72像素/英寸。

13.3.2 项目素材及制作要点

❶ 设计素材

图片素材所在位置：本书学习资源中的“Ch13\素材\制作家居网店店招和导航条\01~04”。

❷ 设计作品

设计作品效果所在位置：本书学习资源中的“Ch13\效果\制作家居网店店招和导航条.psd”，效果如图13-11所示。

❸ 制作要点

使用横排文字工具、自定形状工具和矩形工具添加店招信息，使用移动工具、图层样式和“创建剪贴蒙版”命令制作家居图片，使用矩形工具和横排文字工具制作导航条。

图13-11

课堂练习1——制作生活家电网站Banner

练习1.1　项目背景及设计要点

❶ 客户名称

戴森尔家电专卖店。

❷ 客户需求

戴森尔家电专卖店是一家主营家电零售的电商网店，贩售家具、配件、浴室和厨房用品等。公司近期推出新款变频空调扇，需要为其制作一个全新的网店首页海报，要求起到宣传公司新产品的作用，向客户传递清新和雅致的感受。

❸ 设计要点

（1）设计风格要求简洁大方，给人整洁的感觉。

（2）以产品图片为主体，给用户带来直观感受。

（3）画面色彩清新干净，与宣传的主题相呼应。

（4）使用直观醒目的文字来诠释广告内容，注重表现活动特色。

（5）设计规格为1920像素（宽）×800像素（高），分辨率为72像素/英寸。

练习1.2　项目素材及制作要点

❶ 设计素材

图片素材所在位置：本书学习资源中的“Ch13\素材\制作生活家电网站Banner\01～05”。

❷ 设计作品

设计作品效果所在位置：本书学习资源中的“Ch13\效果\制作生活家电网站Banner.psd”，效果如图13-12所示。

❸ 制作要点

使用椭圆工具、“高斯模糊”命令为空调扇添加阴影效果，使用“色阶”命令调整图片颜色，使用圆角矩形工具、横排文字工具添加产品品牌及相关功能介绍信息。

图13-12

课堂练习2——制作箱包饰品网店分类引导

练习2.1 项目背景及设计要点

❶ 客户名称

跃旅箱包。

❷ 客户需求

跃旅箱包是一家专门经营拉杆箱和背包的公司。在周年店庆来临之际，公司推出了新款产品，现需要在网店中制作分类引导，以吸引用户。

❸ 设计要点

（1）网店分类引导包含拉杆箱和背包元素。

（2）设计要求简洁大方，颜色搭配美观。

（3）图文搭配合理，能够清晰介绍箱包信息。

（4）设计风格符合公司品牌特色，能够凸显箱包品质。

（5）设计规格为950像素（宽）×158像素（高），分辨率为72像素/英寸。

练习2.2 项目素材及制作要点

❶ 设计素材

图片素材所在位置：本书学习资源中的“Ch13\素材\制作箱包饰品网店分类引导\ 01～05”。

❷ 设计作品

设计作品效果所在位置：本书学习资源中的“Ch13\效果\制作箱包饰品网店分类引导.psd”，效果如图13-13所示。

❸ 制作要点

使用矩形工具、椭圆工具、自定形状工具和直线工具绘制装饰图形，使用移动工具添加素材图片，使用横排文字工具添加分类文字。

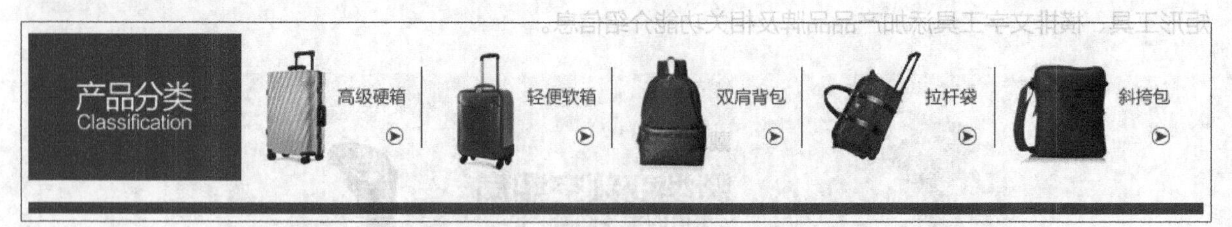

图13-13

课后习题1——制作茶叶商品陈列展示区

习题1.1 项目背景及设计要点

❶ 客户名称

多叶茶味有限公司。

❷ 客户需求

多叶茶味有限公司是一家销售红茶、绿茶、白茶等多种品类茶叶的公司，公司有专门的人员负责网店运营。公司近期需要制作一个全新的茶叶商品陈列展示区，要求画面简洁直观，能体现出公司的特色。

❸ 设计要点

（1）使用产品包装照片表现出主要售卖的产品。

（2）搭配冲泡过后的实物图，更直观地让客户了解茶叶品质。

（3）文字排列主次分明，与整体设计相呼应，采用标签的形式，让人一目了然。

（4）设计风格符合公司品牌特色，简洁明了。

（5）设计规格为950像素（宽）×960像素（高），分辨率为300像素/英寸。

习题1.2 项目素材及制作要点

❶ 设计素材

图片素材所在位置：本书学习资源中的“Ch13\素材\制作茶叶商品陈列展示区\01~ 09”。

❷ 设计作品

设计作品效果所在位置：本书学习资源中的“Ch13\效果\制作茶叶商品陈列展示区.psd”，效果如图13-14所示。

❸ 制作要点

使用矩形工具和“图案叠加”命令制作底纹效果，使用属性面板调整矩形角，使用横排文字工具添加产品相关信息。

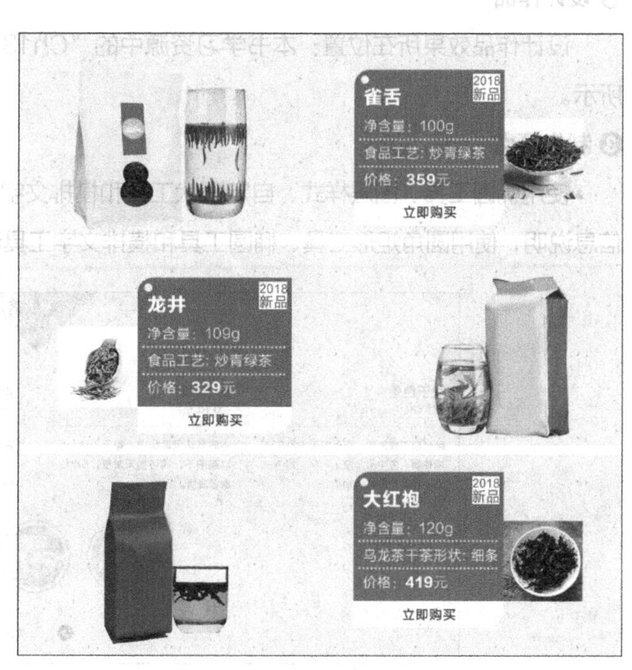

图13-14

课后习题2——制作服饰网店页尾

习题2.1　项目背景及设计要点

❶ 客户名称

花语 · 阁服装有限公司。

❷ 客户需求

花语 · 阁服装有限公司是一家生产和经营各种女装的服装公司，公司有专门的人员负责网站运营。公司近期要更新网店，需要制作一个全新的网店页尾，要求全面展现公司的优质服务和真诚态度，详细说明公司信息。

❸ 设计要点

（1）页尾的设计简洁，文字叙述清楚明了。

（2）说明文字排列整齐，给人视觉上的舒适感。

（3）绘制红色图形，增加画面的丰富感。

（4）设计规格为950mm（宽）×412mm（高），分辨率为72像素/英寸。

习题2.2　项目素材及制作要点

❶ 设计素材

图片素材所在位置：本书学习资源中的“Ch13\素材\制作服饰网店页尾\01”。

文字素材所在位置：本书学习资源中的“Ch13\素材\制作服饰网店页尾\文字文档”。

❷ 设计作品

设计作品效果所在位置：本书学习资源中的“Ch13\效果\制作服饰网店页尾.psd”，效果如图13-15所示。

❸ 制作要点

使用椭圆工具、图层样式、自定形状工具和横排文字工具制作按钮，使用直线工具和横排文字工具制作信息说明，使用圆角矩形工具、椭圆工具和横排文字工具制作搜索框。

图13-15

13.4 制作春之韵巡演海报

13.4.1 项目背景及设计要点

❶ 客户名称

呼兰极地之光文化传播有限公司。

❷ 客户需求

呼兰极地之光文化传播有限公司是一家组织文化艺术交流活动、从事文艺创作、承办展览展示等服务的公司。现由爱罗斯皇家芭蕾舞团演绎的歌舞剧“春之韵”将在呼兰热河剧场演出，需要设计巡演海报，要求能展现出此次巡演的主题和特色。

❸ 设计要点

（1）用色彩斑斓的背景营造出有活力且具韵味的氛围，同时凸显出品质感。

（2）海报以人物为主体，具有视觉冲击力。

（3）画面排版主次分明，增加画面的趣味性和美感。

（4）以直观醒目的方式向观众传达宣传信息。

（5）设计规格为750像素（宽）×1050像素（高），分辨率为72像素/英寸。

13.4.2 项目素材及制作要点

❶ 设计素材

图片素材所在位置：本书学习资源中的“Ch13\素材\制作春之韵巡演海报\01~03”。

❷ 设计作品

设计作品效果所在位置：本书学习资源中的“Ch13\效果\制作春之韵巡演海报.psd”，效果如图13-16所示。

❸ 制作要点

使用图层蒙版和画笔工具制作图片渐隐效果，使用“色相/饱和度”命令、“色阶”命令和“亮度/对比度”命令调整图片颜色，使用横排文字工具添加标题和宣传性文字。

图13-16

课堂练习1——制作旅行社推广海报

练习1.1　项目背景及设计要点

❶ 客户名称

红阳阳旅行社。

❷ 客户需求

红阳阳旅行社是一家经营各类旅行活动的旅游公司，提供车辆出租、带团旅行等服务。旅行社要为八月特惠旅游活动制作公众号推广海报，需加入景区风景元素，设计要求清新自然，主题突出。

❸ 设计要点

（1）本期公众号推广海报背景要求体现出旅行的特点。

（2）色彩搭配要求自然大气。

（3）画面以风景照片为主，效果独特，文字清晰，能达到吸引游客的目的。

（4）设计规格为750像素（宽）×1181像素（高），分辨率为72像素/英寸。

练习1.2　项目素材及制作要点

❶ 设计素材

图片素材所在位置：本书学习资源中的“Ch13\素材\制作旅行社推广海报\01~08”。

❷ 设计作品

设计作品效果所在位置：本书学习资源中的“Ch13\效果\制作旅行社推广海报.psd”，效果如图13-17所示。

❸ 制作要点

使用移动工具、画笔工具和图层蒙版制作背景融合效果，使用“曲线”调整图层和“色阶”调整图层调整背景颜色，使用钢笔工具和直线工具绘制形状，使用横排文字工具添加宣传语。

图13-17

课堂练习2——制作健身俱乐部宣传海报

练习2.1　项目背景及设计要点

❶ 客户名称

天禾健身俱乐部。

❷ 客户需求

天禾健身俱乐部是一家专业化健身俱乐部，整体布局时尚，内部设计和谐，富有人性化，云集了业界一流的健身教练，配备高档先进的健身器材，为会员的“健康事业”提供有力保障。本例是为俱乐部制作宣传广告，要求能够体现出俱乐部的主要项目和特色及健康生活的理念。

❸ 设计要点

（1）使用健身房的实景照片作为背景，营造出热情的氛围。

（2）使用深色背景搭配浅色文字，观感舒适。

（3）画面以教练和器材为主体，效果直观。

（4）文字的设计与整体设计相呼应，让人印象深刻。

（5）设计规格为750像素（宽）×1181像素（高），分辨率为72像素/英寸。

练习2.2　项目素材及制作要点

❶ 设计素材

图片素材所在位置：本书学习资源中的“Ch13\素材\制作健身俱乐部宣传海报\01和02”。

❷ 设计作品

设计作品效果所在位置：本书学习资源中的“Ch13\效果\制作健身俱乐部宣传海报.psd”，效果如图13-18所示。

❸ 制作要点

使用矩形工具、直接选择工具和剪贴蒙版制作背景图，使用“添加杂色”命令添加照片杂色，使用“照片滤镜”命令为图像加色。

图13-18

课后习题1——制作招聘运营海报

习题1.1　项目背景及设计要点

❶ 客户名称

海大梦集团。

❷ 客户需求

海大梦集团是一家互联网综合服务公司，通过技术丰富互联网用户的生活。现公司扩大规模，急需各个岗位人才，要求设计招聘运营海报。海报要求展现出公司的招聘岗位和招聘要求，起到宣传的效果。

❸ 设计要点

（1）用纯色的背景给人时尚感和现代感。

（2）画面排版主次分明，增加画面的趣味性和美感。

（3）文字精致，与整体设计相呼应，让人印象深刻。

（4）整体设计简洁直观，主题突出。

（5）设计规格为750像素（宽）×1181像素（高），分辨率为72像素/英寸。

习题1.2　项目素材及制作要点

❶ 设计素材

图片素材所在位置：本书学习资源中的“Ch13\素材\制作招聘运营海报\01”。

❷ 设计作品

设计作品效果所在位置：本书学习资源中的“Ch13\效果\制作招聘运营海报.psd”，效果如图13-19所示。

❸ 制作要点

使用矩形工具、添加锚点工具、转换点工具和直接选择工具制作会话框，使用横排文字工具添加公司名称、职务信息和联系方式。

图13-19

课后习题2——制作旅游宣传海报

习题2.1　项目背景及设计要点

❶ 客户名称

心心航旅行社。

❷ 客户需求

心心航旅行社是一家主打出境游的旅游公司，具有丰富的带团旅行经验。旅行社要为假期欧洲旅游制作一款推广海报，需突出游览内容、行程亮点及优惠价格。设计要求简洁明了，易于阅读。

❸ 设计要点

（1）海报背景要求简约大方，充分突出活动主题。

（2）背景颜色要求为纯色。

（3）画面以文字信息为主，搭配部分景区建筑照片，使人产生报名参团的欲望。

（4）设计规格均为750像素（宽）×1181像素（高），分辨率为72像素/英寸。

习题2.2　项目素材及制作要点

❶ 设计素材

图片素材所在位置：本书学习资源中的“Ch13\素材\制作旅游宣传海报\01~04”。

❷ 设计作品

设计作品效果所在位置：本书学习资源中的“Ch13\效果\制作旅游宣传海报.psd”，效果如图13-20所示。

图13-20

❸ 制作要点

使用移动工具合成海报背景，使用横排文字工具和图层样式制作宣传文字，使用圆角矩形工具、直线工具、横排文字工具添加其他信息。

13.5 制作冰淇淋包装

13.5.1 项目背景及设计要点

❶ 客户名称

梁辛绿色食品有限公司。

❷ 客户需求

梁辛绿色食品有限公司是一家生产、经营各种绿色食品的公司。本例是为食品公司设计冰淇淋包装。在包装设计上要体现出健康、绿色的经营理念。

❸ 设计要点

（1）使用新鲜的草莓体现出产品自然、纯正的特点，带给人感官上的享受。

（2）设计体现出产品香醇爽滑的口感和优良的品质。

（3）整体设计简单大方，颜色清爽明快，易使人产生购买欲望。

（4）标题醒目突出，以达到宣传的目的。

（5）设计规格为200mm（宽）×160mm（高），分辨率为150像素/英寸。

13.5.2 项目素材及制作要点

❶ 设计素材

图片素材所在位置：本书学习资源中的“Ch13\素材\制作冰淇淋包装\01～06”。

❷ 设计作品

设计作品效果所在位置：本书学习资源中的“Ch13\效果\制作冰淇淋包装\制作冰淇淋包装.psd”，效果如图13-21所示。

❸ 制作要点

使用椭圆工具和图层样式制作包装底图，使用“色阶”和“色相/饱和度”调整图层调整冰淇淋，使用横排文字工具制作包装信息，使用移动工具、“置入嵌入对象”命令和图层样式制作包装展示效果。

图13-21

课堂练习1——制作洗发水包装

练习1.1 项目背景及设计要点

❶ 客户名称

BINGLINGHUA。

❷ 客户需求

BINGLINGHUA是一家生产和经营美发护发产品的公司，一直以引领美发养护领域为己任。现要求为公司最新生产的洗发水制作产品包装，设计要求与包装产品契合，抓住产品特色。

❸ 设计要点

（1）使用白色和蓝色的包装，营造出洁净清爽之感。

（2）喷溅的水花与产品要动静结合，凸显出产品的特色。

（3）字体的设计与宣传的主体相呼应，以达到宣传的目的。

（4）整体设计要清新自然，易给人好感，从而产生购买欲望。

（5）设计规格为185mm（宽）×100mm（高），分辨率为100像素/英寸。

练习1.2 项目素材及制作要点

❶ 设计素材

图片素材所在位置：本书学习资源中的“Ch13\素材\制作洗发水包装\01～06”。

❷ 设计作品

设计作品效果所在位置：本书学习资源中的“Ch13\效果\制作洗发水包装.psd”，效果如图13-22所示。

❸ 制作要点

使用移动工具添加素材图片，使用图层蒙版、渐变工具和画笔工具制作背景效果，使用矩形工具、“变换”命令、椭圆工具和剪贴蒙版制作装饰图形，使用“变换”命令、图层蒙版和渐变工具制作洗发水投影，使用“色相/饱和度”调整图层和画笔工具调整洗发水颜色，使用横排文字工具、“字符”面板、圆角矩形工具和图层样式添加并调整宣传文字。

图13-22

课堂练习2——制作曲奇包装

练习2.1 项目背景及设计要点

❶ 客户名称

达玛哈食品有限公司。

❷ 客户需求

达玛哈食品有限公司是一家生产、经营各种甜品、饼干和蛋糕的食品公司，目前该公司的经典畅销品牌TAMAHA黄油曲奇需要更换新包装全新上市。新包装要求抓住产品特点，达到宣传效果。

❸ 设计要点

（1）整体色彩使用棕色和红色，体现出曲奇的可口质感。

（2）设计要求简洁，标明生产信息和原料，给用户可靠的感觉。

（3）以真实的产品图片展示，向观众传达真实的信息内容。

（4）设计规格均为185mm（宽）×260mm（高），分辨率为300像素/英寸。

练习2.2 项目素材及制作要点

❶ 设计素材

图片素材所在位置：本书学习资源中的“Ch13\素材\制作曲奇包装\ 01～02”。

❷ 设计作品

设计作品效果所在位置：本书学习资源中的“Ch13\效果\制作曲奇包装\制作曲奇包装.psd”，效果如图13-23所示。

❸ 制作要点

使用矩形工具、“曲线”调整图层和“色相/饱和度”调整图层制作包装正面图片，使用横排文字工具、图层样式、钢笔工具和椭圆工具制作包装信息，使用移动工具、阈值和“渐变映射”调整图层制作风景图片，使用“变换”命令制作立体包装，使用“亮度/对比度”命令调整侧面图片，使用图层蒙版和渐变工具制作投影。

图13-23

课后习题1——制作咖啡包装

习题1.1 项目背景及设计要点

❶ 客户名称

意兰特食品有限公司。

❷ 客户需求

意兰特食品有限公司是一家以干果、茶叶、巧克力棒和速溶咖啡等食品的研发、分装及销售为主业的公司，致力为客户提供高品质、高性价比、高便利性的产品。现需要制作咖啡包装，在画面制作上要清新、有创意，符合公司的定位与要求。

❸ 设计要点

（1）画面排版主次分明，增加画面的趣味性和美感。

（2）设计体现出产品香醇的口感和优良的品质。

（3）包装以暗色为主，凸显出产品的质感和档次。

（4）文字精致，与整体设计相呼应，让人印象深刻。

（5）设计规格为100mm（宽）×100mm（高），分辨率为150像素/英寸。

习题1.2 项目素材及制作要点

❶ 设计素材

图片素材所在位置：本书学习资源中的“Ch13\素材\制作咖啡包装\01～08”。

❷ 设计作品

设计作品效果所在位置：本书学习资源中的“Ch13\效果\制作咖啡包装\制作咖啡包装.psd”，效果如图13-24所示。

❸ 制作要点

使用移动工具添加主体人物、装饰图形和标志图形，使用横排文字工具和矩形工具制作相关信息。

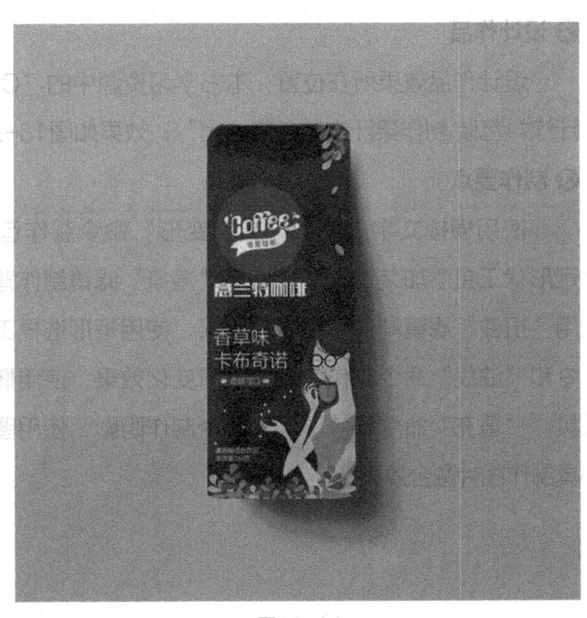

图13-24

课后习题2——制作果汁饮料包装

习题2.1　项目背景及设计要点

❶ 客户名称

黄湖云天饮品有限公司。

❷ 客户需求

黄湖云天饮品有限公司是一家生产、经营各种饮料产品的公司。本例是为该公司设计葡萄果粒果汁包装，主要针对的消费者是关注健康、注意营养膳食结构的人群。在包装设计上要体现出果汁来源于新鲜水果的概念。

❸ 设计要点

（1）用深蓝色的背景突出前方的产品和文字，起到衬托的效果。

（2）图片和文字结合，要展示出产品口味和特色，体现出新鲜清爽的特点，给人健康、有活力的印象。

（3）用易拉罐的设计展示出包装的材质，用明暗变化使包装更具真实感。

（4）整体设计简单大方，颜色清爽明快，易使人产生购买欲望。

（5）设计规格为48mm（宽）×72mm（高），分辨率为300像素/英寸。

习题2.2　项目素材及制作要点

❶ 设计素材

图片素材所在位置：本书学习资源中的“Ch13\素材\制作果汁饮料包装\01～03”。

❷ 设计作品

设计作品效果所在位置：本书学习资源中的“Ch13\效果\制作果汁饮料包装\制作果汁饮料包装.psd”，效果如图13-25所示。

❸ 制作要点

使用横排文字工具和“文字变形”命令制作包装文字，使用自定形状工具添加装饰图形，使用“渲染”滤镜制作背景光照效果，使用“扭曲”滤镜制作包装变形效果，使用矩形选框工具、“羽化”命令和“曲线”命令制作包装的明暗变化效果，使用椭圆工具、钢笔工具、“填充”命令和“羽化”命令制作阴影，使用图层蒙版和画笔工具制作图片融合效果。

图13-25